信息科学与技术丛书

Python 即学即用

主　编　张燕妮
副主编　丁维才
参　编　张秀凤

机 械 工 业 出 版 社

本书从易用性角度介绍了Python编程，分为Python基本内容和高级话题两大部分。其中，基本内容主要包括Python数据类型、控制流程、文件、类、模块、网络编程、正则表达式、GUI和数据库访问等；在每一章的基本内容基础上加以延伸，引出对应的高级话题，分别介绍了Matplotlib、NumPy、SciPy、Flask、PyQt、ORM等优秀的Python软件包。最后介绍了大数据常用工具(JSON、XML、HDF5、pandas）。本书是以即学即用的方式进行讲解的，读者可在每章学习之后应用该章的知识解决实际工作中的问题。

本书适合Python初学者、Web软件开发人员及数据分析工程师，也适合高等院校的计算机教学。

书中的实例代码（分别针对Python 2和Python 3）可免费下载。

图书在版编目（CIP）数据

Python即学即用 / 张燕妮主编. —北京：机械工业出版社，2016.5
（信息科学与技术丛书）
ISBN 978-7-111-53989-6

Ⅰ. ①P… Ⅱ. ①张… Ⅲ. ①软件工具-程序设计 Ⅳ. ①TP311.56

中国版本图书馆CIP数据核字（2016）第128049号

机械工业出版社（北京市百万庄大街22号 邮政编码100037）
责任编辑：车 忱
责任校对：张艳霞
责任印制：李 洋

三河市宏达印刷有限公司印刷

2016年10月第1版・第1次印刷
184mm×260mm・16.75印张・398千字
0001—3000册
标准书号：ISBN 978-7-111-53989-6
定价:50.00元

凡购本书，如有缺页、倒页、脱页，由本社发行部调换

电话服务
服务咨询热线：（010）88361066
读者购书热线：（010）68326294
（010）88379203

网络服务
机 工 官 网：www.cmpbook.com
机 工 官 博：weibo.com/cmp1952
教育服务网：www.cmpedu.com
金 书 网：www.golden-book.com

出版说明

随着信息科学与技术的迅速发展，人类每时每刻都会面对层出不穷的新技术和新概念。毫无疑问，在节奏越来越快的工作和生活中，人们需要通过阅读和学习大量信息丰富、具备实践指导意义的图书来获取新知识和新技能，从而不断提高自身素质，紧跟信息化时代发展的步伐。

众所周知，在计算机硬件方面，高性价比的解决方案和新型技术的应用一直备受青睐；在软件技术方面，随着计算机软件的规模和复杂性与日俱增，软件技术不断地受到挑战，人们一直在为寻求更先进的软件技术而奋斗不止。目前，计算机和互联网在社会生活中日益普及，掌握计算机网络技术和理论已成为大众的文化需求。由于信息科学与技术在电工、电子、通信、工业控制、智能建筑、工业产品设计与制造等专业领域中已经得到充分、广泛的应用，所以这些专业领域中的研究人员和工程技术人员越来越迫切需要汲取自身领域信息化所带来的新理念和新方法。

针对人们了解和掌握新知识、新技能的热切期待，以及由此促成的人们对语言简洁、内容充实、融合实践经验的图书迫切需要的现状，机械工业出版社适时推出了“信息科学与技术丛书”。这套丛书涉及计算机软件、硬件、网络和工程应用等内容，注重理论与实践的结合，内容实用、层次分明、语言流畅，是信息科学与技术领域专业人员不可或缺的参考书。

目前，信息科学与技术的发展可谓一日千里，机械工业出版社欢迎从事信息技术方面工作的科研人员、工程技术人员积极参与我们的工作，为推进我国的信息化建设做出贡献。

机械工业出版社

前　言

Python 是一种面向对象、解释型计算机程序设计语言，其语法简洁清晰、易于学习，几乎可以在所有的操作系统下运行。Python 常被称为“胶水”语言，因为它能够把不同语言编写的各个模块轻松地组织在一起，例如将众多优秀的 Fortran 和 C 语言库集成到 Pyhton 环境下，帮助开发者处理各种工作。Python 的优秀特性决定了其在实际应用中的广泛性，在很多领域如快速原型开发、网络服务器脚本、科学计算、文本处理、数据库编程、嵌入开发、GUI 开发、游戏开发和移动开发中均有广泛应用。

目前 Python 语言越来越受到重视，并已有大量成功的案例，如 YouTube（视频分享网站）、豆瓣（社区网站）、OpenStack（云计算平台）和 Tornado（Web 服务器）等都是基于 Python 开发的。

本书既介绍了 Python 的基础知识，也介绍了很多 Python 的高级话题，并附有实例，是一本即学即用的书。本书首先介绍了 Python 的数据类型、编程语法、函数、类和模块等基础知识，然后介绍了 Python 在网络、数据库、正则表达式和大数据方面的应用。每一章的最后都介绍了与该章内容相关的高级话题，这些高级话题可直接在数据处理、网站开发和数据库管理等领域使用，使得读者每学习一章即可通过该章内容解决工作、科研中的实际问题，充分体现了即学即用特点，突破了以往必须将书读完才能用于实战的思路。高级话题涵盖了大数据分析用的 NumPy、SciPy、PyTables 和 pandas 等工具，讲解了如何采集数据以及如何为调研报告生成漂亮的图表等内容。书中的案例采用实际项目使用的小测试案例，具有极强的实用性。

下面是各章内容简要介绍：

第 1 章是 Python 的基础介绍，讲解了 Python 的特点，如何安装和使用 Python，介绍了 Python 的常用绘图工具——Matplotlib。

第 2～4 章分别讲解了 Python 的数据类型、程序结构和函数，并在此基础上介绍了 NumPy 和 SciPy 的用法，NumPy 是开源的 Python 科学计算库，对数组和矩阵的支持使其成为 Python 科学计算软件的基础。SciPy 基于 NumPy，提供了科学计算的工具集软件，涉及统计、优化、积分、线性代数模块、傅里叶变换、信号和图像处理、常微分方程求解器等。书中介绍了 NumPy 的数据类型、通用函数及如何利用 SciPy 进行科学运算。

第 5 章讲解了 Python 的类文件以及文件系统操作，还介绍了读写 Excel 文件的三个 Python 库：xlwt、xlrd、xlutils。

第 6 章首先讲解了 Python 的模块与包。模块与包是 Python 代码的组织基础，良好的组织结构可增强代码的健壮性。然后讲解了如何通过包和模块发布 Python 程序。

第 7 章讲解了 Python 中面向对象编程的知识。首先讲解了类、实例、属性和继承多态等用法，通过 Python 实现模板、代理设计模式的方式介绍了类的使用，使读者能够更加清晰地了解如何应用类，如何设计自己的程序框架，最后讲解了面向对象的高级话题——抽象基类。

第 8 章和第 9 章采用相同的数据模型（todo 表）进行讲解。第 8 章首先介绍了 Python 的

DB-API 2.0 接口，接着介绍了 PostgreSQL 以及 MySQL 数据库的读写操作，最后讲解了 ORM 的使用。第 9 章首先从 socket 开始，介绍了如何构建 HTTP 访问程序，进而扩展到 CGI 程序的开发，为使用 Web 框架提供了基本概念，最后介绍了微型的 Web 框架 Flask，Flask 一节使用了与第 8 章相同的 todo 数据库。

第 10 章讲解了正则表达式，并介绍了 Beautiful Soup 包。

第 11 章首先讲解了 Tkinter，Tkinter 作为 Python 标准自带的 GUI 设计程序，可用于小型的 GUI 设计。然后讲解了专业级的 GUI 设计程序 PyQt，PyQt 是对 Qt 的 Python 包装，不仅包含跨平台的 Qt GUI 设计程序，而且包含了视频、网络、数据库等功能模块。

第 12 章是关于 Python 在数据分析领域中的应用。首先讲解了常用的数据采集方式（JSON、XML）。目前 JSON 作为一种基于文本的数据交换格式，广泛应用于互联网领域，所以掌握了 JSON 就很容易获取互联网领域的数据。XML 被设计用来传输和存储数据，不仅互联网领域使用 XML，而且大量软件也支持 XML，例如微软的 Office 现在已经使用 Open Office XML（以 XML 和 ZIP 为基础构建）代替原有的二进制格式文件。12.2 节讲解了如何使用 Python 处理 XML 数据。12.3 节介绍了 HDF5 接口，HDF5 是一种不同于数据库存储方式的数据存储，用于存储和分发科学数据的一种自我描述、多对象文件格式。12.4 节介绍了 pandas，pandas 已经成为 Python 数据分析的标准工具，广泛用于时间序列数据领域。

附录讲解了如何安装/编译相应的 Python 版本，以及如何通过 virtualenv 实现多个独立的 Python 运行环境，并给出了 Python 在一些学科领域的优秀软件包介绍，读者可根据需要选用相应的软件包。

本书使用 Anaconda Python 作为开发环境。Anaconda 是 Python 的科学技术包的合集，包含了大量的科学计算包，如 NumPy、SicPy 和 Matplotlib 等，并支持 Windows、Linux、OS X 环境。相比其他 Python 集成开发环境，Anaconda 不仅支持 Python 2.X，而且支持 Python 3.X 的科学计算包。可从 Anaconda 的官网（https://www.continuum.io/downloads）下载相应版本的 Anaconda。如果 Anaconda 未包含书中所用的模块，可参考第 1 章介绍的 pip 和 easy_install 的方法安装相应模块。本书以 Python 2 为主进行讲解，但同时提供了 Python 2 和 Python 3 下的代码，便于读者学习。

本书的第 6 章由张秀凤编写，第 10 章由丁维才编写，其余内容由本人编写。写书过程中，经常忽视女儿的好玩天性，没能很好地陪伴女儿，心有愧疚。谨以此书献给我的女儿和所有关心支持我的人。

张燕妮

目　录

第1章 绪　论

软件发展到今天，人们可以不断借助于各种已有软件完成科研、商务和日常工作。软件的发展和软件开发技术的普及也促使开发模式的转变：原先接到项目工程后，需集中软件开发人员封闭开发，但现在人人都可以根据自己需要编写小段程序进行数据处理，软件开发从最开始的阳春白雪转变成大众化的工作。

现在专门从事软件开发的人员越来越多，多数情况下数据及信息的处理，如处理从实验室、工业现场获得的数据以及进行社会调研、信息发布等，都可以委托专业软件人员去做。但有时各种客观条件限制，需要数据采集者能够对这些数据、信息根据自己的思想去筛选并完成初步处理，这就需要非软件开发人员自己动手编写程序。

在众多程序设计语言中，C/C++应用面广、目标程序效率高，但不容易上手，其艰辛的学习过程，使得很多学习者迷失在前进的道路上，难以使用 C/C++完成项目开发，更谈不上使用 C/C++实现自己的想法。Java 在开发难度上虽然有所降低，但相对于脚本语言，当仅仅需要对一个微分方程进行求值时，Java 又显高大了。MATLAB 在数据处理、原型开发、科学研究中具有独到之处，也适合科研以及模型处理，但从版权考虑，它又过于昂贵。微软的 Visual Basic 以及 C#虽然方便易用，但具有平台局限性。现在更多的开发者希望选用不受操作系统限制的开发语言。

在这种情况下，越来越多的程序员和科研人员把目光投向了 Python。Python 不仅具有平台无关性，还具有简单易用、开发效率高的优点，并且具有面向对象编程的特点，相关开发工具唾手可得，在很多科学领域、互联网领域均有相应的库支持。

1.1 Python 的特点

在 Python 的环境中输入“import this”，可看到 Python 的设计哲学，即 Tim Peters 写的 The Zen of Python。在此可看到 Python 的简洁性、可读性、明确性等设计思想。Python 不像许多语言那样使用“{}”(例如 C/C++、C#、Java)或者“Sub…End Sub”（Visual Basic.net）的组合去标注语法，它使用了缩进方式，而且这个缩进要求很严格。但也正因为缩进的要求，使得代码可以时隔多日，仍然清晰明了，而不用去猜测自己当初写的这段代码的功能。

虽然 Python 的缩进功能很强大，但实际操作是很简单的。行首的空白（可以是空格和制表符）即为缩进，空白的长度用于确定逻辑行的缩进层次，从而决定语句的分组。用于表示缩进等级的空格个数不可随意改变，并且空格与制表符不可混用。在 PEP8（Python 编码规范）中推荐使用 4 个空格的缩进风格。除非使用记事本之类的工具编写 Python 程序，否则只要是支持 Python 语法输入的编辑器均有快捷输入 4 个空格（不需要连续输入 4 次空格）的方法。

1.1.1 为何适应各种用户需求

1．效率高

相对于 C、C++和 Java 等编译/静态类型语言，Python 的开发效率提高了数倍。要完成同样的工作，Python 代码的长度往往只有 C++或者 Java 代码的 1/5～1/3，这意味着可以录入更少的代码、调试更少的代码并在开发完成后维护更少的代码。并且 Python 程序可以编辑后立即执行，无需传统编译/静态语言所必需的编译及链接等步骤，进一步提高了程序开发效率。

2．可移植性好

Python 很重视程序的可移植性，可以设置包括程序启动和文件夹处理等操作系统接口。绝大多数 Python 程序不做任何改变即可在多数计算机平台上运行。例如在 Linux 和 Windows 之间移植 Python 代码，只需要简单地在计算机间复制代码即可。

3．原型设计转换方便

可以使用 MATLAB 做一些产品设计和算法设计，但从实验室的设计过渡到产品设计需要一个过程，这个过程多数情况是转换成 C/C++代码。这个转换过程往往是非常艰辛的，有时比 MATLAB 前期设计还费时费力（因为 MATLAB 已包含的算法，在转换成 C/C++时可能需要从头做起）。但如果直接使用 Python 做原型设计，该过程就不一样了，因为 Python 的基础库大部分是基于 C/C++的软件。这些软件例如 OpenCV、VTK 以及后文提到的 Sage，提供了 Python 接口，Python 可以方便地调用它们实现各种功能。因此使用 Python 做原型开发，不仅速度快，而且在转换成 C/C++产品时，也是比较方便的。

1.1.2 胶水特点

Python 很容易连接各种编译库，这是它作为胶水语言而流行多年的重要原因。标准的 Python 称为 CPython，除了可以通过 C 语言直接调用 Python API 进行扩展，还有 Swig、Boost 之类的工具可以对 Python 进行扩展，例如 VTK 就是利用 Swig 实现了 Python 接口，使得 Python 用户可直接调用 VTK。而且 Python 语言本身具有多个实现版本，例如使用 Java 实现的 JPython。这种实现版本使得 Python 具有访问 Java 包、C#库的能力。也正是因为胶水特点，使得 Python 在许多开源软件中具有相同的 Python 调用接口。

Sage 充分体现了 Python 的胶水特点。Sage 是一个基于 GPL 协议的开源数学软件，将现有的许多开源软件包整合在一起，构建一个使用 Python 作为通用接口的统一计算平台，使用高度优化的成熟软件，如 GMP，PARI，GAP 和 NTL，目标是在代数、几何、数论、微积分、数值计算等领域提供可用于探索和尝试的软件。

1.1.3 语言特点

Python 相比 C/C++之类语言，缺少了变量声明、变量定义的过程。Python 在运行过程中可跟踪对象的类型，同一变量名也可直接被赋值为新的数据类型，即 Python 是动态类型的，例如：

```
>>> a=1
>>> a=u"新的数值"
>>> a
```

```
"新的数值"
```

如果是 C 语言，情况就不同。例如 char a='1';a=0x32;实际上 a 就是 0～255 之间的一个数值，同时对应 ASCII 码 0～255 之间的某个字符。即使通过 a=0x32 的赋值，也没有改变 a 的数据类型。

许多语言如 C#、Java 等具有自动垃圾回收机制，Python 也是如此，Python 采用引用方式自动进行对象分配，当对象不再使用时自动执行垃圾回收。而 C++通过 new 创建新的变量之后，必须有对应的 delete，否则会造成内存泄漏。

Python 中万物皆对象，如数值、字符串、数据结构、函数、类、模块等。每个对象都有一个与之相关的属性和方法。例如所有的函数都有一个内置的__doc__属性，它会返回在函数源代码中定义的文档字符串。又如 sys 模块是一个对象，有一个 version 属性，可用来显示 Python 版本信息。

```
>>> import sys
>>> sys.version
'3.4.3 (v3.4.3:9b73f1c3e601, Feb 24 2015, 22:43:06) [MSC v.1600 32 bit (Intel)]'
```

即使是 C 语言中的一些基本数据类型（字符型、整型、浮点型数据），在 Python 中也都是对象。例如数值 1，是 int 类的实例，并且有__add__方法。

```
>>> type((1))
<class 'int'>
>>> (1).__class__
<class 'int'>
>>> (1).__add__(2)
3
```

Python 的数据是鸭子类型（Duck Typing），是指对象的类型不是主要的，对象是否包含相应的方法或者属性才是主要的。Python 中的文件对象是典型的鸭子类型，即只要含有 read()或者 write()的方法对象，均可当作文件类型进行数据处理。

相比 C/Java 语言，函数的返回值可以是多个。例如：

```
>>> def f():
...     a=1
...     b=2
...     c=3
...     return a,b,c
>>> f()
(1, 2, 3)
>>> a,b,c=f()
>>> print (a,b,c)
1 2 3
```

1.1.4　语法风格

Python 不需要显式声明变量，变量在第一次被赋值时自动声明。这是与 C/C++、Java 语言的变量定义的不同之处。

Python 是区分大小写的，标识符的第一个字符必须是字母或者下画线“_”，其余字符可以是字母和数字或者下画线。

Python 中用下画线作为变量前缀和后缀指定特殊变量。_xxx_代表系统定义名字，_xxx 用于类中的私有变量名。因此普通变量不推荐使用下画线做前缀。

Python 的注释分为两种。一种是以#字符开头的注释，注释语句从#字符开始，直到该行结束。注释可以在一行的任何地方开始，解释器会忽略该行#之后的所有内容。例如：

```
#本行是注释
print  “hello world”
#打印结束
```

一种是叫作文档字符串（docstring）的特殊注释。可以在模块、类或者函数的开头，使用单引号、双引号、三引号（用于多行文字情况）添加一个字符串，起到在线文档的作用，常用于说明如何使用这个包、模块、类、函数（方法），甚至包括使用示例和单元测试。与普通注释不同，文档字符串可以在运行时访问，也可以用来自动生成文档。

文档字符串出现的位置包括以下几种：

（1）包的 docstring 位于包内的 init.py 文件的开头。

（2）模块的 docstring 位于模块所在文件的开头。

（3）函数的 docstring 位于函数名称所在行的下一行，函数体之前。

（4）类的 docstring 位于类的名称所在行的下一行，所有描述之前。

例如：

```
#!/usr/bin/env python
# -*- coding: utf-8 -*-
#模块的 docstring
u"""这是模块的文档字符串"""

import os
def test():
#函数的 docstring
u'''函数的文档字符串'''
print " test"
if __name__ == "__main__":
print test.__doc__#输出 test 函数的文档字符串
```

Python 中可通过__doc__特殊变量，获得文档字符串。在模块、类声明、函数声明中的第一个没有赋值的字符串可用 obj.__doc__进行访问。其中 obj 是一个模块、类或者函数的名字。

Python 使用缩进来分割代码组。代码的层次关系是通过不同深度的代码体现的。同一代码组的代码行必须严格左对齐（左边有同样多的空格或者同样多的制表符）。随着缩进深度的增加，代码块的层次也在加深，没有缩进的代码是最高层次的，称作脚本的“主体(main)”部分。缩进推荐使用 4 个空格形式。例如：

```
def cmp(a ,b):
```

```
    if a>b:#第一层缩进
        return  0#第二层缩进
    else : #第一层缩进
        return  1#第二层缩进
cmp(1,2) #最高层
```

1.1.5　多平台

在很多操作系统里，Python 是标准的系统组件。大多数 Linux 发行版以及 NetBSD、OpenBSD 和 Mac OS X 都集成了 Python，可以在终端下直接运行 Python。有一些 Linux 发行版的安装器使用 Python 语言编写，比如 Ubuntu 的 Ubiquity 安装程序、Red Hat Linux 和 Fedora 的 Anaconda 安装程序。Gentoo Linux 使用 Python 来编写它的 Portage 包管理系统。Python 标准库包含了多个调用操作系统功能的库。通过 PyWin32 这个第三方软件包，Python 能够访问 Windows 的 COM 服务及其他 Windows API。使用 IronPython，Python 程序能够直接调用.NET Framework。一般说来，Python 编写的系统管理脚本在可读性、性能、源代码重用度、扩展性几方面均优于普通的 shell 脚本。

Python 除了在 UNIX/Linux、Windows 下有相应实现版本，在 AS/400 (OS/400)、BeOS、MorphOS、MS-DOS、OS/2、OS/390、z/OS、RISC OS、Series 60、Solaris、VMS、Windows CE（或 Pocket PC）、HP-UX 系统下均有相应实现版本。

1.1.6　丰富的支持

Python 是免费、开放的，在 www.python.org 可以下载 Python 源代码。用户也可进行源代码的修改、发布。

当然免费不代表没有技术支持。www.python.org 提供了 Python 的技术支持。除了 Python 语言本身的支持，还有大量有关 Python 的第三方软件。在 1.2 节将给出有关 Python 的版本与集成包内容。如果有人能够将 Python 的源代码进行包装，并加上一些吸引用户的功能，也可做出一个商业化的 Python，还不用担心版权问题。这充分体现了 Python 的开放性。

Python 的标准库是不断发展的。一些原本优秀的第三方库，例如 ctypes,PyUnit（现在改名为 unittest）随着 Python 的发展，逐渐成为标准库。正因为 Python 的开放性才使得 Python 的第三方库非常多，进而促使 Python 越来越强大，应用面越来越广。

1.2　Python 版本与集成包

我们经常讨论的 Python 是指 CPython（即从 www.python.org 上下载的 Python 版本），除了 CPython，还有一些其他的实现版本。

- IronPython 是一种在.NET 和 Mono 上实现的 Python 语言。
- Jython 的原名叫 JPython, 是 Python 编程语言的纯 Java 实现。它可以让用户将 Python 源代码编译成 Java 字节码，并在任何 Java 虚拟机上运行产生的字节码。它是与 Java 的最无缝、最平滑的集成。可以从 Jython 中访问所有 Java 库、构建

Applet、与 Java Bean 集成以及从 Jython 的 Java 类中创建子类。

- Stackless Python 修改了 Python 的代码，提供了对微线程的支持。微线程是轻量级的线程，与普通的线程相比，微线程在多个线程间切换所需的时间更少，占用资源也更少。
- IPython 具有强大的交互式的 Python shell（基于终端和 Qt 方式）；基于 Web 的交互式笔记环境，拥有所有 shell 功能；一个高性能库，可用于多核心系统、集群、超级计算和云场景中的高级、交互式并行计算。IPython 的特点是交互式翻译器，允许以最快的速度测试用户的想法，而不必创建一个文件。

另外还有将 CPython 以及其他 Python 软件做了重新包装的软件，例如：

- ActivePython 是由 ActiveState 公司推出的专用的 Python 编程和调试工具。ActivePython 目前支持 Windows x86、Windows x64、Linux x86、Linux x86-64、Mac OS X。分为社区版与商业版。
- pythonxy 是基于 Qt 和 Spyder 的面向科学的 Python 发布包。可从 http://code.google.com/p/pythonxy/获得，但目前仅支持 Windows 操作系统。
- WinPython 的主要特点是可安装在 U 盘或任意文件夹下，随意复制，且不影响功能。安装时会自动安装 Spyder。
- Enthought Canopy 是一款商业 Python 软件，GUI 基于 wxPython，提供免费版和学术版，包含 IPython。
- Anaconda Python 可从 https://store.continuum.io/cshop/anaconda/获得，完全免费，是一个全面的 Python 发布包，包含 120 多个流行的 Python 包，这些包可用于科学、数学、工程和数据分析。支持 Linux、Windows、Mac 操作系统。默认提供了 Spyder，包含 IPython。

Python 的版本比较多，可更好地配合各种开发语言。Python 的集成包也比较多，选用合适的集成包可减少后续 Python 软件模块的安装。

1.3 Python 的下载与安装

1.3.1 下载 Python

Python 分为 Python 2 与 Python 3 两个系列。可从 www.python.org 获取各操作系统下的 Python 安装包。Python 网站上提供了多种类型的安装包，从源代码到各操作系统的执行软件。

本书以 Python 2 为主进行讲解，读者只需下载 Windows 下的 Python 2.7 软件，下载地址为 http://www.python.org/ftp/python/2.7.6/python-2.7.6.msi（作者也提供了针对 Python 3 的代码）。

1.3.2 Python 在 Windows 下的安装

由于基于 UNIX/Linux 的系统往往已经安装了 Python，所以本书以 Windows 系统为例讲解如何安装 Python。

下载安装包后，与安装其他 Windows 软件一样，直接用鼠标双击安装包，而后单击

“next”按钮即可完成安装。安装路径为默认路径，即 c:\python27\，如图 1-1 所示。

安装完毕，可以看到 IDLE 与 Python(command line)，如图 1-2 所示。运行 Python (commond line)，即可进入运行环境，如图 1-3 所示。

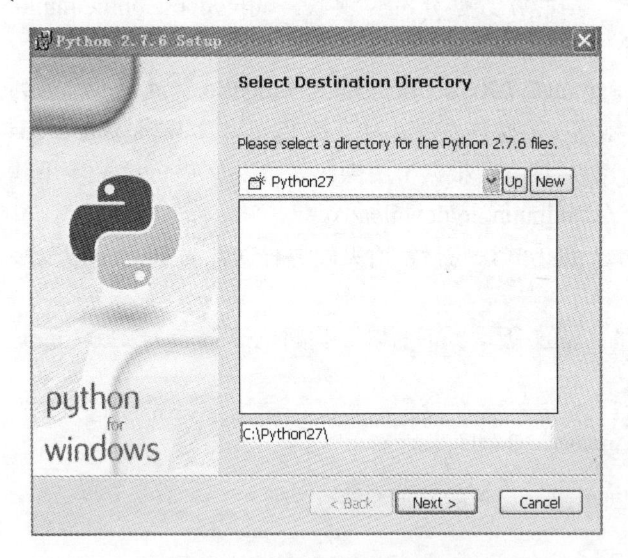

图 1-1　Python 安装路径选择

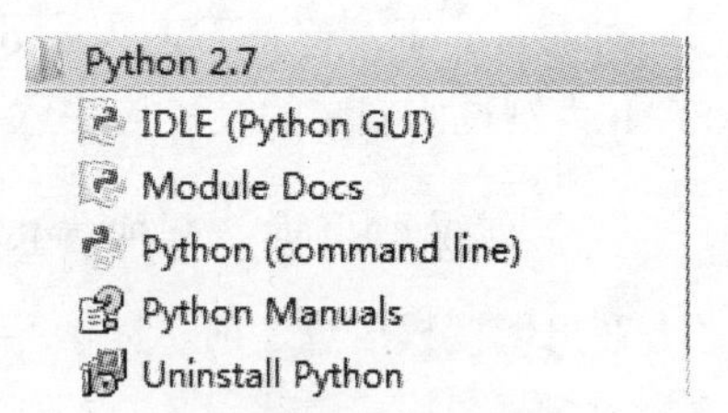

图 1-2　Python 安装目录

为了能在 Windows 命令行中运行 Python，需要配置 Python 的路径。方法如下：右击【我的电脑】→【属性】→【高级】→【环境变量】，在【系统变量】中找到 Path，查看 PYTHON.exe 文件在哪个文件夹下面（默认安装时为 C:\python27），然后把路径加到 Path 的后面（与原有内容用英文分号隔开），这样可以在已有的 Python 文件（以 py 为扩展名的文件）上双击执行相应的程序。

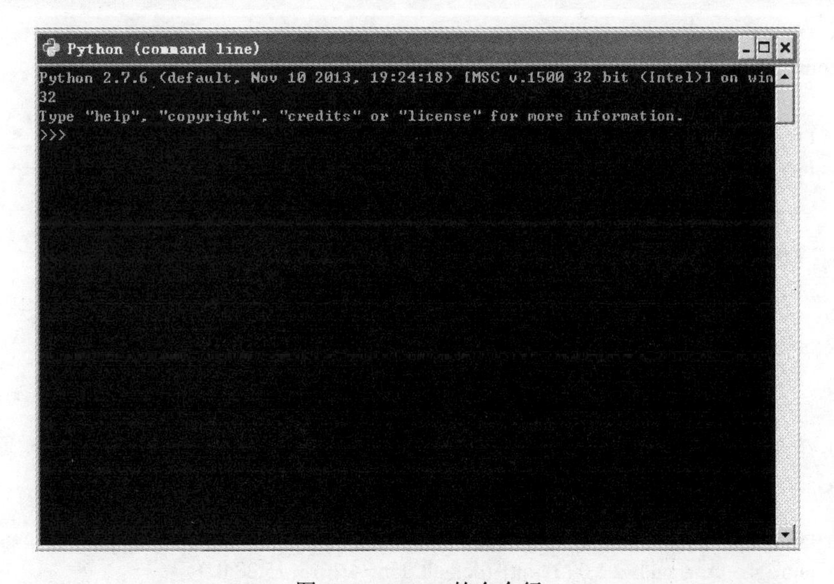

图 1-3　Python 的命令行

1.3.3 Anaconda

Anaconda 是 Pyhton 的集成开发包，包含了 Spyder、IDLE 等开发环境，并包含了大量的 Python 软件包，可用于科学、数学、工程、数据分析等领域。http://docs.continuum.io/anaconda/pkg-docs 给出了 Anaconda 的各种安装包。

目前 Anaconda 提供 Python 2.6.X，Python 2.7.X，Python 3.3.X 和 Python 3.4.X 四个系列发行包，支持 Windows、OS X、Linux 环境（多操作系统并且支持 Python 2/3，是 Anaconda 相比其他几款 Python 集成环境的最大优点），读者可根据所用操作系统以及 Python 版本下载相应的 Anaconda 版本。下载地址为 http://continuum.io/downloads。

Anaconda 在 Windows 下的安装属于一键方式，与日常所见的各种软件的 setup.exe 安装方式相同，只需一直单击 next 按钮即可。

在 Linux 下，首先下载 Anaconda 的 Linux 版本。下面以下载的 Anaconda3-2.3.0-Linux-x86.sh 为例说明安装的过程与注意事项。

```
python@debian:~/ $ '/home/python/ Anaconda3-2.3.0-Linux-x86.sh'
```

在出现授权信息之前，提示需要按回车键，查看版权信息。

```
In order to continue the installation process, please review the license agreement.
Please, press ENTER to continue
```

版权信息比较长，在查看过程中，别错过下面语句，否则需要从头开始。

```
Do you approve the license terms? [yes|no]
[no] >>> yes
```

指定安装位置，并回车确认：

```
Anaconda3 will now be installed into this location:
/home/python/anaconda3

  - Press ENTER to confirm the location
  - Press CTRL-C to abort the installation
  - Or specify a different location below
```

下面的信息提示是否将 Anaconda 添加到路径中，确认后安装完毕。

```
Do you wish the installer to prepend the Anaconda3 install location
to PATH in your /home/python/.bashrc ? [yes|no]
[no] >>> yes
```

需要注意的是，系统默认的仍然是 Linux 系统自带的 Python 版本，为了运行 anaconda 的 Python 版本，需要执行 anaconda3/bin 目录下的 Python，方法如下：

```
python@debian:~/anaconda3/bin$ ./python
Python 3.4.3 |Anaconda 2.3.0 (32-bit)| (default, Jun  4 2015, 15:28:02)
[GCC 4.4.7 20120313 (Red Hat 4.4.7-1)] on linux
Type "help", "copyright", "credits" or "license" for more information.
>>> exit()
```

1.4　Python 的 IDE

Python 的集成开发环境（IDE）非常丰富，常见的有 IDLE、PyCharm 和 Spyder 等。

1.4.1　IDLE

IDLE 是 Python 软件包自带的一个集成开发环境，在图 1-2 中，单击 IDLE（Python GUI），将打开 Python 的集成开发环境，如图 1-4 所示，在>>>后面输入 print(1,2,3,4)，将输出(1,2,3,4)的元组数据，如图 1-4 所示。在图 1-4 所示的开发环境中，选择 File→New File（或者按快捷键〈Ctrl+N〉）将建立一个新的 Python 源文件。IDLE 常用快捷键见表 1-1。

表 1-1　IDLE 常用快捷键

命令	作　用
Ctrl+N	打开一个新的编辑器窗口
Ctrl+O	打开已有文件进行编辑
Ctrl+S	保存当前程序
F5	运行当前程序

例如输出“Welcome to Python World”。

1）选择 File→New File 新建文件，并在新建立文件中输入

```
print　“Welcome to Python World”
```

2）选择菜单 File→Save 将程序存盘。将其存储在 Python 程序文件夹中，并命名为 welcome.py，末尾的.py 表明这是一个 Python 文件。

3）选择菜单 Run→Run Module 运行程序。将出现一个 Python shell，其中显示了“Welcome to Python World”。

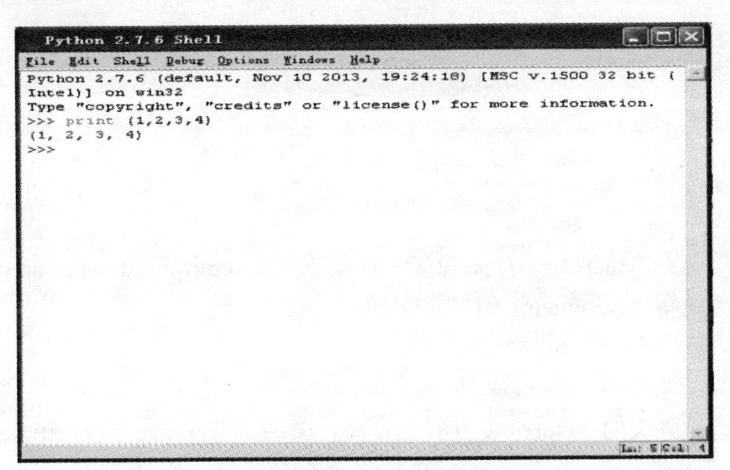

图 1-4　IDLE 运行

1.4.2　PyCharm

PyCharm 是由 JetBrains 打造的一款 Python IDE，具有调试、语法高亮、项目管理、代码跳转、智能提示、自动完成、单元测试、版本控制等功能。目前 PyCharm 拥有商业版与社区版两个版本。可从 https://www.jetbrains.com/pycharm/下载。

https://www.jetbrains.com/pycharm/features/editions_comparison_matrix.html 给出了社区版

与商业版的区别，社区版已经满足多数场合下的 Python 开发，推荐使用社区版。

在使用 PyCharm 时需要首先配置 Python 解释器的位置，见图 1-5，同时 PyCharm 支持创建虚拟环境，单击图 1-5 中的 Project Interpreter 后面的小齿轮图形，即出现创建虚拟环境的对话框，如图 1-6 所示。PyCharm 的安装需要 Java 的 JDK。

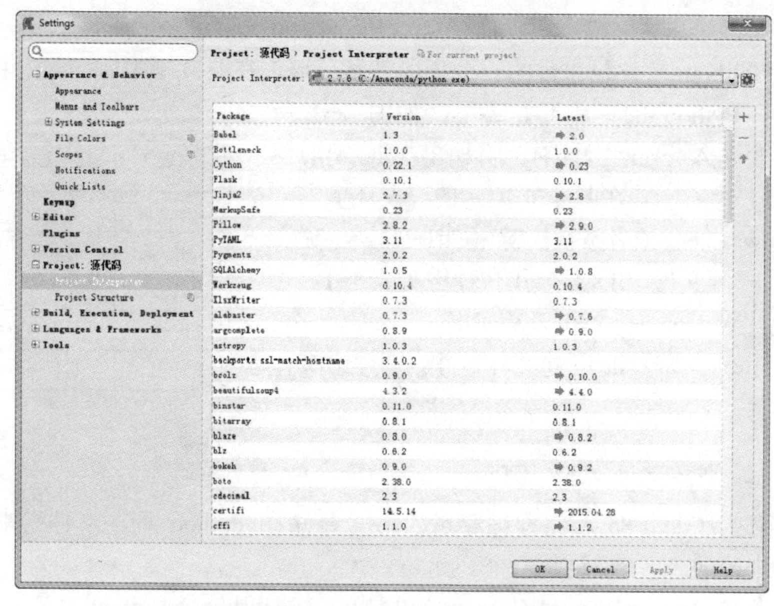

图 1-5　在 PyCharm 中配置 Python 解释器

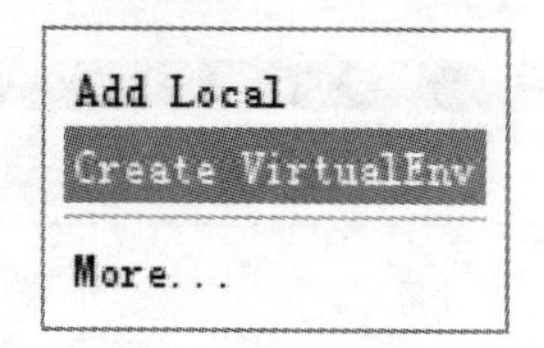

图 1-6　PyCharm 创建虚拟环境

PyCharm 可安装 Python 包，如果源程序目录中包含 pip 所对应的 requirements.txt 文件，将提示自动安装/更新 requirements.txt 中的 Python 包。

1.4.3　Spyder

Spyder 是一款强大的 Python 交互开发环境，具有高级编辑、交互测试、调试和检查功能。该软件专注于科学计算，提供了与 MATLAB 相似的环境。Spyder 已经包含在 Python(x,y)，WinPython，Anaconda 中，如果安装了这些软件，则无需再安装 Spyder。Spyder 支持 Windows、Mac OS X、Linux 平台。用户可从 http://code.google.com/p/spyderlib/获得 Spyder 的安装文件。

Spyder 具有如下特点：

- 支持控制台方式。
- 可直接编辑变量值，并可将变量值导出成多种文件类型（文本文件、NumPy 文件、MATLAB 文件）。可绘制列表和数值的二维图。

- 支持 Pylint（Python 代码分析工具），可分析 Python 代码中的错误，查找不符合代码风格标准和有潜在问题的代码。
- 支持在线文档。

Spyder 的界面如图 1-7 所示。

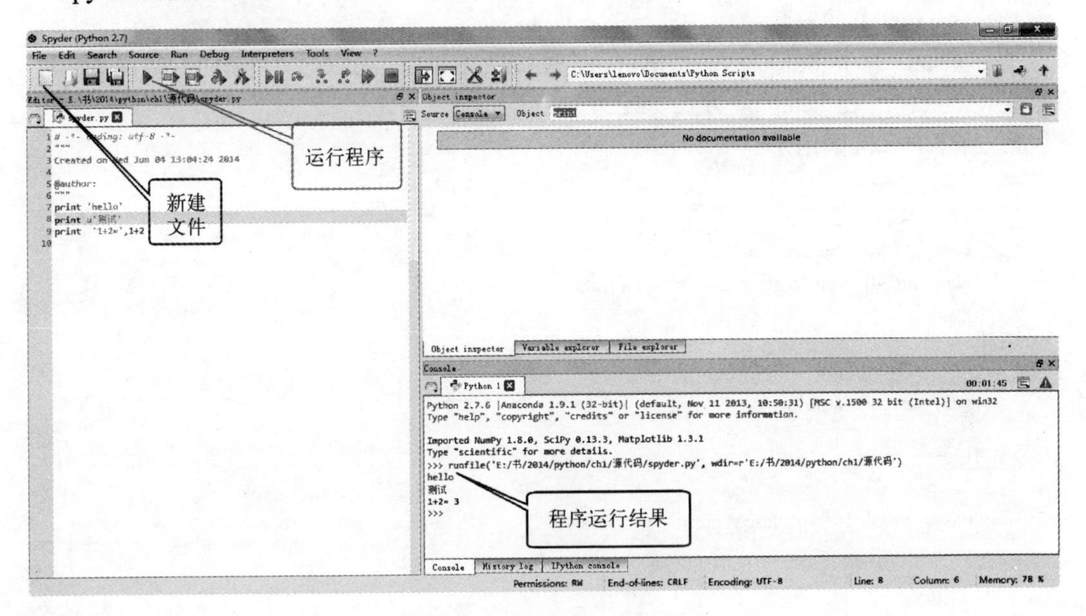

图 1-7　Spyder 的界面

1.4.4　其他 IDE

除了前面介绍的几个 Python 集成开发环境，还有很多可用于 Python 开发的集成开发环境或编辑器，简单列举如下：

- PyDev 是一个 Eclipse 中的 Python 开发环境，需要 Java，跨平台，需要手工配置 Python 解释器路径。
- 对于习惯 Visual Studio 开发环境的用户，也可借助 PVTS 控件，使用 Visual Studio 进行开发。
- WingIDE 是个 Python 集成开发环境（商业软件）。
- Eric 是跨平台、全功能的 Python 和 Ruby 编辑器。

1.5　软件包的安装方法

正常情况下，要给 Python 安装第三方的扩展包，首先必须下载压缩包，解压缩到一个目录，在命令行或终端打开这个目录，然后执行：

```
python setup.py install
```

来进行安装。但该方式容易出现依赖包未安装的情况。实际上，easy_install 和 pip 是更常用的软件包安装工具。

easy_install 的作用和 Perl 中的 cpan，Ruby 中的 gem 类似，都提供了在线一键安装模块的快捷方式，而 pip 是 easy_install 的改进版，不仅能提供更多信息，还可以删除扩展包。

1.5.1 easy_install

1. easy_install 的安装

easy_install 位于 https://pypi.python.org/pypi/setuptools。可以通过 python setup.py install 方式安装，或使用 ez_setup.py 方式安装。

2. easy_install 的用法

1）安装一个包

```
easy_install <package_name>
easy_install "<package_name>==<version>"
```

例如：

```
easy_install    sqlobject
```

2）升级一个包

```
easy_install -U "<package_name>>=<version>"
```

例如：

```
easy_install -U flask
```

1.5.2 pip

使用 pip 的 install 命令即可安装一个指定的软件包：

```
$ pip install SomePackage
```

如果要升级某个软件包，需要指定--upgrade 参数：

```
$ pip install --upgrade SomePackage
```

如果要安装指定版本的软件包，直接指定软件包版本即可：

```
$ pip install SomePackage==1.0.4
```

pip 还可指定安装包的路径，包括从本地源代码安装或者从网上的某个链接安装：

```
$ pip install ./downloads/SomePackage-1.0.4.tar.gz
$ pip install http://my.package.repo/SomePackage-1.0.4.zip
```

要卸载一个软件包，使用 uninstall 命令即可：

```
$ pip uninstall package-name
```

如果不清楚要安装的软件包的具体名称，可以使用 search 命令进行查询：

```
$ pip search "query"
```

它会列出所有相关的软件包。

pip install –r requirements.txt 与 pip freeze > requirements.txt 是一对导出所有 Python 包列表，并安装 Python 包的命令。

为了保证后续章节提及的软件包都正常安装，需要执行 pip install –r requirements.txt。其中 requirements.txt 在本节源代码目录中。

使用 easy_install 或者 pip 安装有时会弹出如下错误：

```
UnicodeDecodeError: 'ascii' codec can't decode byte 0xb0 in position 1: ordinal not in range(128)
```

解决方法：打开 C:\Python27\Lib 下的 mimetypes.py 文件，找到大概 256 行的"default_encoding=sys.getdefaultencoding()"，在这行前面添加如下四行代码，即可修正 UnicodeDecodeError 异常：

```
if sys.getdefaultencoding() != 'gbk':
reload(sys)
sys.setdefaultencoding('gbk')
default_encoding = sys.getdefaultencoding()
```

1.6 高级话题：Matplotlib

本节主要介绍 Python 中的绘图工具 Matplotlib。Matplotlib 是 Python 中最著名的绘图库，它提供了一整套和 MATLAB 相似的命令 API，十分适合交互式地进行制图，也可以方便地将它作为绘图控件，嵌入 GUI 应用程序（在第 11 章中可以看到 Matplotlib 嵌到 PyQt 中）或 CGI、Flask、Django 中。

1.6.1 Matplotlib 特点

Matplotlib 具有如下特性。

- Matplotlib 支持交互式和非交互式绘图。
- 可将图像保存成 PNG 、PS 等多种图像格式。
- 支持曲线（折线）图、条形图、柱状图、饼图。
- 图形可配置。
- 跨平台，支持 Linux, Windows，Mac OS X 与 Solaris。
- Matplotlib 的绘图函数基本上都与 MATLAB 的绘图函数名字差不多，迁移学习的成本比较低。
- 支持 LaTeX 的公式插入。

1.6.2 Matplotlib 绘图

下面的程序给出了 Matplotlib 绘图的简单例子。运行后将显示图 1-8。

```
import matplotlib.pyplot as plt #与 MATLAB 区别，在 Python 环境下使用，必须引入 Matplotlib 包
plt.plot([1, 2,3,8,5])#除了"plt."部分，其余部分与 MATLAB 中的 plot 是一样的
plt.show()
```

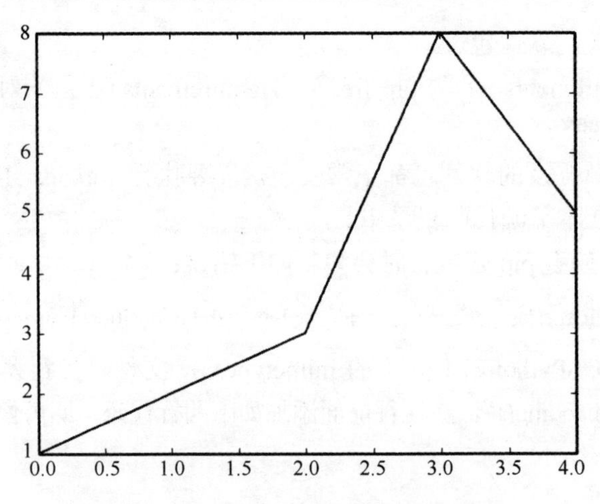

图 1-8　Matplotlib 的单条曲线绘图

图 1-8 作为科研、演示用图是不完整的。一张图往往是多条曲线，相互对比。另外还需要坐标轴、图标题、图例的说明；还需要用不同颜色标注曲线以及网格显示图。

下面给出一个综合例子，绘制多条曲线，增加坐标轴、图标题和图例。代码为 ch1-1.py。

```
1    #! /usr/bin/env python
2    # -*- coding: utf-8 -*-
3    import matplotlib.pyplot as plt #与 MATLAB 区别，在 Python 环境下使用，必须引入 Matplotlib 包
4    import matplotlib as mpl
5    myfont = mpl.font_manager.FontProperties(fname='C:/Windows/Fonts/msyh.ttf')
6    #mpl.rcParams['font.sans-serif'] =['SimHei']# ['SimHei']# ['SimHei'] #指定默认字体
7    plt.plot([-2,2,3,4,5],'r',label=u'第一条曲线')#颜色为红色的曲线
8    plt.plot([3,4,5,8,9],'b',label=u'第二条曲线')#颜色为蓝色
9    plt.legend ()
10    #plt.legend((u'第一条曲线',u'第二条曲线') )#可通过 lengend 函数指定 legend
11    plt.grid(True)
12    plt.axis([0 ,5,-3,9]) #坐标轴的最大值与最小值
13    plt.xlabel(u'X 轴坐标 ',fontproperties=myfont)#坐标轴标签
14    plt.ylabel(u'Y 轴坐标',fontproperties=myfont)
15    plt.title(u' matplotlib 演示图 ',fontproperties=myfont)
16    plt.show()
17    plt.savefig('plot123.png') #保存图形
```

1～2 行：指明在 UNIX/Linux 中的 Python 解释器位置；文件编码类型设为 UTF-8， 本程序包含中文，故此需要第 2 行代码。

3～4 行：导入 matplotlib 模块。

5～6 行：设置字体的两种方式，本程序使用了第 5 行的方式。在 13、14、15 行中使用 fontproperties 方式指定字体。

7～10 行：绘制两条曲线。通过 legend 函数指定图例。plot 函数也支持同时绘制多条曲线的方式。如果没有在 plot 函数中指定 label，可通过第 10 行的方法另外指定图例。

11 行：显示网格。

12～15 行：用于显示坐标轴与图的标题。

16～17 行：显示图形，并将其保存为文件形式。绘制的图形见图 1-9。

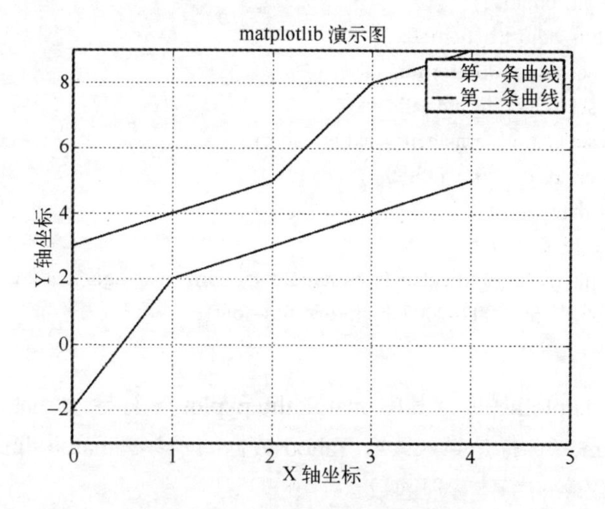

图 1-9 Matplotlib 绘制两条曲线

在 http://matplotlib.org/gallery.html 给出了 matplotlib 可绘制的图形形式。如果通过一张漂亮图能打动客户或上级，从中仔细选用一种合适的图形是值得的。

1.6.3 用 Matplotlib 绘制股票历史 K 线图

股票是一个使人着迷甚至疯狂的财富载体。Matplotlib 可以直接读取 Yahoo 网站提供的股票历史行情数据。

下面的程序可通过 Yahoo 读取中石油股票的历史数据，并绘制 K 线图。代码为 ch1-2.py：

```
1   #!/usr/bin/env python
2   # -*- coding: utf-8 -*-
3   import matplotlib.pyplot as plt
4   from matplotlib.dates import DateFormatter, WeekdayLocator,DayLocator, MONDAY
5   from matplotlib.finance import quotes_historical_yahoo, candlestick
6   from matplotlib.font_manager import FontProperties
7   import datetime
8   font = FontProperties(fname=r"C:/Windows/Fonts/msyh.ttf",size=18)
9   # 定义起始、终止日期和股票代码
10   date1 =  ( 2007, 11, 25 )
11   date2 = (2008,12,20)#datetime.datetime.now ()
12   stock_num = '601857.ss'#上海的为 ss，深圳的为 sz
13   # 定义日期格式
14   mondays = WeekdayLocator(MONDAY)
15   alldays = DayLocator()
16   weekFormatter =   DateFormatter('%b %d')
17   dayFormatter = DateFormatter('%d')
18   # 获取股票数据
```

```
19    quotes = quotes_historical_yahoo(stock_num, date1, date2)
20    if len(quotes) == 0:
21    raise SystemExit
22    fig, ax = plt.subplots()
23    fig.subplots_adjust(bottom=0.2)
24    ax.xaxis.set_major_locator(mondays)
25    ax.xaxis.set_minor_locator(alldays)
26    ax.xaxis.set_major_formatter(weekFormatter)
27    candlestick(ax, quotes, width=0.6)
28    ax.xaxis_date()
29    ax.autoscale_view()
30    plt.setp( plt.gca().get_xticklabels(), rotation=45, horizontalalignment='right')
31    plt.title(u'中石油 2007 -2008',fontproperties=font)
32    plt.show()
```

3～7 行：导入 matplotlib 库，其中 matplotlib.pyplot 一行导入 matplotlib.pyplot，并命名为 plt。matplotlib.finance 一行是导入读取 Yahoo 数据的函数。matplotlib.font_manager 一行是导入 Matplotlib 显示汉字的字体管理函数。

8 行：为显示中文，重新设置了字体。

13～17 行：创建一个日期格式化器以格式化 X 轴上的日期。weekFormatter = DateFormatter ('%b %d') 创建了包含星期与日期的格式。

19～21 行：通过 Yahoo 获取股票历史数据，quotes_historical_yahoo 函数在输入股票代码时，上证需要加后缀".ss";深证需要加".sz"。可通过返回的 quotes 观察读取的数据情况。

24～26 行：设置定位器和格式化器。

27～32：绘制蜡烛线，并通过 plt.setp 设置线的属性。

图 1-10 为通过 Yahoo 读取的股票历史行情。估计很多人看到这个股票的当年数据，多么希望将显示器上下颠倒过来。

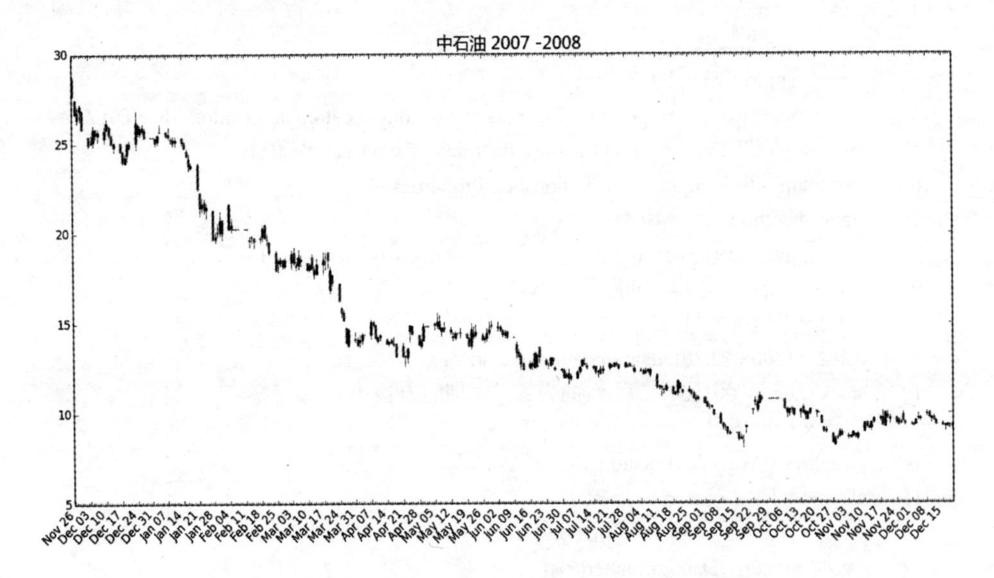

图 1-10　Matplotlib 读取 yahoo 网数据绘制 K 线图

1.7　小结

本章主要说明为何选择 Python，介绍了 Python 的语言特点。给出了 Pyhton 开发环境的准备：标准版 Python 的安装、Anaconda 的安装、Python 的 IDLE 开发环境、Anaconda 包含的 Spyder 开发环境、Python 的重量级 IDE——PyCharm，以及如何通过 easy_install、pip 安装 Python 软件包。在 1.4 节中介绍的三种 IDE 各有特点，IDLE 是 Python 自带的，Spyder 是 Anaconda 与 Python(x,y)集成环境自带的，比 IDLE 功能丰富。PyCharm 功能最为完善，但需要 Java 支持，而且每次启动 PyCharm 时间较长。如果编写小程序，可使用 IDLE 或者 Spyder，如果做大型工程还是推荐 PyCharm。

在高级话题中介绍了 Matplotlib。Matplotlib 能够绘制出优秀的图表，在后续的章节中可以看到 Matplotlib 也可用于 Web 编程以及 GUI 环境中。

第2章 数 据 类 型

Python 具有丰富的数据类型，包括字符串、列表、元组、字典等，掌握这些数据类型的特点，并灵活运用它们，将使 Python 编程变得灵活自如。

2.1 数字数据类型

Python 支持多种数字数据类型，包括整型、长整型、布尔型、双精度浮点型和复数。Python 中所有的数字都是对象，是不可更改类型，也就是说数字的值改变了就会产生新的对象。

Python 中变量不需要事先声明，只要在使用时直接赋值即可（与 MATLAB 的变量定义方式相同）。赋值后，变量中存放的是对象的引用。

例如：

```
ra=35
```

首先创建一个整型对象，其内容为 35，同时创建一个名为 ra 的变量（对象引用），并将其与这个整型对象进行绑定，即 ra 引用的就是这个整型对象，如图 2-1 所示。

在 Python 中所有的数据都是对象，赋值操作符号“=”的作用是，将变量和内存中的某个对象进行绑定。如果对象已经存在，就进行简单的重新绑定，以便引用“=”右边的对象；如果对象引用尚未存在，就首先创建对象，然后将变量和对象进行绑定。这很类似于 C 语言中指针的概念。

例如：

```
rb=ra
```

创建了一个名为 rb 的变量，并将其与内容为 35 的整型对象（已经存在）绑定，如图 2-2 所示。

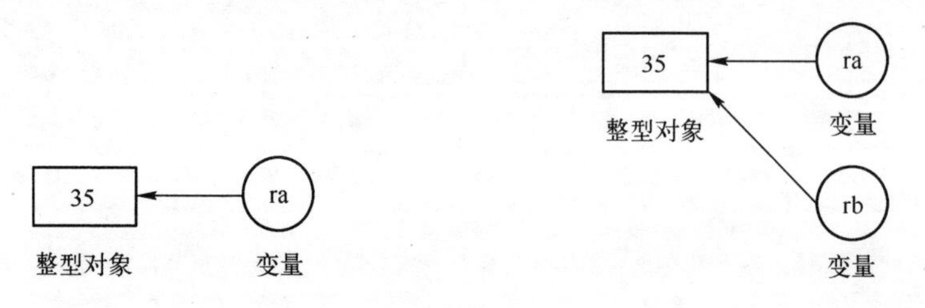

图 2-1 变量与对象

图 2-2 已有对象赋值给新变量

Python 中基本的命名规则为：首字母为英文或下画线（即_），其他部分则可以是英文、数字和下画线，而变量名称需区分大小写，即变量 temp 与 Temp 为不同变量。特别需要注意的是，系统关键字不可以用作变量名！

下面是一个计算圆面积的程序，代码为 ch2-1.py。

```
1  # -*- coding: utf-8 -*-
2  radius=input ( u"输入半径：  ")
3  radius_float=float(raduis)
4  area=radius_float**2*3.1415926
5  print u'面积  %f'%( area )
```

说明：

1 行，为了保证源程序中可以输入汉字。

2 行，采用 input 函数进行半径输入，并将输入结果赋值给 radius。u 表示后续字符为 Unicode 格式。变量 radius 在赋值的过程中直接创建，不需变量声明。

3 行，将 radius 字符串转换成浮点型，之后赋值给出 radius_float 变量。

4 行，进行面积计算，其中 radius_float**2 为平方运算，Python 中另有一个 pow()函数，也可执行平方运算。

5 行，将计算得到的 area 输出到控制台。

Python 整数类型包括：布尔型、标准整型和长整型，下面将逐一介绍。

2.1.1　布尔型 bool

该类型的取值只有两种：布尔 True 和布尔 False，在数学运算中对应着整型的 1 和 0。实际上布尔型的数据支持普通整型的所有计算，即 False+1 之类的计算。但布尔型的用途是进行真假的逻辑判断。

布尔型是整型的子类，但不能再被继承而生成它的子类。

任何值为零的数字或空集（空列表、空元组和空字典等）在 Python 中的布尔值都是 False。

下面是一些布尔型的应用例子。

```
# 布尔类型应用示例
>>>bool(2)
True
>>>bool('w')
True
>>>bool('0')
True
>>>bool(0)
False
>>>bool([])
False
>>> x=34
>>> fx=x>20
>>> fx
True
>>> y=fx+60
>>> y
```

```
61
>>> print '%s' %fx
True
>>> print '%d' %fx
1
```

2.1.2 基本整型 int

Python 语言的基本整型相当于 C 语言中的长整型。在 Python 3.x 中，可以使用下列语句查看自己计算机中 Python 基本整型数据的取值范围。

```
>>> import sys
>>> print (sys.maxsize)
2147483647
```

而在 Python 2.x 中，应使用下面的语句：

```
>>> import sys
>>> print sys.maxint
2147483647
```

从 Python 2.2 起，如果发生溢出，Python 会自动将基本整型数据转换为长整型。

Python 中的基本整型数据一般以十进制表示，如：

```
25，90，-67，8，3456
```

但是，Python 也支持八进制和十六进制的表示形式。

八进制的基本整型数字以数字“0o”开始（Python 2 使用“0”，后来 Python 3 在此基础上增加英文字母“o”，并将该方式反馈给 Python 2），如：

```
0o67，0o45，-0o34
```

十六进制的基本整型数字以“0x”或“0X”开始，如：

```
0x96，-0X56，0xA8，0xCB
```

十六进制中，字母 A、B、C、D、E、F 或 a、b、c、d、e、f，分别代表 10、11、12、13、14、15。

可利用赋值的方法创建整型变量，如：

```
>>>x=45
```

2.1.3 长整型

Python 2 没有限定长整型数字的表示范围，所以 Python 的长整型数字能够表达的数值仅与计算机所支持的（虚拟）内存的大小有关，因此 Python 能够表达很大的整型数字。

Python 中，在一个整型数字的后面加 L 或 l（小写字母），表示这个数字为长整型数字。长整型数字也支持十进制、八进制和十六进制的表示形式，如：

十进制：456L，23L，-789056L

八进制：0123L，056L，-0345L

十六进制：-0x23dL，0X67A8

Python 3 中基本整型和长整型统一成一种类型，即只有 int 型，并表示为长整型数据。

2.1.4　双精度浮点型 float

Python 使用双精度浮点数来存储小数。双精度浮点型类似 C 语言的 double 类型，可以直接用十进制小数形式或科学计数法表示。在 C 语言中，每个双精度浮点型对象占 8 个字节（64 位），遵守 IEEE 754 标准（52M/11E/1S），64 位存储空间分配了 52 位来存储浮点数的有效数字，11 位存储指数，1 位存储正负号。在 Python 中，双精度浮点型的精度以及所占字节数依赖于计算机架构和创建 Python 解释器的编译器。可通过如下形式查看所占字节数:

```
>>> a=3.14
>>> a.__sizeof__()
24
```

双精度浮点型十进制小数形式如下所示：

```
1.0，87.，56.7，-87.3
```

双精度浮点型科学计数法形式中，用 e 或 E 表示 10 的幂次，在 e/E 和指数之间用正负号（+/-）表示指数的正负（正号可以省略），如：

```
9.5e3，3.6E-9，-7.8E78
```

也可以用 Python 提供的内建函数 float()，将整型的数字转换为浮点型数据，如：

```
>>> float(23)
23.0
```

2.1.5　十进制浮点型 Decimal

Python 中，双精度浮点型数字的精度是有限的，这经常让一些需要高精度（如科学计算或金融应用程序）的程序员发狂，如：

```
>>> x=0.3
>>> y=x/3
>>> y
0.09999999999999999
```

如前所述，Python 为双精度浮点型数字分配了 52 位来存储浮点数的有效数字，虽然 52 位有效数字看起来很多，但麻烦之处在于，二进制小数在表示有理数时极易遇到无限循环的问题。其中很多在十进制小数中是有限的，比如十进制的 1/10，在十进制中可以简单写为 0.1，但在二进制中，需要写成：0.0001100110011001100110011001100110011001100110011001…（后面全是 1001 循环）。因为浮点数只有 52 位有效数字，从第 53 位开始，就舍入了。这样就造成了“浮点数精度损失”问题。舍入（round）的规则为“0 舍 1 入”，所以结果有时会稍大一些有时候会稍小一些。

有时编写程序需要指定精度，以便用于财务计算并生成可预期的结果。Python 为此提供了另一种数字类型——Decimal。Decimal 类型并不是内建的，因此使用它的时候需要导入 decimal 模块，并使用 decimal.Decimal() 来存储精确的数字。这里需要注意的是：使用非整数参数时要记得传入一个字符串而不是浮点数，否则在作为参数的时候，这个值可能就已经是不精确的了。

将上面的浮点型运算改为十进制浮点型运算：

```
>>> from  decimal import  *
>>> x=Decimal('0.3')
>>> y=x/Decimal(3)
>>> y
Decimal('0.1')
```

再补充一个浮点型运算与十进制浮点型运算区别的实例如下：

```
>>> 0.1+0.1+0.1-0.3
5.551115123125783e-17
>>> Decimal('0.1')+Decimal('0.1')-Decimal('0.2')
Decimal('0.0')
```

2.1.6 复数 Complex

复数在科学计算及机械、电子等行业得到了广泛应用。在数学概念中，一个复数可以表示为实部+虚部，即 x+yj，其中 x 是实数部分，y 是虚数部分。在 Python 中使用复数类型数字时，需要注意以下几点：

（1）复数由实数部分和虚数部分构成。

（2）表示复数的语法是：real+imgj。

（3）虚部不能单独存在，它们总是和一个值为 0.0 的实部一起构成一个复数。

（4）实数部分和虚数部分都是浮点数。

（5）虚数部分必须有后缀 j 或 J。

Python 可以正确使用的复数形式如下：

```
4.5+3j，45.6-6.7J，0.67+6.8e4J，6.566+3.45j
```

可以使用直接赋值的方法创建复数型变量，如下：

```
>>> x=0.67+6.8e4j
>>> x
(0.67+68000j)
```

1. 复数的内建属性

复数对象拥有重要的数据属性 real 和 imag，分别表示该复数的实部和虚部。使用方法如下：

```
>>> x=0.67+6.8e4j
>>> x
```

```
(0.67+68000j)
>>> x.real
0.67
>>> x.imag
68000.0
```

2. 复数的内建方法

在编写程序时，经常需要用到复数的共轭复数。Python 为复数类型提供了 conjugate 方法，调用它可以返回复数的共轭复数对象，如：

```
>>> x=0.67+6.8e4j
>>> y=x.conjugate()
>>> y
(0.67-68000j)
```

2.1.7　算术运算符

Python 语言中的算术运算符有+、-、*、/、%、**和//，其中整除运算符//是从 Python 2.2 起新增加的运算符。同时 Python 也支持简单的单目（只需要一个操作数）运算符+和-。

各运算符的功能见表 2-1（假设 x=8，y=3）。

表 2-1　算术运算符功能描述

运算符	功能描述	示　例
**	幂运算	$8**3=8^3=512$
+（单目）	保持操作数的符号不变，常省略	x=+8 等价于 x=8
-（单目）	改变操作数的符号	z=-x 则 z=-8
*	乘法运算	x*y=8*3=24
/	除法运算，若两个操作数都是整数则除为“地板除”(见表后说明)，否则为真正除	x/y=8/3=2　-x/y=-8/3=-3 8.0/3=2.6666666666666665
//	“地板除”(见表后说明)	x/y=8/3=2　-x/y=-8/3=-3 8.0//3=2.0　8//-3.0=-3.0
%	取余 x%y 相当于 x- (x//y)*y	x%y=8%3=2 8.3%3=8.3- (8.3//3)*3=2.3
+（加）	求两个操作数的和	x+y=11
-（减）	求两个操作数的差	x-y=5

说明：

（1）“地板除”(floor)是指取比商小的最大整数，如 5//2=2，-5//2=-3。注意：运算符/在 Python2.x 和 Python3.x 中有所区别。在 Python3.x 中，运算符/对应着真正的除法，即 1/2=0.5。但在 Python2.x 中，如果运算符/的两个操作数都是整数，则为地板除，即 1/2=0；如果运算符/的两个操作数中有浮点数，其才为真正的除法。在 Python2 中可通过 from _future_ import division 将/改为真正的除法。

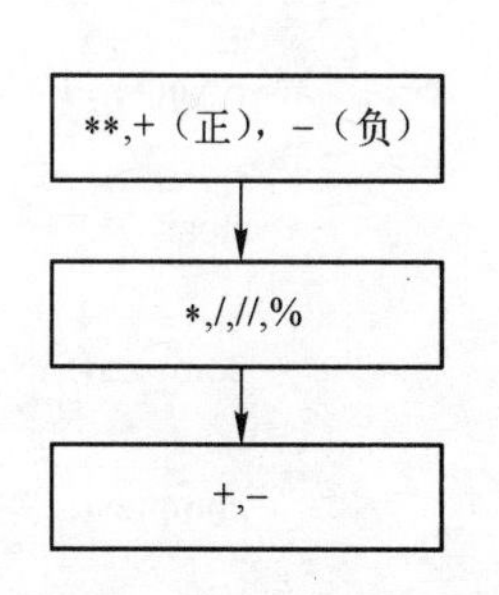

图 2-3　算术运算符优先级

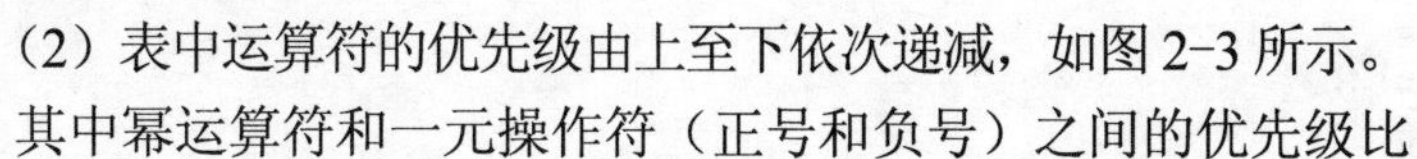

（2）表中运算符的优先级由上至下依次递减，如图 2-3 所示。

其中幂运算符和一元操作符（正号和负号）之间的优先级比

较特别：幂运算符比其左侧操作数的一元运算符优先级低，比其右侧操作数的一元运算符的优先级高。具体见下例：

```
>>> 2**3
8
>>> -2**3   #相当于-(2**3)
-8
>>> 2**-3   #相当于 2**(-3)
0.125
```

注意：

在算术运算中，通常要求操作数的类型一致，如果类型不一致，Python 会检查一个操作数是否会转换成另一个类型的操作数，如果可以，则将操作数转换成相同类型并求结果。在 Python 中某些转换是不可能的，比如将一个复数转换为非复数类型。

在 Python 中两个不同类型的操作数在表达式中相遇时的转换规则是：整型转换为浮点型（在整型的后面加个“.0”即可），非复数转换为复数（加个“0j”的虚数部分）。具体的转换规则如下：

如果有一个操作数是复数，则另一个操作数转换为复数。否则，如果有一个操作数是浮点型，则另一个操作数转换为浮点型。否则，如果有一个操作数是长整型，则另一个操作数转换为长整型。否则，两者必然都是普通整型，无须类型转换。

除了让 Python 对操作数进行自动转换，也可以利用转换函数对操作数进行显式转换。

2.1.8 数字类型函数

Python 既提供了数字类型转换的内建函数，也提供了执行常用数值运算的内建函数。

1．转换工厂函数

工厂函数 int()、long()、float()、complex()和 bool()可以将其他类型的数值转换为相应的数值类型，之所以把它们称为工厂函数，是因为虽然它们看上去有点像函数，但当它们被调用时，却生成该类型的一个实例，就象工厂生产产品一样。下面为转换函数使用实例：

```
>>> int(3.4)
3
>>> int(3.9)
3
>>> float(5)
5.0
>>> float(-78)
-78.0
>>> complex(5)
(5+0j)
>>> complex(5,8)
(5+8j)
>>> complex(-5.67,2.3e12)
(-5.67+2300000000000j)
```

```
>>> bool(5)
True
>>> bool(0)
False
>>> bool(-1)
True
>>> bool(1)
True
```

2．功能函数

Python 有五个内建函数用于数值运算： abs(), coerce(), divmod(), pow()和 round()。

（1）函数 abs()返回给定参数的绝对值。如果参数是一个复数，那么就返回复数的模，即复数的实部与虚部的平方和的正的平方根。例：

```
>>> abs(-1)
1
>>> abs(4.5)
4.5
>>> abs(-56.78e-2)
0.5678
>>> abs(23+6.78j)
23.978498701962142
>>> abs(3+4J)
5.0
```

（2）函数 coerce()（Python 2 中的函数）返回一个包含类型转换完毕的两个数值元素的元组。例：

```
>>> coerce(2.0,33)
(2.0, 33.0)
>>> coerce(2,33)
(2, 33)
>>> coerce(2L,33)
(2L, 33L)
>>> coerce(2L,33.0)
(2.0, 33.0)
>>> coerce(2+3j,33)
((2+3j), (33+0j))
>>> coerce(2+3j,33L)
((2+3j), (33+0j))
>>> coerce(2+3j,33.0)
((2+3j), (33+0j))
```

（3）函数 divmod()把除和求余运算结合起来，返回一个包含商和余数的元组。divmod（n1,n2）的结果为（n1//n2，n1%n2）。需要注意的是：在 Python 2 中该函数支持复数，但 Python 3 不再支持复数。

```
>>> divmod(4,3)
(1, 1)
>>> divmod(8.3,4)
(2.0, 0.3000000000000007)
>>> divmod(2+3j,2)
((1+0j), 3j)
>>> divmod(2+3j,0+2j)
((1+0j), (2+1j))
```

（4）函数 pow()类似操作符**，可以进行指数运算，但 pow()函数还可以接受第 3 个可选参数，如果有第 3 个参数，则 pow 先对第 1、2 个参数进行指数运算，然后将结果对第 3 个参数进行求余运算。这个特性主要用于密码运算，并且比 pow(x,y) % z 性能更好。例如：

```
>>> pow(2,3)
8
>>> pow(2.3,2)
5.289999999999999
>>> pow(2,3,5)
3
>>> pow(2+3j,2)
(-5+12j)
```

（5）函数 round()用于对浮点数进行四舍五入运算。它有一个可选的小数位数参数。如果不提供小数位参数，它返回与第一个参数最接近的整数（但仍然是浮点类型）。第二个参数告诉 round 函数将结果精确到小数点后指定位数。例如：

```
>>> round(2.45)
2.0
>>> round(2.45678)
2.0
>>> round(2.45678,2)
2.46
>>> round(-2.45)
-2.0
>>> round(-2.45678,1)
-2.5
>>> round(-2.45678,2)
-2.46
```

2.2 序列

Python 序列包括元组、列表和字符串。Python 序列类型都是由一些成员共同组成的一个序列整体，它们的成员都是有序排列的。所有的序列类型都支持索引操作和切片操作。索引操作允许从序列中抓取一个特定项目，切片操作允许获取序列的一个切片，即一部分序列。也可通过 len()函数获取序列中的子项个数。

序列共同支持的操作符见表 2-2，其中 seq 代表序列对象。

表 2-2　序列操作符

序列操作符	功　能	说　明
seq[index]	获取 seq 中 index 处的元素	索引值 index 为整型数字，正向索引从 0 开始，反向索引从-1 开始
seq[index1:index2]	获取 index1 与 index2-1 之间的元素	索引值 index1、index2 为整型数字，正向索引从 0 开始，反向索引从-1 开始
seq*expr	复制 expr 份的 seq	expr 为整型数字
seq1+seq2	连接两个序列	seq1、seq2 为相同类型序列对象
obj in seq	判断 obj 是否为 seq 中的成员	obj、seq 为相同类型序列对象
obj not in seq	判断 obj 不是 seq 中成员	obj、seq 为相同类型序列对象

表 2-2 中的 seq[index]与 seq[index1:index2]为切片操作，切片操作分为：

- 正向索引：索引值范围从 0 到偏移量最大值（比序列长度小 1）。
- 反向索引：索引值范围从-1（最后一个元素的索引）到序列的负长度（第一个元素的索引）。
- 默认索引：切片中起始索引和结束索引都是可省略的，如果省略起始索引，则从序列的最开始处开始，如果省略结束索引则取到序列的最末尾结束，如果都省略则取整个序列。

在切片索引的正向索引中，起始索引可以小于 0，相当于 0，结束索引可以大于偏移量最大值，相当于偏移量最大值。也可以在切片操作中增加第 3 个参数，用来指定切片的步长，即 seq[index1:index2:step]。

表 2-2 中的 seq[index]索引操作可看作是特殊的切片操作，只切片一个元素，但索引值必须在从 0 到偏移量最大值或从-1 到序列的负长度的有效范围内，否则会报错。

在后面字符串、列表和元组类型的讲解中会详细讲解序列操作符。

序列共同支持的函数见表 2-3，其中 seq1，seq2 代表序列对象。

表 2-3　序列共同支持的函数

函　数	功　能	说　明
cmp(seq1,seq2)	比较序列 seq1 和 seq2 的大小	从左至右依次（字符）比较，直至比出大小，如果到两序列结束，未分胜负，则两序列相等
len(seq1)	获取序列的长度	如果 seq1 为字符串，则返回字符串中字符数，否则返回序列中的元素个数
max(seq1)或 min(seq1)	求最大值或最小值	如果 seq1 为字符串，则返回字符串中 ASCII 码最大或最小的字符，否则返回序列中的最大或最小元素，也可以求多个序列的最人或最小序列
sorted(seq1)	按照由小到大的顺序进行排列	如果 seq1 为字符串，则返回由小到大排列的 len(seq1)个字符串，分别为字符串中各字符，否则返回由小到大排列的序列中的各元素
sum(seq1)	求和	对数字型列表或元组中的各元素进行求和运算
list(seq1)或 tuple(seq1)	通过浅拷贝数据创建一个新的列表或元组	通常用于将元组转换为列表，或将列表转换为元组

表 2-3 中的 cmp(seq1,seq2)、max(seq1)、min(seq1)、sorted(seq1)等函数均涉及序列元素大小的问题，如果序列是字符串，则比较各字符的 ASCII 码值，如果是列表或元组则比较相应元素的值，如果对应元素的类型不同，则比较遵守下列规则：

（1）均为数字，则强制类型转换后，比较大小。

（2）若一方为数字，则另一方大，因为不同类型元素比较中数字是最小的。

（3）如果均不是数字，则通过类型名字的字母顺序进行比较。

（4）如果一方尚有元素，另一方已至列表末尾，则先结束的小。

2.2.1 字符串

Python 用字符串来表示和存储文本，用单引号、双引号和三引号作字符串的界定符。其中单引号和双引号作界定符的作用基本相同，三引号通常用作包含多行文本字符串的界定符，如：

```
>>> y='''yueoeo
jeekrk
elerk'''
>>> y
'yueoeo\njeekrk\nelerk'
```

Python 中有三类字符串：通常意义字符串、原始字符串和 Unicode 字符串。

通常意义字符串即用单引号、双引号和三引号界定的文本，如：

```
>>> 'hello'
'hello'
>>> "world"
'world'
>>> '''hello
world'''
'hello\nworld'
```

原始字符串是以 R 或 r 开始的字符串，不对其中的转义字符进行转义（常见的转义字符有：\n 换行、\\反斜杠、\t 制表、\'单引号、\r 回车、\"双引号）。在原始字符串中，所有的字符都是直接按照字面的意思来使用，即没有转义和不能打印的字符。如：

```
>>> s='hello\nworld'
>>> print (s)
hello
world
>>> ss=r'hello\nworld'
>>> print (ss)
hello\nworld
```

由于变量 ss 指向的是原始字符串，所以 print 输出时“\n”没有转义为换行。

Unicode 是书写国际文本的标准方法，如果文件中含有非英语文本，就必须使用 Unicode 字符串。Unicode 字符串是以 U 或 u 开始的字符串，如：

```
>>> u'hello'
u'hello'
>>> U'hello'
```

```
u'hello'
```

如果把一个普通字符串和一个 Unicode 字符串做连接处理，Python 会在连接操作前先把普通字符串转换为 Unicode 字符串，如：

```
>>> U'hello'+'world'
u'helloworld'
>>> 'hello'+u'world'
u'helloworld'
```

如果字符串的前面有 u 或者 U，则表示该字符串为 Unicode 原始字符串。

1．创建字符串变量

可以使用直接赋值的方法，创建字符串变量，如：

```
>>> s='hello'
>>> s
'hello'
>>> ss=str(56)    #函数 str 创建一个字符串后，将其赋值给 ss
>>> ss
'56'
>>> s='world'
>>> s
'world'
```

注意：字符串创建后就不能改变，如果想改变变量引用的字符串，只能创建新的字符串，然后使用变量引用新的字符串。

2．字符串操作符

字符串支持表 2-2 中的所有序列操作符，如：

（1）取字符串中某个字符

```
>>> s='hello'
>>> s[4]
'o'
>>> s[0]
'h'
```

也可以使用反向索引：

```
>>> s[-1]
'o'
>>> s[-3]
'l'
>>> s[-5]
'h'
```

（2）取字符串中的子字符串

```
>>> s='hello'
>>> s[1:3]
'el'
```

```
>>> s[:4]
'hell'
>>> s[:]
'hello'
>>> s[2:5]
'llo'
```

切片时，从开始索引对应的元素开始取，取至结束索引-1 对应的元素。

通常采用的是正向索引来获取字符串的字串，有时也采取反向索引操作，如：

```
>>> s[-5:-2]
'hel'
>>> s[-5:-1]
'hell'
>>> s[-3:-1]
'll'
>>> s[:]
'hello'
```

增加第 3 个参数，可切取不连续的子字符串，如：

```
>>> x='have a nice day'
>>> x[0:10:2]
'hv   i'
>>> x[::3]
'he cd'
```

（3）字符串重复

```
>>> s='hello'
>>> s*3
'hellohellohello'
>>> s*6
'hellohellohellohellohellohello'
```

（4）字符串连接

```
>>> s='hello'
>>> ss='world'
>>> s+ss
'helloworld'
>>> x="have "+"a nice day"
>>> x
'have a nice day'
```

Python 也允许在源码中把几个字符串连在一起写，以此来构建字符串。

```
>>> y='have "a nice day'
>>> y
'have a nice day'
```

（5）成员操作符（in，not in）

```
>>> s='hello'
>>> ss='world'
>>> 'or' in s
False
>>> 'or' in ss
True
>>> 'or' not in s
True
>>> 'or' not in ss
False
```

3．格式化操作符（%）

Python 的字符串格式化分为两种，一种是“%”形式类似 C 语言的 printf 函数，另外一种是 C#形式的“{0}.format”形式。虽然 Python 的设计者曾经谈及%格式将逐渐消失，但%格式存在于大量的 Python 代码中，即使到了 Python 3.4，%格式依旧存在于大量的 Python 标准库中，所以本节以经典的%格式进行讲解。

格式化操作符的使用格式为：

格式化模板 % 转换参数列表

其中格式化模板由普通字符和包含%的格式化符号组成，这些格式符为真实值预留位置，并说明真实数值应该呈现的格式。各符号的意义见表 2-4。

表 2-4　字符串格式化符号

格式化符号	转换方式
%s	优先用 str()函数进行字符串转换
%r	优先用 repr()函数进行字符串转换
%c	转换成单个字符
%d	转换成十进制整数
%i	转换成整数
%o	转换成八进制整数
%x	转换成十六进制整数
%e	转换成指数（底数写为 e）
%E	转换成指数（底数写为 E）
%f	转换成浮点数
%F	转换成浮点数，与上相同
%g	根据显示长度，转换成指数(e)或浮点数()，不输出无意义的零
%G	根据显示长度，转换成指数(E)或浮点数()，不输出无意义的零
%%	输出字符"%"

使用格式化操作符的具体例子如下所示。

```
>>> 'I love %s'%'China'
'I love China'
>>> 'I love %r'%'China'
```

```
"I love 'China'"
>>> 'ASCII(%c)=67'%67
'ASCII(C)=67'
>>> '%d'%0o23
'19'
>>> '%i'%23
'23'
>>> '%u'%3456
'3456'
>>> '%u'%-123
'-123'
>>> '%o'%23
'27'
>>> '%o'%0O23
'23'
>>> '%o'%0xA3
'243'
>>> '%x'%23
'17'
>>> '%x'%0o23
'13'
>>> '%x'%0x23
'23'
>>> '%%%c get a charactor'%'c'
'%c get a charactor'
```

可以用如下辅助符号，对格式进行进一步的控制：

```
% [flags][width].[precision]typecode
```

说明：

（1）flags 可以是+、-、' '或 0。+表示右对齐。-表示左对齐。' '为一个空格，表示在正数的左侧填充一个空格，从而与负数对齐。0 表示使用 0 填充。

（2）width 表示显示宽度。

（3）precision 表示小数点后精度。

具体的格式化操作符的辅助符见表 2-5。

表 2-5　格式化操作符辅助符

符　号	作　用
m.n	m 指定显示宽度，n 指定小数点后位数
-	左对齐，空格填在右侧
+	在正数前面显示加号（+）
' '	在正数前面显示空格
#	在八进制前面显示'0'，在十六进制前面显示'0x'或'0X'
0	显示的数字前面填充'0'而不是默认的空格
(var)	映射变量（字典参数）

使用格式化操作符的辅助符号的具体例子如下所示。

```
>>> '%5.2f'%3.456789
' 3.46'
>>> '%9.1f'%3.456789
'      3.5'
>>> '%-9.1f'%3.456789
'3.5      '
>>> '%+9.1f'%3.456789
'     +3.5'
>>> '% u'%35
' 35'
>>> '%d'%-35
'-35'
>>> '%#o'%45
'055'
>>> '%#x'%45
'0x2d'
>>> '%09.1f'%3.456789
'0000003.5'
```

注意：表 2-5 中的 m.n 分别表示宽度和小数位数，可以用*来动态地代入这两个量，例如：

```
>>> '%*f'%(5,2.3)
'2.300000'
>>> '%.*f'%(2,2.3456)
'2.35'
>>> '%*.*f'%(5,2,2.345678)
' 2.35'
>>> '%*.*f'%(7,2,2.345678)
'   2.35'
```

综上所述，Python 中内置的%操作符可用于格式化字符串操作，控制字符串的呈现格式。

4．比较操作符

在 Python 中可以用标准的比较操作符来比较字符串的大小。字符串比较大小是从左至右依次比较字符串中字符的 ASCII 值的大小。标准的比较操作符见表 2-6。

表 2-6　标准的比较操作符

操 作 符	功 能
<	小于
>	大于
<=	小于或等于
>=	大于或等于
==	等于
! =	不等于
<>	不等于（Python 2）

Python 3 不再支持<>操作符，而 Python 2 既支持!=也支持<>。

字符串比较的例子如下：

```
>>> 'hello'>'world'
False
>>> 'hello'>'hei'
True
>>> 'horse'!='house'
True
>>> 'horse'=='house'
False
```

5．字符串内建函数

字符串的内建函数实际是字符串对象的方法，使用格式为“字符串对象名.函数名()”。

Python 提供了很多字符串函数，可以完成对字符串的各种操作。下面按照操作需求对这些函数进行讲解。

（1）字符串去空格（strip，lstrip，rstrip）

strip 去掉字符串左侧和右侧的空格（包括空格键、Tab 键和回车键），lstrip 去掉字符串左侧的空格，rstrip 去掉字符串右侧的空格。

例：

```
>>> a
'\t errt \t'
>>> a.strip()
'errt'
>>> a.lstrip()
'errt \t'
>>> a.rstrip()
'\t errt'
>>> b='hell'
>>> b.strip('h')
'ell'
```

如果在 strip、lstrip、rstrip 函数的参数中给出特定字符串，这三个函数也可以完成删除特殊字符的功能。

```
>>> a.strip('\t')
' errt '
>>> a.lstrip('\t')
' errt \t'
>>> a.rstrip('t \t')
'\t err'
```

（2）连接字符串（join）

除了使用操作符“+”实现字符串连接功能，也可以使用 join 函数连接字符串，如：

```
>>> a='hello'
>>> a.join(('ab','cd','ef'))
'abhellocdhelloef'
>>> a
'hello'
>>> b=a.join(('ab','cd','ef'))
>>> b
'abhellocdhelloef'
>>> c=''.join(('ab','cd','ef'))
>>> c
'abcdef'
```

例中 join 函数的参数为列表，列表的知识将在下一小节中讲解。

使用 join 函数和“+”连接字符串的区别在于，join 将所有字符串连接在一起后，生成一个新的字符串对象，而“+”则每连接两个字符串就需要产生一个新的字符串对象，所以在需要连接多个子字符串时，一般使用 join 函数。当然也可以使用字符串格式化操作符“%”，将多个字符串连接在一起，如：

```
>>> '%s%s%s'%(a,'ab','cd')
'helloabcd'
```

使用字符串格式化操作符“%”进行字符串连接效率高、可读性好，并且可以自动将非字符串的对象转换为字符串后连接，如：

```
>>> '%s%s%s'%(a,'ab',34)
'helloab34'
```

同样的连接，使用 join 函数时会报错：

```
>>> ''.join((a,'ab',34))

Traceback (most recent call last):
  File "<pyshell#20>", line 1, in <module>
    ''.join((a,'ab',34))
TypeError: sequence item 2: expected string, int found
```

使用“+”操作符也会报错：

```
>>>a+'ab'+34

Traceback (most recent call last):
  File "<pyshell#21>", line 1, in <module>
    a+'ab'+34
TypeError: cannot concatenate 'str' and 'int' objects
```

（3）分割和组合（split，rsplit，splitline）

split 函数的使用格式为：

```
string.split(str,num)
```

功能：以 str 为分隔符切片 string，如果指定 num，则仅分割 num 个子字符串。

```
>>> b='I am a student'
>>> b.split(' ')
['I, 'am', 'a', 'student']
>>> b.split(' ',2)
['I', 'am', 'a student']
```

rsplit 函数与 split 基本相同，区别在于当 num<string.count(str)时，split 是从左向右分割子字符串，而 rsplit 是从右向左分割子字符串。

```
>>> b.rsplit(' ')
['I', 'am', 'a', 'student']
>>> b.rsplit(' ',2)
['I am', 'a', 'student']
```

splitline 函数的使用格式为：

```
string.splitline(num)
```

功能：按照行切片 string，返回一个以各行内容为元素的列表，如果指定 num，则仅切片 num 行。

```
>>> d.splitlines()
['I', 'am', 'a', 'student']
```

（4）查找字符串（find、index）

find 函数的使用格式为：

```
string.find(str,beg,end)
```

功能：检测 str 是否包含在 string 中，如果用 beg 和 end 指定范围，则会检查是否包含在指定范围内，如果是，返回开始的索引值，否则返回-1。

例如：

```
>>> a='hello world'
>>> a.find('el',5,11)
-1
>>> a.find('el',0,11)
1
```

index 函数的使用格式为：

```
string.index(str,beg,end)
```

功能：与 find 函数基本相同，只是如果在 string 中找不到 str 会报告异常。

例：

```
>>> a='hello world'
>>> a.index('el',0,11)
1
>>> a.index('el',5,11)

Traceback (most recent call last):
  File "<pyshell#27>", line 1, in <module>
    a.index('el',5,11)
ValueError: substring not found
```

（5）统计子字符串出现次数（count）

count 函数使用的格式为：

```
string.count(str,beg,end)
```

功能：统计 str 在 string 中的出现次数，如果用 beg 和 end 指定范围，则返回指定范围内 str 出现的次数。

例：

```
>>> a='hello world'
>>> a.count('w',0,11)
1
>>> a.count('l',0,11)
3
>>> a.count('h')
1
>>> a.count('h',6,11)
0
>>> a.count('l',6,11)
1
```

（6）替换子字符串（replace）

replace 函数使用的格式为：

```
string.replace(str1,str2,num)
```

功能：把字符串中的字符串 str1 替换成 str2，如果 num 指定，则替换次数不超过 num 次。

例：

```
>>> a='hello world'
>>> a.replace('l','r')
'herro worrd'
>>> a.replace('l','r',2)
'herro world'
```

（7）字符串的测试、判断函数

string.startswith(str[,beg[,end]]) 检查是否以 str 开头，如果指定 beg 和 end，则在指定范

围内查找。

string.endswith(str[,beg[,end]]) 检查是否以 str 结尾，如果指定 beg 和 end，则在指定范围内查找。

string.isalnum()检查是否全是字母和数字，并至少有一个字符。

string.isalpha()检查是否全是字母，并至少有一个字符。

string.isdigit()检查是否全是数字，并至少有一个字符。

string.isspace()检查是否全是空白字符，并至少有一个字符。

string.islower()检查是否全是小写。

string.isupper()检查是否全是大写。

string.istitle()检查是否首字母大写。

例：

```
>>> a='hello world'
>>> a.startswith('h')
True
>>> a.endswith('h')
False
>>> a.isalnum()
False
>>> b='helloworld'
>>> b.isalnum()
True
>>> a.isalpha()
False
>>> b.isalpha()
True
>>> a.isdigit()
False
>>> c='1238'
>>> c.isdigit()
True
>>> a.isspace()
False
>>> d='	'
>>> d
'\t'
>>> d.isspace()
True
>>> a.islower()
True
>>> a.isupper()
False
>>> a.istitle()
False
```

可使用 capitalize 函数将字符串的首字符改成大写，如：

```
>>> a='hello world'
>>> a.capitalize()
'Hello world'
```

2.2.2　列表

列表也是 Python 中常用的序列类型，它是能够存储任意多个不同数据类型对象的容器。Python 的列表有点像 C 语言中的数组，但比数组灵活，列表元素的类型可以不同，还可以用用户定义的对象作为自己的元素。Python 使用方括号[ ]作为列表的界定符，多个元素之间用逗号分隔，如：

```
>>> ['we',34,'hello',6.78,2e-3]
['we', 34, 'hello', 6.78, 0.002]
```

1．创建列表

只要把用逗号分隔的各数据项用方括号[]括起来就创建了一个列表，也可以用工厂函数 list 将字符串转换为列表。例如：

```
>>> ['Python',1,'C Language',2,'Java',3]
['Python', 1, 'C Language', 2, 'Java', 3]
>>> x=['we',4.5,'you',7,['he','she']]
>>> x
['we', 4.5, 'you', 7, ['he', 'she']]
>>> y=list('world')
>>> y
['w', 'o', 'r', 'l', 'd']
```

2．序列操作符

列表支持表 2-2 中的所有序列操作符，如：

（1）访问或修改列表中某个值

```
>>> x=['we',4.5,'you',7,['he','she']]
>>> x[2]
'you'
>>> x[4]
['he', 'she']
>>> x[3]=26
>>> x
['we', 4.5, 'you', 26, ['he', 'she']]
```

列表与字符串不同。字符串创建后就不能改变，但是列表可以改变，所以只能通过索引访问但不能改变字符串中的字符，但通过索引既可以访问也可以改变列表中的值。

如果列表中的元素还是列表，要访问其中的值，可以使用多维下标，类似 C 语言中的多维数组，如：

```
>>> x[4][1]
'she'
>>> x[4][0]
'he'
```

（2）列表切片

通过切片操作符从列表中取出子列表，如：

```
>>> x
['we', 4.5, 'you', 26, ['he', 'she']]
>>> x[:4]
['we', 4.5, 'you', 26]
>>> x[3:]
[26, ['he', 'she']]
>>> x[-3:-1]
['you', 26]
>>> x[:]
['we', 4.5, 'you', 26, ['he', 'she']]
```

与字符串一样，列表的切片操作也遵从正负索引规则，正索引从零开始，负索引最后一个元素为-1，如果在切片中省略起始索引或结束索引，则从列表的最开始处开始或取到列表的最末尾结束。

也可以通过切片操作，改变列表中的几个值。不仅可以改变列表元素的值，而且可以改变列表元素的类型，如：

```
>>> x[2:3]=['rt',56]
>>> x
['we', 4.5, 'rt', 56, 26, ['he', 'she']]
```

（3）列表重复

```
>>> x*2
['we', 4.5, 'rt', 56, 26, ['he', 'she'], 'we', 4.5, 'rt', 56, 26, ['he', 'she']]
>>> x[1:3]*3
[4.5, 'rt', 4.5, 'rt', 4.5, 'rt']
```

（4）列表连接

```
>>> y=list('world')
>>> y
['w', 'o', 'r', 'l', 'd']
>>> x+y
['we', 4.5, 'rt', 56, 26, ['he', 'she'], 'w', 'o', 'r', 'l', 'd']
```

（5）成员操作符（in，not in）

```
>>> y in x
False
```

```
>>> y not in x
True
>>> 'rt' in x
True
>>> 'rt' in x[2:]
True
>>> 'rt' in x[3:]
False
```

3．比较操作符

列表也可以使用表 2-6 中的标准比较操作符比较大小，比较规则与内建函数 cmp()比较规则相同。两个列表比较规则为：从左至右依次取出对应的列表元素进行比较，直到比出大小为止，如果直到最后一个元素都相同，则两个列表相同。在比较过程中，如果对应元素的类型不同，则比较遵守下列规则：

（1）如果均为数字，则强制类型转换后，比较大小。

（2）如果一方为数字，则另一方大，因为不同类型元素中数字是最小的。

（3）如果均不是数字，则通过类型名字的字母顺序进行比较。

（4）如果一方尚有元素，另一方已至列表末尾，则先结束的小。

例：

```
>>> z=list('world')
>>> y==z
True
>>> x>y
True
>>> x[1:]>y
False
```

4．列表内建函数

列表的内建函数实际是列表对象的方法，使用格式为“列表对象名.函数名()”。列表是多个多种类型元素的容器，创建后可以改变，可以利用列表内建函数对列表实现追加、删除和插入等更新操作。

（1）append 函数可在列表后添加新元素。

```
>>> x=['e',78,'yu',456]
>>> x.append('tyuu')
>>> x
['e', 78, 'yu', 456, 'tyuu']
```

（2）extend 函数可在列表后追加一个列表的全部元素。

```
>>> x=['e',78,'yu',456]
>>> y=['a',123,'b',456]
>>> x.extend(y)
>>> x
['e', 78, 'yu', 456, 'tyuu', 'a', 123, 'b', 456]
```

（3）insert 函数可插入新元素。

```
>>> y=['a',123,'b',456]
>>> y.insert(2,'new')
>>> y
['a', 123, 'new', 'b', 456]
```

（4）pop 和 remove 函数可删除元素

pop 函数删除指定索引值所对应的元素，如果不指定索引值，默认删除最后一个元素。remove 函数删除指定内容所对应的元素，如果列表中多个元素与指定内容相同，则只删除第一个与指定内容相同的元素。

Pop 举例：

```
>>> y=['a', 123, 'new', 'b', 456]
>>> y.pop()
456
>>> y
['a', 123, 'new', 'b']
>>> y.pop(0)
'a'
>>> y
[123, 'new', 'b']
```

remove 举例：

```
>>> z=['e','ty',78,'e',78,'io',67.4]
>>> z.remove('e')
>>> z
['ty', 78, 'e', 78, 'io', 67.4]
>>> z.remove('e')
>>> z
['ty', 78, 78, 'io', 67.4]
>>> z.remove('io')
>>> z
['ty', 78, 78, 67.4]
```

（5）count 函数可统计对象出现次数。

```
>>> z.count(78)
2
>>> z.count('ty')
1
>>> z.count(45)
0
```

（6）index 函数可查找对象。

index 函数的使用格式为：

```
list.index(obj,i,j)
```

要求 i>=0，j<=len(list)，i<j。

作用为从列表的第 i 个（从 0 开始计数）元素开始查找对象 obj，查到第 j 个元素结束（不包括第 j 个元素），如果查到则返回元素的索引值，否则会引发 ValueError 异常。

```
>>>z
[67.4, 'io', 78, 'e', 78, 'ty', 'e']
>>> z.index(78,3,6)
4
>>>z.index(78,3,4)
Traceback (most recent call last):
  File "<pyshell#69>", line 1, in <module>
    z.index(78,3,4)
ValueError: 78 is not in list
>>> z.index(78,3,5)
4
```

（7）reverse 函数可翻转列表。

```
>>> z
['e', 'ty', 78, 'e', 78, 'io', 67.4]
>>> z.reverse()
>>> z
[67.4, 'io', 78, 'e', 78, 'ty', 'e']
```

（8）sort 函数可进行列表排序。

sort 函数的使用格式为：

```
list.sort(key=None,reverse=False)
```

作用为以指定的方式排序列表中的成员，如果 key 参数指定，则按照指定的方式比较各个元素，如果 reverse 标志设置为 True，则列表以逆序排列。

```
>>> z.sort(reverse=False)
>>> z
[67.4, 78, 78, 'e', 'e', 'io', 'ty']
>>> z.sort(reverse=True)
>>> z
['ty', 'io', 'e', 'e', 78, 78, 67.4]
```

5．列表实现常见数据结构

堆栈和队列是数据结构中的两种常见结构，因为列表是一个可变的容器，所以很容易使用列表来实现堆栈和队列的功能。

（1）堆栈

堆栈的典型特点是“后进先出”，添加新元素时，添加在后面，删除元素时，从最后开始删除。下面用列表来处理英文歌曲名单，处理过程满足堆栈特点（代码：ch2-2.py）。

```
#example
songn=[]
#add the song name
while(1):
    newsong=raw_input('Enter the name of song(if end,enter -1):')
    if(newsong=='-1'):
        break
    else:
        songn.append(newsong)
#only keep 5 songs
while(len(songn)>5):
    songn.pop()
print songn
```

运行该程序，并依次输入 last christmas, all things bright and beautiful, burning, sweet chocolate, love fool, what hurts the most, sitting down here,-1，结果如下：

```
>>>
Enter the name of song(if end,enter -1):last christmas
Enter the name of song(if end,enter -1):all things bright and beautiful
Enter the name of song(if end,enter -1):burning
Enter the name of song(if end,enter -1):sweet chocolate
Enter the name of song(if end,enter -1):love fool
Enter the name of song(if end,enter -1):what hurts the most
Enter the name of song(if end,enter -1):sitting down here
Enter the name of song(if end,enter -1):-1
the 5 most popular song are:
['last christmas', 'all things bright and beautiful', 'burning', 'sweet chocolate', 'love fool']
```

（2）队列

队列是一种“先进先出”的数据类型。添加新元素时，添加在后面，删除元素时，从最前面开始删除。

下面用列表处理面试排队的问题(ch2-3.py)。

```
#example
itname=[]
import time
#add the interview name
while(1):
    newname=raw_input('Enter the name of waiting for the Interview(if end,enter end):')
    if(newname=='end'):
        break
    else:
        itname.append(newname)
#In front of the row of people to interview first
while(len(itname)>0):
    name=itname.pop(0)
```

```
        print name,'take the interview'
        time.sleep(5)    #wait for 5 seconds
```

运行该程序，并依次输入 mike,john,janice,mary,jenny,end，结果如下：

```
>>>
Enter the name of waiting for the Interview(if end,enter end):mike
Enter the name of waiting for the Interview(if end,enter end):john
Enter the name of waiting for the Interview(if end,enter end):janice
Enter the name of waiting for the Interview(if end,enter end):mary
Enter the name of waiting for the Interview(if end,enter end):jenny
Enter the name of waiting for the Interview(if end,enter end):end
mike take the interview
john take the interview
janice take the interview
mary take the interview
jenny take the interview
```

2.2.3　元组

元组与列表类似，也是一种容器类型，但两者有本质的区别：列表是可变的，而元组是不可变的。Python 使用圆括号()作为元组的界定符，如：

```
>>> ('23','yu',67,'w2')
('23', 'yu', 67, 'w2')
```

1．创建元组

只要把用逗号分隔的各数据项用圆括号()括起来就创建了一个元组，也可以用工厂函数 tuple 将字符串或列表转换为元组。例如：

```
>>> ('Python',1,'C Language',2,'Java',3)
('Python', 1, 'C Language', 2, 'Java', 3)
>>> x=('we',4.5,'you',7,('he','she'))
>>> x
('we', 4.5, 'you', 7, ('he', 'she'))
>>> y=tuple('hello world')
>>> y
('h', 'e', 'l', 'l', 'o', ' ', 'w', 'o', 'r', 'l', 'd')
>>> y=tuple(['hello','world',7,8,9])
>>> y
('hello', 'world', 7, 8, 9)
```

2．序列操作符

元组支持表 2-2 中的所有序列操作符，如：

（1）访问元组中某个值

```
>>> x=('we',4.5,'you',7,['he','she'])
```

```
>>> x
('we', 4.5, 'you', 7, ['he', 'she'])
>>> x[3]
7
>>> x[3]=5
Traceback (most recent call last):
  File "<pyshell#92>", line 1, in <module>
    x[3]=5
TypeError: 'tuple' object does not support item assignment
```

只能通过索引访问但不能改变元组中的元素。

如果元组中的元素还是列表或元组，要访问其中的值，可以使用多维下标，类似 C 语言中的多维数组，如：

```
>>> x[4][1]
'she'
>>> x[4][0]
'he'
```

（2）元组切片

通过切片操作符从元组中取出子元组，如：

```
>>> x=('we', 4.5, 'you', 26, ['he', 'she'])
>>> x
('we', 4.5, 'you', 26, ['he', 'she'])
>>> x[:4]
('we', 4.5, 'you', 26)
>>> x[3:]
(26, ['he', 'she'])
>>> x[-3:-1]
('you', 26)
>>> x[:]
('we', 4.5, 'you', 26, ['he', 'she'])
```

与字符串和列表一样，元组的切片操作也遵从正负索引规则，正索引从零开始，负索引最后一个元素为-1，如果在切片中省略起始索引或结束索引，则从元组的最开始处开始或取到元组的最末尾结束。

（3）元组重复

```
>>> x=('we', 4.5, 'you', 26, ['he', 'she'])
>>> x*2
('we', 4.5, 'you', 26, ['he', 'she'], 'we', 4.5, 'you', 26, ['he', 'she'])
>>> x[1:3]*2
(4.5, 'you', 4.5, 'you')
```

（4）元组连接

```
>>> x=('we', 4.5, 'you', 26, ['he', 'she'])
```

```
>>> y=tuple('hello')
>>> y
('h', 'e', 'l', 'l', 'o')
>>> x+y
('we', 4.5, 'you', 26, ['he', 'she'], 'h', 'e', 'l', 'l', 'o')
```

（5）成员操作符（in，not in）

```
>>> x=('we', 4.5, 'you', 26, ['he', 'she'])
>>> y=tuple('hello')
>>> y in x
False
>>> y not in x
True
>>> 'rt' in x
True
>>> 'rt' in x[2:]
True
>>> 'rt' in x[3:]
False
```

3．比较操作符

元组也可以使用表 2-6 中的标准比较操作符比较大小，比较规则与内建函数 cmp()类似，即：从左至右依次拿出对应的元组元素进行比较，直到比出大小为止，如果直到最后一个元素都相同，则两个元组相同。在比较过程中，如果对应元素的类型不同，则比较遵守下列规则：

（1）若均为数字，则强制类型转换后，比较大小。

（2）若一方为数字，则另一方大，因为不同类型元素比较中数字是最小的。

（3）如果均不是数字，则通过类型名字的字母顺序进行比较。

（4）如果一方尚有元素，另一方已至元组末尾，则先结束的小。

例：

```
>>>y=tuple('hello')
>>> z=tuple('world')
>>> y==z
True
>>> x>y
True
>>> x[1:]>y
False
```

在 Python 3.x 中，如果比较运算符（<，< =，> =，>）的操作数的类型不同，将引发 TypeError 异常。例如：表达式 1<'1'，0>None 不再有效。一个推论是除非元组（链表）的所有元素能够一一比较，否则两个元组（链表）的比较将引发 TypeError 异常。请注意，这并不适用于= =和！=运算符，因为不同类型的对象比较时总是不相等的。Python 3.x 中也不再支持 cmp()方法，可以用表达式(a > b) - (a < b)代替 cmp()。

4. 元组的可变对象

元组定义后是不可变的，但是如果元组中包含了可变对象如列表，那么改变其可变对象时，某种意义上讲也改变了元组。

```
>>> x=('we', 4.5, 'you', 26, ['he', 'she'])
>>> x[4][1]='they'
>>> x
('we', 4.5, 'you', 26, ['he', 'they'])
>>> x[4][0]='it'
>>> x
('we', 4.5, 'you', 26, ['it', 'they'])
```

Python 中将没有明确用符号界定的多个用逗号分隔的对象都当作元组来处理。

2.3 字典

字典(dict)是 Python 中的映射数据类型，使用大括号{}作为界定符，工作原理类似 Perl 中的关联数组或散列表，由键-值（key-Value）对构成，通常使用数字或字符串作键，而值可以是任意类型的 Python 对象。

如果把列表和元组当作有序的对象集合类型，那么字典就是无序的对象集合类型。列表和元组可以根据偏移（索引）来存取元素对象，而字典则根据键来存取对象，所以字典中的键必须是唯一的。这有点类似电话簿，电话簿中联系人姓名与联系电话一一对应，可以通过联系人的姓名查找其联系电话。

2.3.1 字典创建

将键-值对用大括号（{}）括起来就创建了字典对象，Python 也允许用一对空的大括号创建一个“空”字典。

```
>>>d={}
>>> d
{}
>>> d={001:'mike',002:'mary'}
>>> d
{1: 'mike', 2: 'mary'}
>>> d1={003:'john',004:'jenny',005:'tom'}
>>> d1
{3: 'john', 4: 'jenny', 5: 'tom'}
```

创建字典时，键-值之间用冒号分隔，键-值对之间用逗号分隔。

也可以使用工厂函数 dict()来创建字典。主要使用形式如下：

dict() 创建一个空的字典。

dict(mapping)使用键-值对创建新的字典。

dict(iterable)利用可迭代对象创建新的字典。

dict(**kwargs)使用键-值对创建新的字典。

例：

```
>>> d=dict()
>>> d
{}
>>> d=dict([[001,'mike'],[002,'mary']])
>>> d
{1: 'mike', 2: 'mary'}
>>> d=dict(zip((001,002),('mike','mary')))
>>> d
{1: 'mike', 2: 'mary'}
>>> d=dict(a='first',b='second')
>>> d
{'a': 'first', 'b': 'second'}
>>> dict(one=1, two=2)
{'two':2, 'one': 1}
```

2.3.2　字典访问

（1）访问字典中元素值

与列表和元组不同，字典通过键值而非索引值来访问字典元素的值。如：

```
>>> d={'mike':'1238569','mary':'1235345'}
>>> d['mike']
'1238569'
>>> d['mary']
'1235345'
```

如果[]中的键值并不存在，则会报错，如：

```
>>> d['john']

Traceback (most recent call last):
  File "<pyshell#36>", line 1, in <module>
    d['john']
KeyError: 'john'
```

为了避免这种错误，可以先使用字典的 has_key()方法或 in/not in 操作符来检测字典中是否存在该键。如：

```
>>> d.has_key('mike')
True
>>> d.has_key('john')
False
>>> 'mike' in d
True
>>> 'john' in d
False
>>> 'john' not in d
```

```
True
```

（2）遍历字典

使用 for 循环可查看字典中所有的键-值对，如：

```
>>> for key in d:
    print '%s=%s'%(key,d[key])

mike=1238569
mary=1235345
>>> #only print key
>>> for key in d:
    print 'key=%s'% key

key=mike
key=mary
```

在 for 循环中也可以使用字典的 keys()方法来获取字典中的键，但比仅使用字典名麻烦，所以不建议使用。

```
>>>for key in d.keys():
    print 'key=%s'% key

key=mike
key=mary
```

在 for 循环中也可以使用字典的 values()方法来直接获取字典中的键所对应的值，如：

```
>>> for value in d.values():
    print 'value=%s'% value

value=1238569
value=1235345
```

（3）添加字典元素

为字典添加新的元素的格式如下：

```
字典变量名[新键名]=值
```

如：

```
>>> d={'mike':'1238569','mary':'1235345'}
>>> d
{'mike': '1238569', 'mary': '1235345'}
>>> d['john']='1534755'
>>> d
{'mike': '1238569', 'john': '1534755', 'mary': '1235345'}
```

（4）修改字典元素

修改字典元素的格式与添加字典元素的格式相似，不同的是[]中为字典中已有的键。如：

```
>>> d={'mike': '1238569', 'john': '1534755', 'mary': '1235345'}
>>> d['mary']='1346785'
>>> d
{'mike': '1238569', 'john': '1534755', 'mary': '1346785'}
```

（5）删除字典元素

可使用 del 或字典的 pop()方法来删除字典元素。删除字典元素时，必须指定要删除元素的键，如：

```
>>> d={'mike': '1238569', 'john': '1534755', 'mary': '1235345'}
>>> d.pop('mary')
'1346785'
>>> d
{'mike': '1238569', 'john': '1534755'}
>>> del d['mike']
>>> d
{'john': '1534755'}
```

（6）清空字典

使用 clear()方法可以清空字典中所有元素，如：

```
>>> d={'mike': '1238569', 'john': '1534755', 'mary': '1235345'}
>>> d
{'mike': '1238569', 'john': '1534755', 'mary': '1235345'}
>>> d.clear()
>>> d
{}
```

（7）删除整个字典

```
>>> d={'mike': '1238569', 'john': '1534755', 'mary': '1235345'}
>>> del d
```

删除字典对象 d 后，再访问时就会出错，如：

```
>>> d

Traceback (most recent call last):
  File "<pyshell#74>", line 1, in <module>
    d
NameError: name 'd' is not defined
```

2.3.3　字典相关函数

前面已经介绍了工厂函数 dict()用来创建字典，应用字典编程时还经常会用到内建函数 len()和 hash()，分别用来求字典元素的数目和判断某对象是否可用作字典的键。

（1）len()

求字典中元素的数目，如：

```
>>> d={'mike': '1238569', 'john': '1534755', 'mary': '1235345'}
>>> len(d)
3
```

（2）hash()

Python 中字典的键要求是可 hash 的即不可变的对象，在 Python 内部是通过字典 key 的 hash 值来对应内存中的 value 地址的，可以使用 hash()函数判断某个对象是否可以做一个字典的键。如果对象是可 hash 的，函数返回值是整型，否则会产生错误或异常。

```
>>> hash('hai')
1255409185
>>> hash(78)
78
>>> hash([67,'89','ty'])

Traceback (most recent call last):
  File "<pyshell#5>", line 1, in <module>
    hash([67,'89','ty'])
TypeError: unhashable type: 'list'
```

（3）字典方法

字典提供了大量的方法，前面已经介绍了 keys()用来取字典的键，values()用来取字典的值。字典的方法详见表 2-7，其中 d={'mike': '1238569', 'john': '1534755', 'mary': '1235345'}。

表 2-7　字典方法

方　法	作　用	例

dict.clear()	删除字典中所有元素	>>> d.clear()
		>>> d
		{}

dict.copy()	浅复制字典	>>> d1=d.copy()
		>>> d1
		{'mike': '1238569', 'john': '1534755', 'mary': '1235345'}

dict.fromkeys(seq,val)	以 seq 中各值做字典的键创建并返回一个字典，val 为各键对应的初始值，如果不指定 val 则默认为 None	>>> d2={}
		>>> d2.fromkeys([1,2,3,4],'num')
		{1: 'num', 2: 'num', 3: 'num', 4: 'num'}
		>>> d2.fromkeys([1,2,3,4,5])
		{1: None, 2: None, 3: None, 4: None, 5: None}

dict.get(key,default)	返回字典 key 所对应的 value，如果字典中不存在 key，则返回 default，如果不指定 default，默认为 None	>>> d.get('mike','0000000')
		'1238569'
		>>> d.get('henry','0000000')
		'0000000'
		>>> print d.get('henry')
		None

dict.has_key(key)	查看键 key 在字典中是否存在，存在则返回 True，否则返回 False	>>> d.has_key('mike')
		True
		>>> d.has_key('henry')
		False

dict.items()	返回字典中键-值对元组列表	>>>d.items() [('mike', '1238569'), ('john', '1534755'), ('mary', '1235345')]
dict.keys()	返回字典中键的列表	>>> d.keys() ['mike', 'john', 'mary']
dict.values()	返回字典中值的列表	>>> d.values() ['1238569', '1534755', '1235345']

（续）

方　法	作　用	例

dict.iteritems()
dict.iterkeys()
dict.itervalues()
	与 dict.items()、dict、keys()、dict.values()方法相似，不同的是它们返回的是一个迭代对象而不是列表	>>> d.itervalues()
		<dictionary-valueiterator object at 0x0137E600>
		>>> list(d.itervalues())
		['1238569', '1534755', '1235345']

dict.pop(key,default)	如果字典中存在 key，则删除 key 所对应元素并返回 dict[key],如果 key 不存在，返回 default 值，如果未指定 default，则引发 KeyError 错误	>>> d.pop('mike')
		'1238569'
		>>> d.pop('henry','no')
		'no'
		>>> d.pop('henry')
		Traceback (most recent call last):
		File "<pyshell#30>", line 1, in <module>
		d.pop('henry')
		KeyError: 'henry'

dic.setdefault(key,default)	如果字典中存在 key，与 get()相似，如果不存在 key，添加 key:default 元素	>>>d.setdefault('henry','1452568')
		'1452568'
		>>> d
		{'mike': '1238569', 'john': '1534755', 'mary': '1235345', 'henry': '1452568'}
		>>> d.setdefault('mike','789934938')
		'1238569'
		>>> d
		{'mike': '1238569', 'john': '1534755', 'mary': '1235345', 'henry': '1452568'}

dict.update(dict2)	将字典 dict2 中的元素添加到字典 dict 中	>>> d1={'001':'1382747','002':'1847838'}
		>>> d.update(d1)
		>>> d
		{'001': '1382747', '002': '1847838', 'mike': '1238569', 'henry': '1452568', 'john': '1534755', 'mary': '1235345'}

注意：update()方法用来将一个字典的元素添加到另一个字典中，如果两个字典中有相同的 key，则源字典的 key 值被添加字典的相应 key 值覆盖，如：

```
>>> d={'mike': '1238569', 'john': '1534755', 'mary': '1235345', 'henry': '1452568'}
>>> d1={'mike':'1345673'}
>>> d.update(d1)
>>> d
{'mike': '1345673', 'john': '1534755', 'mary': '1235345', 'henry': '1452568'}
```

下面用字典存储电话号码，并查找某人电话(ch2-4.py)。

```
#tel book example
telbook={'mike': '1238569', 'john': '1534755', 'mary': '1235345', 'henry': '1452568'}
name=raw_input('whose number do you want to get:')
num=telbook.get(name)
print name,"'s number is", num
```

运行该程序，并输入 mike，结果如下：

```
>>>
whose number do you want to get:mike
mike 's number is 1238569
```

2.4 高级话题：NumPy

现在，科学家、研究者、工程师经常会遇到数据分析的问题，但 Python 本身是设计为通用编程语言的，在科学计算方面远没有 MATLAB、Maple 和 Mathematica 功能强大。所幸的是 Python 的支持者开发了 NumPy，NumPy 使 Python 有潜力在科学计算领域与 MATLAB 一决高低。

NumPy（Numerical Python）是一个开源的 Python 科学计算库，用于快速处理任意维度的数组。NumPy 包含很多实用的数学函数，涵盖线性代数运算、傅里叶变换和随机数生成等功能。NumPy 的底层代码是用 C 语言写成的，其对数组的操作速度不受 Python 解释器的限制，效率远优于纯 Python 代码。并且对于同样的数值计算任务，使用 NumPy 比直接使用 Python 要简洁得多。NumPy 支持常见的数组和矩阵操作，并提供大量函数，让科学计算的代码编写工作轻松许多。

Numpy 已经包含在 Anaconda 中，如使用标准版的 Python，可通过第 1 章介绍的 easy_install 或者 pip 进行安装。

2.4.1 NumPy 数组与 Python 列表的区别

NumPy 使用 ndarray 对象来处理多维数组，该对象是一个快速而灵活的大数据容器。2.2.2 小节介绍了 Python 列表，使用 Python 列表可以存储一维数组，通过列表的嵌套可以实现多维数组，那么为什么还需要使用 NumPy 数组呢？

NumPy 专门针对数组的操作和运算进行了设计，所以数组的存储效率和输入输出性能远优于 Python 中的嵌套列表，数组越大，NumPy 的优势就越明显。通常 NumPy 数组中的所有元素的类型都是相同的，而 Python 列表中的元素类型是任意的，所以在通用性方面 NumPy 数组不及 Python 列表，但在科学计算中，通常需要同时处理的数据类型都是相同的。此外 NumPy 是专门的数组语言，用其操作数组，可以省去很多循环语句，代码比使用 Python 列表简单得多。

下面分别使用 NumPy 数组和 Python 列表实现向量加法。向量 a 的取值为 0~99，向量 b 的取值为 0~99 的平方，向量 c 为向量 a 和 b 的和。

先使用 Python 列表实现（ch2-5-list.py）：

```
#Python list
import time
t0=time.clock()
a=range(100)
b=[]
c=[]
for i in range(100):
    b.append(a[i]**2)
    c.append(a[i]+b[i])
print c
print time.clock()-t0
```

运行结果如下：

```
>>>
[0, 2, 6, 12, 20, 30, 42, 56, 72, 90, 110, 132, 156, 182, 210, 240, 272, 306, 342, 380, 420, 462, 506, 552, 600, 650, 702, 756, 812, 870, 930, 992, 1056, 1122, 1190, 1260, 1332, 1406, 1482, 1560, 1640, 1722, 1806, 1892, 1980, 2070, 2162, 2256, 2352, 2450, 2550, 2652, 2756, 2862, 2970, 3080, 3192, 3306, 3422, 3540, 3660, 3782, 3906, 4032, 4160, 4290, 4422, 4556, 4692, 4830, 4970, 5112, 5256, 5402, 5550, 5700, 5852, 6006, 6162, 6320, 6480, 6642, 6806, 6972, 7140, 7310, 7482, 7656, 7832, 8010, 8190, 8372, 8556, 8742, 8930, 9120, 9312, 9506, 9702, 9900]
0.0144567412315
```

注意：range(100)的作用是创建一个有100个元素的列表，取值分别为0~99。

再使用NumPy数组实现(ch2-5-numpy.py)：

```
# -*- coding: utf-8 -*-
#NumPy array
import time
import numpy as np #导入 NumPy 模块
t0=time.clock()
a=np.arange(100)
b=np.arange(100)**2
c=a+b
print c
print time.clock()-t0
```

运行程序，结果如下：

```
[    0     2     6    12    20    30    42    56    72    90   110   132   156   182   210
   240   272   306   342   380   420   462   506   552   600   650   702   756   812   870
   930   992  1056  1122  1190  1260  1332  1406  1482  1560  1640  1722  1806  1892  1980
  2070  2162  2256  2352  2450  2550  2652  2756  2862  2970  3080  3192  3306  3422  3540
  3660  3782  3906  4032  4160  4290  4422  4556  4692  4830  4970  5112  5256  5402  5550
  5700  5852  6006  6162  6320  6480  6642  6806  6972  7140  7310  7482  7656  7832  8010
  8190  8372  8556  8742  8930  9120  9312  9506  9702  9900]
0.00175865173318
```

比较两个程序，显然使用NumPy数组的代码更简洁。运行两个程序，会发现NumPy代码（用时0.0018s）比Python代码（用时0.014s）运行速度快，并且向量越大，速度差异越明显。两种方法得到的结果数值是一样的，但是输出方式有所不同，使用Python列表时，输出的数值间用逗号分隔，而使用NumPy数组时则没有逗号。

2.4.2 NumPy数据类型

Python支持的整型、浮点型和复数型数据不能满足科学计算的需求，NumPy可以在数据类型的后面加上数字，标识这种类型在内存中占的位数，这相当于提供了更多种数据类型。表2-8列出了NumPy中支持的数据类型。

表 2-8　NumPy 支持的数据类型

名　称	描　述
bool	用一个 bit 存储的布尔类型（True 或 False）
inti	由所在平台决定其所占位数的整数（一般为 int32 或 int64）
int8	一个字节大小，-128~127
int16	整数，-32768~32767
int32	整数，-2^{31}~2^{31}-1
int64	整数，-2^{63}~2^{63}-1
uint8	无符号整数，0~255
uint16	无符号整数，0~65535
uint32	无符号整数，0~2^{32}-1
uint64	无符号整数，0~2^{64}-1
float16	半精度浮点数：16 位，正负号 1 位，指数 5 位，尾数 10 位
float32	单精度浮点数：32 位，正负号 1 位，指数 8 位，尾数 23 位
float64 或 float	双精度浮点数：64 位，正负号 1 位，指数 11 位，尾数 52 位
complex64	复数，分别用两个 32 位浮点数表示实部和虚部
complex128 或 complex	复数，分别用两个 64 位浮点数表示实部和虚部

在 NumPy 中可以使用类型转换函数（与类型名称相同）将数字转换为相应类型，如：

```
>>> import numpy
>>> numpy.bool(6)
True
>>> numpy.bool(0)
False
>>>numpy.int8(True)
1
>>> numpy.int16(True)
1
>>> numpy.int32(True)
1
>>> numpy.int64(True)
1
>>> numpy.uint8(-122)
134
>>> numpy.uint16(-122)
65414
>>> numpy.int32(True)
1
>>> numpy.uint64(-122)
18446744073709551494
>>> numpy.float64(-122)
-122.0
>>> numpy.float32(-122)
-122.0
```

```
>>> numpy.complex64(64)
(64+0j)
>>> numpy.complex(64)
(64+0j)
```

在 NumPy 中，多数函数允许使用指定数据类型的参数，通常这个参数是可选的，指定格式为 dtype=类型名，例如：

```
>>> a=numpy.arange(5,dtype=int)
>>> a
array([0, 1, 2, 3, 4])
>>> a=numpy.arange(5,dtype=float)
>>> a
array([ 0.,   1.,   2.,   3.,   4.])
>>> a=numpy.arange(5,dtype=complex)
>>> a
array([ 0.+0.j,    1.+0.j,    2.+0.j,    3.+0.j,    4.+0.j])
```

NumPy 中也可以使用 dtype 函数根据标准数据类型自定义数据类型，以便存储不同对象的多项数据。

```
>>>st=numpy.dtype([('code',str,10),('name',str,10),('price',float)])
```

例如，使用 NumPy 自定义数据类型处理股票信息(ch2-6.py)：

```
# -*- coding: utf-8 -*-
import numpy
st=numpy.dtype([('code',str,10),('name',unicode,20),('price',float)])
a=numpy.array([('000001',u'平安',15),('000002',u'万科',13.6)],dtype=st)
msg = repr(a).decode('unicode-escape')
print msg
```

运行结果如下：

```
array([('000001', u'平安', 15.0), ('000002', u'万科', 13.6)],
        dtype=[('code', 'S10'), ('name', '<U20'), ('price', '<f8')])
```

2.5　小结

本章主要讲述 Python 的基础知识，包括 Python 的数字类型、序列类型和字典，介绍了各种类型的特点、应用以及支持的运算符和函数。在灵活使用 Python 编写程序之前，掌握这些数据类型的特点，并灵活运用它们是必要的。在本章的最后介绍了 Python 的高性能科学计算和数据分析基础包 NumPy，包括 NumPy 的数组、数据类型和基本操作。由于 Numpy 是 Python 科学计算的基础，在第 3 章还要对 Numpy 的有关数组操作做进一步延伸，如果读者需要更多的 Numpy 知识，还可参考 Numpy 的文档。

第 3 章　控制流程与运算

Python 的选择结构和循环结构与 C 语言类似，使用 if 来实现选择，使用 while 和 for 来实现循环。本章会深入介绍 Python 的控制流程及其相关内容。

3.1　选择结构

在 Python 中使用 if 语句可以实现单分支结构，即如果条件成立则执行条件后面的代码块语句，否则执行 if 代码块后的代码。使用 if+else 语句可以实现双分支结构，条件成立则执行 if 后语句，否则执行 else 后语句，if+elif+else 可以实现多分支结构，依次判断各个条件，某条件成立即执行其后语句，所有条件都不成立则执行 else 后面的语句。

3.1.1　单分支结构

当某个条件成立时，才需要完成某些操作，这时可编写单分支结构。

if 语句的使用格式如下：

```
if 表达式:
    代码块
```

如果表达式的结果为布尔真或非零，则执行代码块，否则不执行。

在 Python 中，代码是否属于 if 语句的代码块，是通过缩进来确定的，而不是像 C 语言用{}来界定。

下面编程检测用户是否正确输入了用户名(源代码为 ch3-1.py)。

分析：使用列表保存正确的用户名，然后在列表中查找用户输入的名字，如果用户名存在于列表中，则显示欢迎该用户的信息。

```
# -*- coding: utf-8 -*-
a=['mike','mary','john','tom','jenny','herry']
b=raw_input('please input your name: ')
if (b in a):
    print u'欢迎 ',b
```

运行程序，输入 mary，运行结果如下：

```
please input your name: mary
欢迎  mary
```

if 语句中，如果条件成立时只需要执行一条代码，则这条代码可以与“if 条件表达式:”写在同一行上，如：

```
if (b in a):      print u'欢迎 ',b
```

代码中的 print 语句也可以写成两行，因为条件成立时才需要输出“欢迎”和姓名，所以两个 print 语句有相同的缩进，表示其都为条件成立时需执行的代码。

```
if (b in a):
    print u'欢迎 ',
    print b
```

初学 Python 的读者一定要注意 if 语句的表达式后要加冒号（:）。

if 后的表达式可以是简单的关系表达式，也可以是复杂的逻辑表达式。Python 中使用操作符 and、or、not 来实现逻辑与、或、非的操作。

修改 ch3-1.py 文件，检测用户是否正确输入用户名和密码（ch3-2.py）。

分析：因为既要保存用户姓名还要保存其密码，所以选择用字典来存储相关信息，然后在字典的键中查找用户输入的用户名，并将输入的密码与键对应的值比较，以判断是否为正确用户。

```
# -*- coding: utf-8 -*-
a=dict((['mike','001'],['mary','002'],['john','003'],['tom','004'],['jenny','005'],['herry','006']))
b=raw_input('please input your name: ')
c=raw_input('please input your password: ')
if (b in a) and c==a[b]:
        print u'欢迎 ',b
```

运行程序，依次输入 mary，002，运行结果如下：

```
please input your name: mary
please input your password: mary
欢迎   mary
```

3.1.2 双分支结构

若条件成立时需要执行某些操作，不成立时需要执行另外一些操作，则需要编写双分支结构。if 语句与 else 语句结合可实现双分支结构。

双分支结构的使用格式如下：

```
if 表达式:
    代码块 1

else:

    代码块 2
```

首先判断 if 后的表达式，如果表达式结果为布尔真或非零，则执行代码块 1，否则执行代码块 2。初学者需要注意“if 表达式”和“else”后都要加冒号（:）。

下面编程修改 ch3-2.py 文件。如果用户正确输入用户名和密码，则欢迎用户，否则提示用户输入正确的用户名和密码（ch3-3.py）。下面通过添加 else 语句完成双分支结构实现。

```
# -*- coding: utf-8 -*-
a=dict((['mike','001'],['mary','002'],['john','003'],['tom','004'],['jenny','005'],['herry','006']))
b=raw_input('please input your name: ')
c=raw_input('please input your password: ')
if (b in a) and c==a[b]:
    print u'欢迎 ',b
else:
    print u'请输入正确的用户名和密码'
```

运行程序，依次输入 mary，002，运行结果如下：

```
please input your name: mary
please input your password: 002
欢迎  mary
```

运行程序，依次输入 mary，001，运行结果如下：

```
please input your name: mary
please input your password: 001
请输入正确的用户名和密码
```

在使用 if+else 结构时，一定要注意，Python 是利用缩进来决定代码是属于 if 的代码块 1 还是 else 的代码块 2，要正确地缩进代码，否则会引发错误或导致错误结果。

如果 ch3-3.py 中的 if 结构写成如下形式，则会引发错误。

```
if (b in a) and c==a[b]:
    print u'欢迎 ',
print b
else:
    print u'请输入正确的用户名和密码'
```

引发错误提示如图 3-1 所示。

图 3-1　错误缩进导致的语法错误

原因是 print b 没有正确缩进，所以 Python 认为 if 语句到 print u'欢迎 '即结束，后面没有配对的 else，当后面再出现 else 时就没有配对的 if 了，因此引发错误。

3.1.3 多分支结构

当需要根据多个条件进行判断，满足不同条件执行不同代码块时，需要编写多分支结构。Python 中 if 语句与 elif 语句和 else 语句结合可实现多分支结构。

多分支结构的使用格式如下：

```
if 表达式 1:
代码块 1
elif 表达式 2:
    代码块 2
    :
    :
    :
elif 表达式 n:
    代码块 n
else:
    代码块 n+1
```

程序执行时，由上至下依次判断表达式是否为真，如果为真则执行其后的代码块，整个多分支结构结束，否则继续向下判断，当所有表达式结果都为假时，执行 else 后的语句块。

下面修改 ch3-3.py 文件。如果用户正确输入管理员级的用户名和密码则欢迎管理员用户，如果用户正确输入普通用户级的用户名和密码则欢迎普通用户，否则提示用户输入正确的用户名和密码（源代码：ch3-4.py）。

分析：相比 ch3-3.py，本例需要两个字典，一个存储管理员信息，一个存储普通用户信息，用户输入用户名和密码后先判断其是不是管理员用户，再判断其是不是普通用户，如果都不是则提示用户输入正确的用户名和密码。

```
# -*- coding: utf-8 -*-
a=dict((['admin1','123'],['admin2','456'],['admin3','789']))
u=dict((['mike','001'],['mary','002'],['john','003'],['tom','004'],['jenny','005'],['herry','006']))
b=raw_input('please input your name: ')
c=raw_input('please input your password: ')
if (b in a) and c==a[b]:
    print u'欢迎管理员 ',b
elif (b in u) and c==u[b]:
    print u'欢迎用户 ',b
else:
    print u'请输入正确的用户名和密码'
```

运行程序，依次输入 admin1，123，运行结果如下：

```
please input your name: admin1
please input your password: 123
欢迎管理员    admin1
```

运行程序，依次输入 mary，002，运行结果如下：

```
please input your name: mary
please input your password: 002
欢迎用户    mary
```

运行程序，依次输入 jon，003，运行结果如下：

```
please input your name: jon
please input your password: 003
请输入正确的用户名和密码
```

3.1.4 条件表达式

使用过 C/C++语言的程序员，都会对条件运算符记忆犹新，条件运算符使执行赋值的双分支结构变得简洁易行。Python 中一开始并没有对应的条件表达式，在 Python 2.5 及以后版本中，提供了类似的条件表达式：

```
表达式 1 if  条件表达式 else 表达式 2
```

因此，对于以下的代码：

```
>>> x=5
>>> y=7
>>> if x>6:
    z=x
else:
    z=y
>>> z
7
```

在 Python 2.5 及以后版本中就可以使用条件表达式，用一句语句代替其中的 if+else 双分支结构。

```
>>> z=x if x>6 else y
>>> z
7
```

3.2 循环结构

Python 中可以使用 while 语句和 for 语句来实现循环，其中 while 语句与多数语言中的 while 语句类似，而 for 语句则相对变化较大。

3.2.1 while 语句

while 语句是条件循环语句，满足条件则执行循环体，否则循环结束。

while 语句的使用格式如下：

```
while 表达式:
    循环体（代码块）
```

在 Python 中哪些语句属于循环体也是通过缩进而非界定符来确定的。

下面编程计算 1+2+3+…+100（ch3-5.py）。要计算 100 个数的和，需要反复进行加法运算，通过循环来完成反复执行的操作。

```
n=1
s=0
while n<101:
    s=s+n
    n=n+1
print '1+2+3+…+100=',s
```

运行程序，运行结果如下：

```
1+2+3+…+100= 5050
```

在使用 while 语句时，要注意循环体中要有改变循环条件的代码，以免程序陷入死循环，当然有的时候需要特意编写死循环，以便程序能够持续执行，如许多通信系统的服务器就是通过死循环来提供不间断的服务的。

1．while 语句+else 语句

在 Python 中 while 语句也可以与 else 语句搭配，使用格式如下：

```
while 表达式:
    循环体（代码块 1）
else:
    代码块 2
```

如果表达式为真则执行循环体（语句块），表达式为假时执行一次 else 后的代码块 2。这种结构使得循环结束时可以完成某些操作。

修改 ch3-3.py，给用户 3 次输入正确用户名和密码的机会(ch3-6.py)。如果输入错误需要重复输入，所以选择使用 while 循环，如果输入错误且输入次数不超过 3 次则可以重新输入。

```
# -*- coding: utf-8 -*-
a=dict((['mike','001'],['mary','002'],['john','003'],['tom','004'],['jenny','005'],['herry','006']))
print u'请输入正确的用户名和密码,你有 3 次输入机会'
b=raw_input('please input your name: ')
c=raw_input('please input your password: ')
n=1
while (b not in a) or c!=a[b]:
    n=n+1
    if n>3:
        print '3 次输入错误，程序结束'
        break
    print u'你还有',4-n,'次输入机会,请输入正确的用户名和密码'
    b=raw_input('please input your name: ')
    c=raw_input('please input your password: ')
else:
    print u'欢迎  ',b
```

运行程序，依次输入 mary 和 002，运行结果如下：

```
请输入正确的用户名和密码,你有 3 次输入机会
please input your name: mary
please input your password: 002
欢迎    mary
```

运行程序，依次输入 m，01；j，02；u，03，运行结果如下：

```
请输入正确的用户名和密码,你有 3 次输入机会
please input your name: m
please input your password: 01
你还有  2  次输入机会,请输入正确的用户名和密码
please input your name: j
please input your password: 02
你还有  1  次输入机会,请输入正确的用户名和密码
please input your name: u
please input your password: 03
3 次输入错误，程序结束
```

如果是因为不满足 while 后的条件而退出循环的，就会执行 else 后的语句，即输出“欢迎 ****”，如果是遇到 break 而跳出循环的，则不会执行 else 语句。

2．break 语句

Python 中的 break 语句与多数语言的 break 语句类似。break 语句用在循环中，用于跳出循环。break 经常与 if 语句结合使用，用 if 语句判断是否满足跳出循环的条件，如果满足条件，则使用 break 跳出循环。在 Python 中，既可以使用 break 语句跳出 while 循环，也可以使用 break 语句跳出 for 循环。

如果在循环中遇到 break 语句，则整个循环结束，不执行循环后面的 else 部分。else 循环子句只有在循环正常完成后方会执行，也就是说 break 语句也会跳过 else 语句。

下面编程求一个数的最大真因数(ch3-7.py)，本例反复用数 n 对小于或等于 n/2 的数求余，如果余数为 0，则找到最大真因数，使用 break 语句退出循环。

```
# -*- coding: utf-8 -*-
n=input('please input the number: ')
m=n/2 # 因为一个数的最大真因数不可能大于其值的一半，所以初值设为 n/2
while m>0:
      if n % m==0:
            print n,u'的最大真因数为',m
            break
m=m-1
```

运行程序，输入 9，运行结果为：

```
please input the number: 9
9  的最大真因数为  3
```

3．continue 语句

Python 中的 continue 语句与多数语言的 continue 语句也类似。Python 中 continue 语句用

于 while 循环或 for 循环，作用是结束本次循环，然后判断循环条件或验证是否还有元素可迭代，决定是否开始下一次循环。

例如求 1~100 中能同时被 3 和 7 整除的数的个数(ch3-8.py)。代码中 1~100 每个数依次判断是否能同时被 3 和 7 整除，如果能，则加 1，否则判断下一个数。

```
# -*- coding: utf-8 -*-
n=0
m=0
while m<=100:
    m=m+1
    if m % 3!=0 or m % 7!=0:
        continue
    n=n+1
print u'1~100 中有',n,u'个数能被 3 和 7 整除'
```

运行程序，运行结果为：

```
1~100 中有 4 个数能被 3 和 7 同时整除
```

3.2.2 for 语句

Python 中的 for 语句与其他语言区别较大，更像其他语言的 foreach 循环，为 Python 提供了强大的循环结构，可以遍历序列成员，可以用在列表解析和生成器表达式中。for 语句能够在后台自动调用迭代器的 next 方法，捕获 StopIteration 异常并结束循环。

for 语句的使用格式：

```
for 迭代变量 in 迭代对象
    循环体
```

迭代对象可以是序列、迭代器或其他支持迭代的对象。每次循环时，迭代变量表示可迭代对象的当前元素，一次循环结束，再表示迭代对象的下一个元素，直至所有元素迭代完毕。

下面编程输出“我是歌手”节目第三季第一场中出场歌手的次序和姓名（ch3-9.py）。歌手姓名按照出场次序保存在元组中，利用 for 循环依次输出。

```
# -*- coding: utf-8 -*-
namelist=[u'古巨基',u'孙楠',u'黄丽玲',u'胡彦斌',u'陈洁仪',u'张靓颖',u'韩红']
n=1
for sn in namelist:
    print u'第',n,u'位出场歌手：',sn
    n=n+1
```

运行程序，运行结果如下：

```
第 1 位出场歌手： 古巨基
第 2 位出场歌手： 孙楠
第 3 位出场歌手： 黄丽玲
```

```
第 4 位出场歌手： 胡彦斌
第 5 位出场歌手： 陈洁仪
第 6 位出场歌手： 张靓颖
第 7 位出场歌手： 韩红
```

1．enumerate 函数

在 ch3-9.py 中，借助了变量 n 来显示歌手的出场次序，其实自 Python 2.3 后，Python 就新增加了 enumerate 函数，不仅可以访问可迭代对象的元素，还可以访问其索引（从零开始）。

下面用 enumerate 函数改写 ch3-9.py 代码（ch3-10.py）。程序直接利用 enumerate 函数的返回值获得歌手出场次序及姓名。

```
# -*- coding: utf-8 -*-
namelist=[u'古巨基',u'孙楠',u'黄丽玲',u'胡彦斌',u'陈洁仪',u'张靓颖',u'韩红']
for n,sn in enumerate(namelist):
    print u'第%d 位出场歌手:%s'%(n+1,sn)
```

运行程序，运行结果如下：

```
第 1 位出场歌手:古巨基
第 2 位出场歌手:孙楠
第 3 位出场歌手:黄丽玲
第 4 位出场歌手:胡彦斌
第 5 位出场歌手:陈洁仪
第 6 位出场歌手:张靓颖
第 7 位出场歌手:韩红
```

2．range 函数

在 Python 中 for 语句与 range 函数搭配可以实现其他语言中 for 循环的功能。在本书前面章节中也用到过 range 函数，本小节将对 range 函数做详细介绍。

range 函数的使用格式：

```
range(初值,终值,步长)
```

range 函数会返回一个包含“（终值-初值）/步长”个元素的有序列表，各元素的值大于或等于初值且小于终值，range 函数的三个参数（初值,终值,步长）都要求是整型数字，步长省略则默认为 1，初值省略则默认为 0，如：

```
>>> range(4)
[0, 1, 2, 3]
>>> range(2,7)
[2, 3, 4, 5, 6]
>>> range(2,7,3)
[2,5]
```

注意：元素值必须小于终值。步长不可以为 0，否则会引发错误，如：

```
>>> range(2,7,0)

Traceback (most recent call last):
```

```
File "<pyshell#12>", line 1, in <module>
    range(2,7,0)
ValueError: range() step argument must not be zero
```

例如，下面的程序利用 for 语句和 range 函数 计算 1+2+3+…+100(ch3-11.py)。为了 range 中的元素能取到 100，range 的终值参数应该设为 101。

```
s=0
for n in range(1,101):
    s=s+n
print '1+2+3+…+100=',s
```

运行程序，运行结果为：

```
1+2+3+…+100= 5050
```

本例中虽然代码很简洁，但是 range(1,101)要产生 100 个元素的列表，占有较多的内存，如果需要处理更大范围列表时，range 函数的缺点显而易见。为此 Python 提供了 xrange 函数。

3．xrange 函数

xrange 函数与 range 函数类似，但不会在内存中创建列表的完整副本。它只能用于 for 循环中，在 for 循环外，xrange 函数毫无意义。

xrange 函数的调用格式与 range 函数相同。

```
xrange(初值,终值,步长)
```

如：

```
>>> for i in xrange(3,9):
    print i,

3 4 5 6 7 8
>>> for i in xrange(3):
    print i,

0 1 2
>>> for i in xrange(3,9,2):
    print i,

3 5 7
```

4．迭代器

for 循环不仅可以遍历序列，也可以访问迭代器。用 for 循环访问迭代器与访问序列的方法差不多。迭代器对象都有一个 next 方法，调用后会返回下一个条目。所有条目迭代完后，迭代器会引发 StopIteration 异常告诉程序循环结束。for 语句会自动（不需要程序员处理）调用迭代器的 next 方法，捕获 StopIteration 异常并结束循环。当用 for 语句循环迭代一个对象条目时，不需要区分对象是迭代器还是序列，因为 for 语句操作序列和迭代器在前台是没有区别的。

（1）创建迭代器

Python 的内建函数 iter 可以返回一个迭代器对象。iter 函数有两种使用格式，分别为：

```
iter(collection)
```

要求参数 collection 必须是序列或者是实现了_iter_()方法和 next()方法的类。

```
iter(callable,sentinel)
```

这种形式中 callable 会不断被调用，直至遇到 sentinel。

（2）序列迭代器

对序列调用 iter 函数即返回序列迭代器，如：

```
>>> yz=['string','list','tuple','dict']
>>> iyz=iter(yz)
>>> iyz.next()
'string'
>>> for u in iyz:
    print u


list
tuple
dict
```

由上例可以看到迭代器存在限制，不能向后移动，不能回到开始，也不能复制一个迭代器。在上例中建立迭代器 iyz 后，调用了一次 next 方法，回头再用 for 循环迭代 iyz 时，是从第 2 项 list 开始的。

（3）字典迭代器

字典可以通过键（iterkeys()）、值（itervalues()）或者键-值（iteritems()）对来迭代。在只给出字典名的情况下，for 循环会遍历字典的键，即:

```
for 循环变量 in 字典名
```

等价于

```
for 循环变量 in 字典名.keys()
```

下面编程显示电话簿中所有信息(ch3-12.py)。

分析：利用字典来存储电话簿，利用 for 语句遍历输出电话簿信息。

```
# -*- coding: utf-8 -*-
teldict={'mary':'1362456737','john':'13609822567','tom':'15920488245'}
for name in teldict:
    print name,':',teldict[name]
```

运行程序，运行结果如下：

```
john : 13609822567
```

```
mary : 1362456737
tom : 15920488245
```

使用 iterkeys()方法改写程序，代码如下(ch3-12-1.py)：

```
# -*- coding: utf-8 -*-
teldict={'mary':'1362456737','john':'13609822567','tom':'15920488245'}
for name in teldict.iterkeys():
    print name,':',teldict[name]
```

使用 iteritems()方法改写程序，代码如下(ch3-12-2.py)：

```
# -*- coding: utf-8 -*-
teldict={'mary':'1362456737','john':'13609822567','tom':'15920488245'}
for (name,tel) in teldict.iteritems():
    print name,':',tel
```

在 Python 3.x 中，字典对象不再支持 iterkeys()、itervalues()和 iteritems()，取而代之的是 key()、values()和 item()。

（4）文件迭代器

文件对象生成的迭代器会自动调用 readline()方法，即：

```
for 循环变量 in 文件迭代器
```

等价于

```
for 循环变量 in 文件迭代器.readline()
```

下面读出并显示文本文件中的所有内容(ch3-13.py)

分析：打开文件后，用 for 语句遍历文件每一行并输出。

```
# -*- coding: utf-8 -*-
ifile=open('ch3_13.txt','r')
for eline in ifile:
    print eline,    #因为读出的每行信息中含有换行符，所以这里加逗号防止重复换行
```

文件 ch3_13.txt 中的内容如图 3-2 所示。

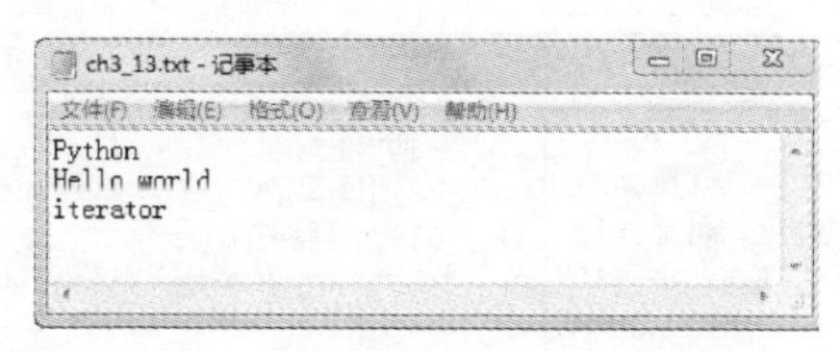

图 3-2　文本文件中的内容

运行程序，输出结果如下：

```
Python
Hello world
iterator
```

5. 列表解析

for 语句也可以用于列表解析中。列表解析是一个非常简洁高效的工具，可以动态地创建列表。列表解析的使用格式如下：

```
[表达式 for 循环变量 in 可迭代对象]
```

例：

```
>>> [pow(a,3) for a in range(3,10)]
[27, 64, 125, 216, 343, 512, 729]
```

如，提取号码簿中所有电话号码：

```
>>>teldict={'mary':'1362456737','john':'13609822567','tom':'15920488245'}
>>> [teldict[name] for name in teldict]
['13609822567', '1362456737', '15920488245']
```

表达式中也可以不使用循环变量，如：

```
>>> b=10
>>> [b+2    for a in range(3,10)]
[12, 12, 12, 12, 12, 12, 12]
```

列表解析还可以搭配 if 语句，提供更强大的功能，如查找 1362456737 是谁的电话号码：

```
>>>teldict={'mary':'1362456737','john':'13609822567','tom':'15920488245'}
>>> [name for (name,tel) in teldict.iteritems() if tel=='1362456737']
['mary']
```

3.3 高级话题：NumPy 的数组操作

3.3.1 创建数组

NunPy 支持多个创建数组的函数，见表 3-1。

表 3-1 NumPy 的数组创建函数

函　数	作　用	示　例

Array
(序列对象)
	可将一切序列型的对象（包括数组）转换为 ndarray 对象，可显式指定 dtype，否则会自动推断一个合适的数据类型。	>>> numpy.array([[1,2],[3,4]])
		array([[1, 2],
		[3, 4]])
		>>> numpy.array([[1,2],[3,4]],dtype=float)
		array([[1., 2.],
		[3., 4.]])

arrange(N)	创建一个有 N 个元素的列表，取值分别为 0~N-1 的整数	>>> numpy.arange(5) array([0, 1, 2, 3, 4])

ones()	根据指定的维数和类型创建一个全 1 的数组	>>> numpy.ones((2,3))
		array([[1., 1., 1.],
		[1., 1., 1.]])
		>>> numpy.ones((2,3),dtype=int)
		array([[1, 1, 1],
		[1, 1, 1]])

（续）

函　数	作　用	示　例
zeros	根据指定的维数和类型创建一个全 0 的数组，与 ones 类似	>>> numpy.zeros(4) array([0., 0., 0., 0.])
eye(N)	创建一个正方的 N*N 单位矩阵（对角线为 1，其余为 0）	>>> numpy.eye(2) array([[1., 0.], [0., 1.]])
empty	根据指定的维数和类型创建一个数组但不填充任何值，数组元素值多是一些未初始化的垃圾值	>>> numpy.empty(4) array([5.81647661e-303, 2.32843656e-290, 2.35601343e-290, 0.00000000e+000])

注意：在使用表中的函数创建数组时，如果没有显式地指明类型，则数据类型基本都是 float64，如：

```
>>> a=numpy.eye(2)
>>> a.dtype
dtype('float64')
```

3.3.2　索引和切片

与 Python 列表和元组类似，NumPy 的数组也可以索引和切片，如：

```
>>> nar=numpy.array([1,2,3,4,5,6])
>>> nar[3]
4
>>> nar[2:5]
array([3, 4, 5])
>>> nar[3:]
array([4, 5, 6])
```

NumPy 的数组对象也支持反向索引，如：

```
>>> nar[-3:-1]
array([4, 5])
>>> nar[-4:]
array([3, 4, 5, 6])
```

也可以利用索引和切片来修改数组元素的值。

```
>>> nar[3]=8
>>> nar
array([1, 2, 3, 8, 5, 6])
>>> nar[2:5]=9
>>> nar
array([1, 2, 9, 9, 9, 6])
```

NumPy 中数组切片是原始数组的视图，这意味着数据不会被复制，对视图做的任何修改都会反映到源数组上。

多维数组中可以指定每一维的索引来访问具体的数组元素，如：

```
>>> nar=numpy.array([[1,2],[3,4]])
```

```
>>> nar[1][0]
3
```

如果省略了后面的索引，则会得到维度低一些的 ndarray，如：

```
>>> nar3=numpy.array([[[1,2],[3,4]],[[5,6],[7,8]]])
>>> nar3
array([[[1, 2],
        [3, 4]],

       [[5, 6],
        [7, 8]]])
>>> nar3[0][1]
array([3, 4])
>>> nar3[1]
array([[5, 6],
       [7, 8]])
>>> nar3[1]=99
>>> nar3
array([[[ 1,  2],
        [ 3,  4]],

       [[99, 99],
        [99, 99]]])
```

也可以在切片中利用“冒号”选取低维度的整个轴，然后对高维度进行切片，如：

```
>>> nar3=numpy.array([[[1,2],[3,4]],[[5,6],[7,8]]])
>>> nar3[:,1]
array([[3, 4],
       [7, 8]])
>>> nar3[:,:,0]
array([[1, 3],
       [5, 7]])
```

3.3.3 数组对象的属性

（1）ndim

表示数组轴的个数，在 NumPy 中维度(dimensions)称为轴(axis)，轴的个数称为秩(rank)，如：

```
>>> nar3
array([[[1, 2],
        [3, 4]],

       [[5, 6],
        [7, 8]]])
>>> nar3.ndim
3
```

（2）shape

指示数组在每个维度上大小的整数元组，如：

```
>>> nar3.shape
(2, 2, 2)
```

（3）size

为数组元素的总个数，等于 shape 属性中元组元素的乘积，如：

```
>>> nar3.size
8
```

（4）dtype

描述数组中元素类型的对象，如：

```
>>> nar3.dtype
dtype('int32')
```

（5）itemsize

表示数组中每个元素所占字节的大小，如：

```
>>> nar3.itemsize
4
```

因为数组元素的类型为 int32，所以每个元素占的字节数为 32/8=4。

3.3.4　数组和标量之间的运算

使用 NumPy 的 ndarray 对象，不必编写循环即可对数据执行批量运算，如：

```
>>> a=numpy.array([[1,2],[3,4]])
>>> a*2
array([[2, 4],
       [6, 8]])
>>> a+2
array([[3, 4],
       [5, 6]])
>>> a-5
array([[-4, -3],
       [-2, -1]])
>>> a/3
array([[0, 0],
       [1, 1]])
>>> a/3.0
array([[ 0.33333333,  0.66666667],
       [ 1.        ,  1.33333333]])
>>> a**2
array([[ 1,  4],
       [ 9, 16]])
```

3.3.5 数组的转置

NumPy 中使用 transpose 方法实现数组转置，也可使用 T 属性访问转置矩阵，如：

```
>>> nar
array([[1, 2],
       [3, 4]])
>>> nar.transpose()
array([[1, 3],
       [2, 4]])
>>> nar.T
array([[1, 3],
       [2, 4]])
>>> nar3
array([[[1, 2],
        [3, 4]],

       [[5, 6],
        [7, 8]]])
>>> nar3.transpose()
array([[[1, 5],
        [3, 7]],

       [[2, 6],
        [4, 8]]])
```

对于高维数组，调用 transpose()时，可以使用元组指定如何对这些轴进行转置，如：

```
>>> nar3.transpose((1,2,0))
array([[[1, 5],
        [2, 6]],

       [[3, 7],
        [4, 8]]])
```

上例中第 1 维转置为第 0 维，第 2 维转置为第 1 维，第 0 维转置为第 2 维。

3.3.6 通用函数

NumPy 提供常见的数学函数如 abs、sqrt、exp 等，对数组执行元素级运算，并得到一个数组。常用的通用函数见表 3-2，表中的 a，b 代表 NumPy 中的数组。

表 3-2 NumPy 通用函数

函　数	作　用
abs(a)、fabs(a)	求各元素绝对值，fabs 速度快但不能对复数数组求绝对值
ceil(a)	求大于或等于各元素的最小整数
floor(a)	求小于各元素的最大整数

（续）

函　　数	作　用
rint(a)	将各元素四舍五入得到整数
modf(a)	将数组的整数和小数部分以两个独立数组的形式返回
exp(a)	求各元素的指数函数 e^a
log(a)、log10(a)、log2(a)	分别求各元素的以 e、10 和 2 为底的对数
log1p(a)	求各元素加 1 后的自然对数
sqrt(a)	求各元素的平方根
square(a)	求各元素的平方
isnan(a)	返回一个布尔型数组，判断各元素值是不是 NaN
isfinite(a)	返回一个布尔型数组，判断各元素值是不是有穷的
isinf(a)	返回一个布尔型数组，判断各元素值是不是无穷的
cos(a)、cosh(a)、sin(a)、sinh(a)、tan(a)、tanh(a)	求各元素的普通型或双曲型三角函数
add(a,b)	将数组 a、b 中的对应元素相加
subtract(a,b)	用 a 数组中的元素减去 b 数组中的对应元素
nultiply(a,b)	将数组 a、b 中的对应元素相乘
divide(a,b)、floor_divide(a,b)	用 a 数组中的元素除或地板除 b 数组中的对应元素
power(a,b)	以 a 数组元素为底，b 数组相应元素为幂次求指数值
maximum(a,b)、fmax(a,b)	求 a、b 相应元素的最大值，fmax 将忽略 NaN
minimum(a,b)、fmin(a,b)	求 a、b 相应元素的最小值，fmin 将忽略 NaN
mod(a,b)	用 a 数组中的元素对 b 数组中的对应元素求余数（求模）
copysign(a,b)	将 b 数组元素的正负号复制给 a 数组的相应元素
greater(a,b)、greater_equal(a,b)、less(a,b)、less_equal(a,b)、equal(a,b)、not_equal(a,b)	比较数组 a 和 b 的对应元素，并最终产生布尔型数组
logical_and(a,b)、logical_or(a,b) logical_xor(a,b)	对数组 a 和 b 的对应元素进行逻辑与、或、非运算，并最终产生布尔型数组

3.3.7 统计方法

NumPy 可以方便地调用统计函数对整个数组或某个轴向的数据进行统计计算，其常用统计函数见表 3-3。

表 3-3　NumPy 统计函数

方　法	作　用
max、min	求最大或最小值
sum	求数组中所有元素或某轴向元素的和
mean	求数组元素的算术平均数，零长度的数组的算数平均数为 NaN
std	求数组元素的标准差，自由度可调
var	求数组元素的方差，自由度可调
argmax、argmin	求最大元素或最小元素的索引
cumsum	求所有元素的累计和
cumprod	求所有元素的累计积

NumPy 中的很多统计方法既可以当作数组的实例方法调用，也可以作为顶级的 NumPy 函数调用，如：

```
>>> a=numpy.arange(12).reshape(3,4)
>>> a
array([[ 0,  1,  2,  3],
       [ 4,  5,  6,  7],
       [ 8,  9, 10, 11]])
```

实例方法调用：

```
>>> r=a.cumsum()
>>> r
array([ 0,  1,  3,  6, 10, 15, 21, 28, 36, 45, 55, 66])
```

顶层函数调用：

```
>>> r=numpy.cumsum(a)
>>> r
array([ 0,  1,  3,  6, 10, 15, 21, 28, 36, 45, 55, 66])
```

3.3.8 集合运算

NumPy 提供了对一维数组进行基本集合运算的函数，见表 3-4。表中的 a、b 均为一维数组。

```
>>> a=numpy.array([2,3,7,4,3,9,3,5,2,7,9])
>>> b=numpy.array([7,8,6,0,3,2,1,7,8,3,6,3,9,8])
```

表 3-4 集合运算函数

函 数	作 用	示 例
unique(a)	删除数组中的重复元素，并返回唯一元素的有序结果	>>> numpy.unique(a) array([2, 3, 4, 5, 7, 9])
intersect1d(a,b)	查找 a 和 b 中的公共元素，并返回公共元素的有序结果	>>> numpy.intersect1d(a,b) array([2, 3, 7, 9])
union1d(a,b)	求 a 和 b 的并集，并返回有序结果	>>> numpy.union1d(a,b) array([0, 1, 2, 3, 4, 5, 6, 7, 8, 9])
in1d(a,b)	返回一个布尔型数组，如果 a 元素包含于 b，元素值为 True，否则为 False	>>> numpy.in1d(a,b) array([True, True, True, False, True, True, True, False, True, True, True], dtype=bool)
setdiff1d(a,b)	求集合 a、b 的差，即存在于 a 中但不存在于 b 中的元素	>>> numpy.setdiff1d(a,b) array([4, 5])
setxor1d(a,b)	求集合 a、b 的对称差，即存在于 a 或 b 中但不同时存在于 a、b 中的元素	>>> numpy.setxor1d(a,b) array([0, 1, 4, 5, 6, 8])

3.3.9 随机数

NumPy 的 random 模块对 Python 中的 random 模块进行了扩展补充，增加了一些用于高效生成多种概率分布的样本值的函数，见表 3-5。

表 3-5　numpy.random 模块中常用函数

函　数	作　用
seed	确定随机数生成器的种子
rand	产生均匀分布的随机数
randint	产生给定上下限范围内的随机整数
randn	产生满足正态分布（平均值为 0，标准差为 1）的随机数
normal	产生正态（高斯）分布的随机数
uniform	产生在上下限间均匀分布的随机数，上下限如果省略，则为[0，1)

Python 中的 random 模块一次只能产生一个随机数，而 NumPy 的 random 模块中的函数可以一次产生大量的随机数，如：

```
>>> t=numpy.random.rand(4)
>>> t
array([ 0.15416284,   0.7400497 ,   0.26331502,   0.53373939])
>>> t=numpy.random.randint(3,9,10)
>>> t
array([7, 3, 4, 7, 8, 8, 4, 5, 6, 5])
>>> numpy.random.uniform(0,9,size=(2,3))
array([[ 2.55445518,   5.45474866,   8.49802622],
       [ 7.67461987,   0.0203331 ,   4.69103424]])
```

3.3.10　排序

NumPy 中的数组也可以使用 sort 函数排序，并且多维数组可以在任意轴上排序，如：

```
>>> a=numpy.random.rand(6)
>>> a
array([ 0.55203763,   0.48537741,   0.76813415,   0.16071675,   0.76456045,   0.0208098 ])
>>> a.sort()
>>> a
array([ 0.0208098 ,   0.16071675,   0.48537741,   0.55203763,   0.76456045,   0.76813415])
>>> b=numpy.random.rand(4)
>>> b
array([ 0.13521018,   0.11627302,   0.30989758,   0.67145265])
>>> numpy.sort(b)
array([ 0.11627302,   0.13521018,   0.30989758,   0.67145265])
>>> b
array([ 0.13521018,   0.11627302,   0.30989758,   0.67145265])
```

可见，sort 函数既可以作为 Numpy 的顶层函数调用，也可以作为数组实例的方法调用。如果作为 Numpy 的顶层函数调用，返回的是数组的已排序副本，对数组本身没有影响；如果作为数组实例的方法调用，则会改变数组本身。

3.3.11 线性代数

NumPy 的 linalg 模块支持常见的线性代数操作，如求矩阵逆、矩阵乘法、QR 分解等，见表 3-6。

表 3-6 numpy.linalg 模块中的常用函数

函　数	作　用
det	求矩阵行列式
eig	求矩阵的特征值和特征向量
inv	求方阵的逆
pinv	求矩阵的 Moore-Penrose 伪逆
qr	求 QR 分解
svd	求矩阵的奇异值分解
solve	求解线性方程组 Ax=b，其中 A 为一个方阵
lstsq	求解线性方程组 Ax=b 的最小二乘解

NumPy 本身也支持部分线性代数运算，见表 3-7。

表 3-7 NumPy 中常用的线性代数函数

函　数	作　用
diag	求矩阵的对角线元素，可用参数 k 指定求哪一条线上的元素
dot	完成矩阵乘法
trace	计算对角线元素的和

3.3.12 访问文件

1．将数组以二进制方式存取

使用 save()函数可以方便地将数组存为扩展名为.npy 的二进制文件，如：

```
>>>a
array([[ 3.01182776,   8.80252271,   5.62123901],
       [ 8.55282172,   6.90728086,   7.42508328],
       [ 3.65976272,   4.0617757 ,   3.60568465]])
>>> numpy.save('d:\\nshz',a)
```

若没有指定扩展名，则默认为.npy。然后使用 load()函数可以读取保存数组数据的二进制文件，如：

```
>>> c=numpy.load('d:\\nshz.npy')
>>> c
array([[ 3.01182776,   8.80252271,   5.62123901],
       [ 8.55282172,   6.90728086,   7.42508328],
```

```
           [ 3.65976272,   4.0617757 ,   3.60568465]])
```

2．存取文本文件

NumPy 使用 savetxt()和 loadtxt()函数存取文本数据，如：

```
>>>a
array([[ 3.01182776,   8.80252271,   5.62123901],
       [ 8.55282172,   6.90728086,   7.42508328],
       [ 3.65976272,   4.0617757 ,   3.60568465]])
>>> numpy.savetxt('d:\\npshz.txt',a,delimiter=',')
```

代码会在 D：盘下新建文件“npshz.txt”，其内容如图 3-3 所示。

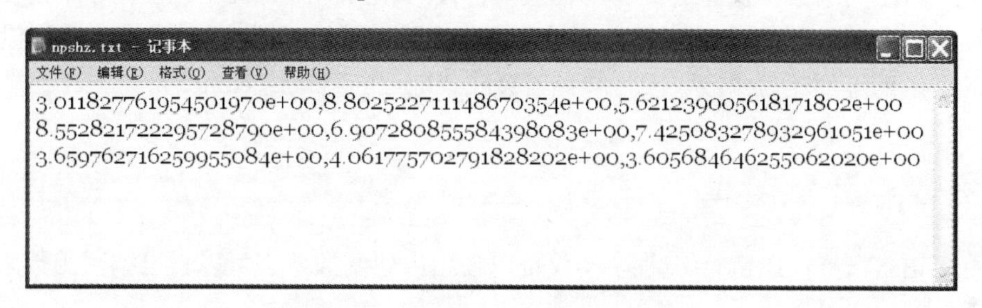

图 3-3　npshz.txt 文件中内容

NumPy 使用 loadtxt()函数加载文本文件中的数据，如：

```
>>> ar=numpy.loadtxt('d:\\npshz.txt',delimiter=',')
>>> ar
array([[ 3.01182776,   8.80252271,   5.62123901],
       [ 8.55282172,   6.90728086,   7.42508328],
       [ 3.65976272,   4.0617757 ,   3.60568465]])
```

3.4　小结

本章主要介绍了选择结构和循环结构，介绍了 if 语句、else 语句、elif 语句、while 语句、for 语句、break 语句和 continue 语句。习惯了其他编程语言的读者需要注意 Python 中的 else 不仅可以与 if 语句搭配使用，而且可以与 while 和 for 语句搭配使用，如果循环不是通过 break 语句跳出，而是不满足循环条件正常结束，else 语句就会被执行。Python 中的 for 语句不同于其他语言，其功能非常强大，可以遍历可迭代对象，简化代码并使其高效运行。高级话题中延伸了第 2 章中的 Numpy，介绍了 Numpy 的数组操作。

第 4 章　函数与函数式编程

在程序编写中，如果一段代码需要在多处、多次调用，可以将这段代码编写为函数，需要时调用即可。通常用函数来完成某个特定功能，函数是将程序结构化和过程化的重要编程方法。使用自定义函数不仅能够提高编程效率、代码利用率，而且能够使程序结构更规范、清晰、简洁、便于调试和维护。有些语言区分过程和函数：函数有返回值，过程没有返回值。Python 中的过程就是函数，因为解释器会隐式地返回默认值 None。

4.1　函数

与许多语言一样，Python 编程中不仅可以使用内建函数，也可以自己编写函数来完成特定的功能。

4.1.1　定义函数

Python 中使用 def 语句来定义函数，格式如下：

```
def 函数名(参数)
    文档字符串（可以省略，但推荐编写，便于日后维护和理解）
    函数体
    return 返回值 （可以省略，如省略，Python 解释器会返回 None）
```

说明：

（1）def 语句的功能是创建一个函数对象，并赋值给某函数名。函数名就是这个函数对象的引用，相当于函数名中存了函数对象的地址。

（2）Python 代码的层次关系是通过不同深度的代码体现的，文档字符串、函数体、return 语句左侧需对齐，且相对 def 语句缩进一层。

（3）Python 函数中参数包括所有的必要参数、关键字参数和默认参数，详见 4.2 节。

（4）文档字符串必须是紧跟 def 语句的未赋值的字符串，用于描述函数功能和如何使用函数等，虽然可以省略，但是为了便于日后维护和共享代码，建议编写。

（5）函数体中包含完成函数功能的语句，如果没有想好如何编写，可以用 pass 语句来占位，Python 中 pass 语句不做任何事，仅标记需要完成但还未完成的代码部分。Python 允许一个函数的定义体中出现另一个函数的定义，详见 4.1.3 小节。

（6）return 语句可以省略，如省略，Python 解释器会返回 None。Python 允许 return 语句返回一个值，也允许一次返回多个值，如果返回多个值，Python 把它们聚集起来并以一个元组返回。

下面利用函数输出“hello world”(ch4-1.py)。

分析：函数的功能仅为输出“hello world”，不需要返回值，所以省略 return 语句。

```
# -*- coding: utf-8 -*-
def myprint():
    'print hello world'
    print 'hello world'

myprint()
```

运行程序，运行结果如下：

```
hello world
```

可以通过“函数名.__doc__”来访问函数文档字符串，如下：

```
>>> myprint__doc__
'print hello world'
```

下面利用函数求矩形面积(ch4-2.py)。

分析：求矩形面积需要知道长和宽，所以本函数需要 2 个参数，函数需要得到矩形面积，所以有一个返回值。

```
# -*- coding: utf-8 -*-
def rearea(L,W):
     area=L*W
     return area
a=input(u'请输入矩形的长：')
b=input(u'请输入矩形的宽：')
print u'矩形面积为：',rearea(a,b)
```

运行程序，输入 7，3 后，运行结果为：

```
请输入矩形的长：7
请输入矩形的宽：3
矩形面积为： 21
```

下面利用元组返回多值函数示例（ch4-3.py）。

分析：函数中让用户输入多个值，然后将其全部作为函数结果返回。

```
# -*- coding: utf-8 -*-
def three_input():
     a=raw_input(u'请输入第一个值：')
     b=raw_input(u'请输入第二个值：')
     c=raw_input(u'请输入第三个值：')
     return(a,b,c)

print three_input()
```

程序运行结果如下：

```
请输入第一个值：001
请输入第二个值：002
请输入第三个值：003
('001', '002', '003')
```

表面上函数返回了多个值，实际只是一个元组对象而已。

4.1.2 函数调用

定义函数后，调用函数的形式为：

```
函数名(实参)
```

说明：

（1）调用时括号()是必须的，即使没有实参，也不可以省略。

（2）可以用函数名调用函数，也可以将函数对象赋值给别的变量后，通过别的变量来调用函数，如调用 ch4-1.py 中的函数 myprint：

```
>>> myprint()
hello world
>>> mypt=myprint
>>> mypt()
hello world
```

注意：变量赋值时，函数名后不加括号()，调用函数时加括号。

（3）调用时可以按照定义时形参的位置，输入适当的实参，也可以利用参数名=实参的方式来指定实参传给哪个形参。如调用 ch4-2.py 代码中的函数 rearea：

```
>>> rearea(5,3)
15
>>> rearea(W=3,L=5)
15
```

注意：在 Python 3.x 中，调用文件中自己定义的函数时，需按照下面步骤进行操作：

（1）将文件所在目录添加到 Python 的搜索目录中，详见 6.1.1 小节。

（2）使用“from 文件名 import 函数名”的方法导入函数。

（3）调用函数。

4.1.3 内部/内嵌函数

在 4.1.1 小节中提到过 Python 允许在一个函数体中定义另一个函数，如果一个函数是在另一个函数体内创建的，那么这个函数就叫作内部函数或内嵌函数。显式定义内部函数的格式如下：

```
def  外部函数名
     ┆
   def  内部函数名
          ┆
     ┆
```

定义了内部函数后，整个内部函数都位于外部函数的作用域中，除了外部函数，其他地方都不能对其进行调用。

内部函数也可以使用 lambda 语句进行定义，详见 4.4.1 小节。

内部函数示例(ch4-4.py)如下：

```
# -*- coding: utf-8 -*-
def fout():
	no=23
	def fin():
		ni=78
		return no+ni
	print fin()
```

调用外部函数 fout，运行结果如下：

```
>>> fout()
101
```

如果直接调用内部函数 fin，则会出错：

```
>>> fin()

Traceback (most recent call last):
  File "<pyshell#24>", line 1, in <module>
    fin()
NameError: name 'fin' is not defined
```

内部函数 fin 中可以访问外部函数 fout 中的局部变量 no，这是因为从 Python 2.2 开始，允许内部（内嵌）函数对其外部函数的局部变量进行访问，详见 4.5.3 小节。

4.2　函数参数

Python 中函数参数的使用非常灵活，定义函数时不需要指定参数的类型，而且 Python 不仅允许用户使用固定参数，还允许用户使用可变数量参数，包括元组和字典。总的来说，Python 中的函数参数分为标准化参数和可变数量参数。

4.2.1　标准化参数

Python 中标准化参数与多数语言中函数的参数比较像，调用函数时必须为函数的所有标准化参数提供相应实参，除非标准化参数有默认值（默认参数）。

对于标准化参数，调用函数时，如果不是以“形参名=实参”的方式给出实参，则实参按照位置一一传给相应的形参，除去默认参数，实参和形参必须一一对应。

下面给出标准化参数函数示例（ch4-5.py）。函数中用到了多个参数，分别演示用位置和形参名传递参数。代码如下：

```
# -*- coding: utf-8 -*-
```

```
def fargsex(a1,a2,a3,a4,a5):
        t=[a1,a2,a3,a4,a5]
        i=1
        for ta in t:
                print i, ta
                i=i+1
print u"按照位置传送参数 fargsex('er','ty',4,'67','we')"
fargsex('er','ty',4,'67','we')
print u"按照形参名传送参数 fargsex(a3='er',a5='ty',a1=4,a2='67',a4='we')"
fargsex(a3='er',a5='ty',a1=4,a2='67',a4='we')
```

程序运行结果如下：

```
按照位置传送参数 fargsex('er','ty',4,'67','we')
1 er
2 ty
3 4
4 67
5 we
按照形参名传送参数 fargsex(a3='er',a5='ty',a1=4,a2='67',a4='we')
1 4
2 67
3 er
4 we
5 ty
```

定义函数时，可以给某些标准化参数赋初值，即为默认参数，默认参数在调用时可以有对应的实参，也可以没有，如果没有对应的实参，则默认参数会取默认值。

将 ch4-5.py 中的参数 a5 改为默认参数，查看调用函数时提供和不提供对应实参的情况。代码 (ch4-6.py) 如下：

```
# -*- coding: utf-8 -*-
def fargsex(a1,a2,a3,a4,a5=555):
        t=[a1,a2,a3,a4,a5]
        i=1
        for ta in t:
                print i, ta
                i=i+1
print u"默认参数没有对应实参"
fargsex('er','ty',4,'67')
print u"默认参数有对应实参"
fargsex('er','ty',4,'67',28)
print u"通过形参名传递参数时，默认参数没有对应实参"
fargsex(a3='er',a1=4,a2='67',a4='we')
print u"通过形参名传递参数时，默认参数有对应实参"
fargsex(a3='er',a5='ty',a1=4,a2='67',a4='we')
```

程序运行结果如下：

```
默认参数没有对应实参
1 er
2 ty
3 4
4 67
5 555
默认参数有对应实参
1 er
2 ty
3 4
4 67
5 28
通过形参名传递参数时，默认参数没有对应实参
1 4
2 67
3 er
4 we
5 555
通过形参名传递参数时，默认参数有对应实参
1 4
2 67
3 er
4 we
5 ty
```

由运行结果可见，默认参数有对应实参，则用对应实参值，否则用默认值。

但需要注意的是，编写函数时，无默认值的标准化参数必须写在默认参数之前。

将例 ch4-6.py 中的参数 a4 改为默认参数，而 a5 改为无默认值的情况，代码（ch4-7.py）如下：

```
# -*- coding: utf-8 -*-
def fargsex(a1,a2,a3,a4=444,a5):
        t=[a1,a2,a3,a4,a5]
        i=1
        for ta in t:
                print i, ta
                i=i+1
print u"默认参数没有对应实参"
fargsex('er','ty',4,'67')
print u"默认参数有对应实参"
fargsex('er','ty',4,'67',28)
print u"通过形参名传递参数时，默认参数没有对应实参"
fargsex(a3='er',a1=4,a2='67',a4='we')
print u"通过形参名传递参数时，默认参数有对应实参"
fargsex(a3='er',a5='ty',a1=4,a2='67',a4='we')
```

运行时，会出现语法错误，如图 4-1 所示。

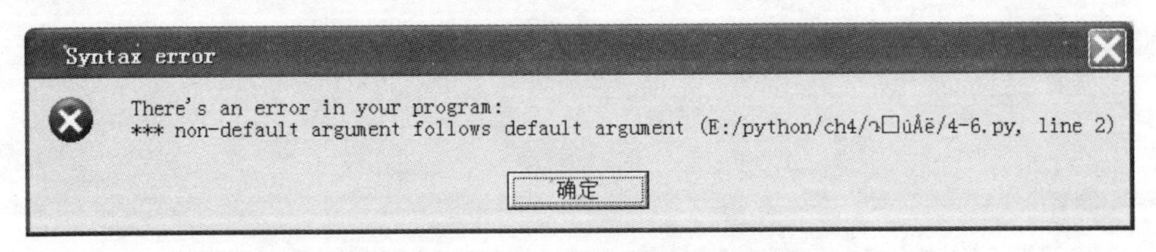

图 4-1　默认参数写在无默认值的标准化参数前导致的错误

为函数设置默认参数，既为函数提供了很大的灵活性，又能够使 Python 用户在不熟练的情况下，不需要面对大量的参数，由程序的设计者提供一个相对“最佳”的默认值。

4.2.2　可变数量的参数

有时在编写函数时，并不知道要处理的参数数目，甚至在函数调用时参数的数目都是变化的。显然标准化参数无法满足这种要求。Python 提供两种方法来处理可变数量的参数：非关键字可变数量参数和关键字可变数量参数。

1. 非关键字可变数量参数（元组）

定义非关键字可变数量参数时，参数名前用星号“*”引导，定义函数时，其位置必须在标准化参数之后。有非关键字可变数量参数时，函数头形式如下：

```
def 函数名([标准化参数,] *非关键字可变数量参数)
```

有了非关键字可变数量参数后，调用函数时所有的多余的无关键字指定的实参（匹配标准化参数后剩余的）统统以元组的形式保存在非关键字可变数量参数中。

下面是具有非关键字可变数量参数的函数的实例（ch4-8.py）。本例编写了具有非关键字可变数量参数的函数，演示非关键字可变数量参数如何定义和调用。

```
# -*- coding: utf-8 -*-
def ftuple(arg1,arg2,arg3=333,*arg4):
    print 'arg1=',arg1
    print 'arg2=',arg2
    print 'arg3=',arg3
    print 'the rest args:'
    for eacharg in arg4:
        print eacharg,
```

使用不同数目的实参来调用函数，观察函数的执行情况：

```
>>> ftuple(1,2,3)
formal args:
arg1= 1
arg2= 2
arg3= 3
the rest args:
>>> ftuple(1,2)
```

```
formal args:
arg1= 1
arg2= 2
arg3= 333
the rest args:
>>> ftuple(1,2,3,4,5,6,7)
formal args:
arg1= 1
arg2= 2
arg3= 3
the rest args:
4 5 6 7
```

2. 关键字可变数量参数（元组）

定义关键字可变数量参数时，参数名前用两个星号“**”引导，定义函数时，其位置必须在关键字可变数量参数之后。有关键字可变数量参数时，函数头形式如下：

```
def  函数名([标准化参数,] [*非关键字可变数量参数,]  关键字可变数量参数)
```

有了关键字可变数量参数后，调用函数时所有的多余的有关键字指定的实参（关键字非标准化参数名的）统统以字典的形式保存在关键字可变数量参数中，字典中的键为参数名，值为相应的参数值。

具有关键字可变数量参数的函数的实例如下（ch4-9.py）。

```
# -*- coding: utf-8 -*-
def fdict(arg1,arg2,arg3=333,**arg4):
        print 'formal args:'
        print 'arg1=',arg1
        print 'arg2=',arg2
        print 'arg3=',arg3
        print 'the rest args:'
        for eachargkey in arg4:
                print eachargkey,":",arg4[eachargkey]
```

使用不同数目的实参来调用函数，观察函数的执行情况：

```
>>> fdict(1,2)
formal args:
arg1= 1
arg2= 2
arg3= 333
the rest args:
>>> fdict(1,2,3)
formal args:
arg1= 1
arg2= 2
arg3= 3
```

```
the rest args:
>>> fdict(1,2,er=3)
formal args:
arg1= 1
arg2= 2
arg3= 333
the rest args:
er : 3
>>> fdict(we=1,ui=2,arg1=3,arg2=4)
formal args:
arg1= 3
arg2= 4
arg3= 333
the rest args:
we : 1
ui : 2
```

需要注意的是：调用函数时，如果有的实参给定关键字或参数名，有的没有给定，则不给定的放在实参列表的前面，给定的放在后面。

下面演示同时具有非关键字可变数量参数和关键字可变数量参数的函数(ch4-10.py)。

```
# -*- coding: utf-8 -*-
def ftupdict(arg1,arg2,arg3=333,*arg4,**arg5):
        print 'formal args:'
        print 'arg1=',arg1
        print 'arg2=',arg2
        print 'arg3=',arg3
        print u'非关键字可变数量参数:'
        for eacharg in arg4:
                print eacharg,
        print u'关键字可变数量参数:'
        for eachargkey in arg5:
                print eachargkey,":",arg5[eachargkey]
```

使用不同数目的实参来调用函数，观察函数的执行情况：

```
>>> ftupdict(1,2)
formal args:
arg1= 1
arg2= 2
arg3= 333
非关键字可变数量参数:
关键字可变数量参数:
>>> ftupdict(1,2,3)
formal args:
arg1= 1
```

```
arg2= 2
arg3= 3
非关键字可变数量参数:
关键字可变数量参数:
>>> ftupdict(1,2,yu=3,gh=5)
formal args:
arg1= 1
arg2= 2
arg3= 333
非关键字可变数量参数:
关键字可变数量参数:
yu : 3
gh : 5
>>> ftupdict(1,2,3,5,6,4,ui=3,yu=8)
formal args:
arg1= 1
arg2= 2
arg3= 3
非关键字可变数量参数:
5 6 4
关键字可变数量参数:
yu : 8
ui : 3
```

4.2.3　函数传递

在 4.1.2 小节中讲过，可以将函数对象赋值给别的变量后，通过别的变量来调用函数。Python 中的函数对象也可以作为别的函数的参数。

Python 中所有的对象作参数都是通过引用来传递的，函数对象也不例外。通过函数调用，将实参函数对象的引用传递给形参函数对象，然后就可以利用形参函数对象进行函数调用。

下面通过一个简单例子讲解函数对象作参数如何定义与调用，ch4-11.py 是将序列中的每个元素加 2 的实例。实际上，本例正常情况使用列表解析一条语句即可实现，采用该编写方式只为讲解如何利用函数传递。

```
# -*- coding: utf-8 -*-
def f(x):
    return x+2
def ff(fun,seq):
    return [fun(eachn) for eachn in seq]
```

调用函数 ff，运行结果如下：

```
>>> ff(f,[1,2,3,4,5,6])
[3, 4, 5, 6, 7, 8]
```

4.3 装饰器

Python 允许使用装饰器对函数进行装饰，这样编写函数时就可以专注于功能的实现，而装饰器可以帮助函数实现一些通用的功能，在函数调用前运行些预备代码或函数调用后执行些清理工作。比如：插入日志、检测性能（通过计时）和事务处理等。

装饰器其实也是一个函数，一个用来包装其他函数的函数，包装后返回一个装饰后的函数对象，该函数对象将更新原函数对象，程序将不再能访问原始函数对象。

Python 中使用装饰器的过程为：

（1）定义装饰器函数，假设装饰器函数的名称为 deco1。

（2）使用装饰器，@deco1。

（3）定义被装饰的函数，假设函数名为 fun1，则装饰器 deco1 装饰了函数 fun1，这里

```
@deco1
def  fun1()
      ⋮
```

等价于 fun1=deco1(fun1)

Python 也允许使用多个装饰器装饰一个函数，如：

```
@deco1
@deco2
def  fun1()
      ⋮
```

等价于 fun1=deco1(deco2(fun1))

既然装饰器是一个函数，那么装饰器也可以有参数，所以装饰器分为带参数装饰器和无参数装饰器两种。

4.3.1 无参数装饰器

下面通过一个简单例子讲解无参数装饰器的使用方式及作用，例如利用装饰器统计函数的执行时间(ch4-12_1.py)。通过导入 time 模块用于时间的记录和计算。

```
# -*- coding: utf-8 -*-
import time
# 定义一个计时函数，其参数为一个函数，用于接收被装饰的函数
def time_stt(func):
    # 定义一个内嵌的包装函数,记录函数开始时间和结束时间
    def wrapper():
        start = time.time()
        func()
        usetime=time.time()-start
        print u'执行函数',func.__name__,u'用时',usetime,'秒'
    #返回包装后的函数
    return wrapper
```

```
@time_stt
def test():
    time.sleep(4)
test()
```

程序运行结果为：

```
执行函数 test 用时 4.0 秒
```

本例中定义的装饰器函数 time_stt 有一定的通用性，可以装饰任何没有参数的函数，统计其运行用时。但如果用它装饰有参数的函数就会出错。现在为实例中的 test 函数添加参数，并装饰调用，修改后代码（ch4-12_2.py）如下：

```
# -*- coding: utf-8 -*-
import time
# 定义一个计时函数，其参数为一个函数，用于接收被装饰的函数
def time_stt(func):
    # 定义一个内嵌的包装函数,记录函数开始时间和结束时间
    def wrapper():
        start = time.time()
        func()
        usetime=time.time()-start
        print u'执行函数',func.__name__,u'用时',usetime,'秒'
    # 将包装后的函数返回
    return wrapper
@time_stt
def test(n):
    time.sleep(n)
test(4)
```

运行程序，Python 报错如下：

```
Traceback (most recent call last):
  File "E:/python/ch4/源代码/ch4-12_2.py", line 16, in <module>
    test(4)
TypeError: wrapper() takes no arguments (1 given)
```

如何改正这个错误，并让装饰器函数 deco1 能够装饰有任意多个任意参数的函数呢？这需要用到 4.2.2 小节讲到的可变数量参数。修改 ch4-12-2.py 代码如下(ch4-12_3.py)：

```
# -*- coding: utf-8 -*-
import time
# 定义一个计时函数，其参数为一个函数，用于接收被装饰的函数
def time_stt(func):
    # 定义一个内嵌的包装函数,记录函数开始时间和结束时间
    def wrapper(*t,**d):
        start = time.time()
        func(*t,**d)
```

```
            usetime=time.time()-start
            print u'执行函数',func.__name__,u'用时',usetime,'秒'
        # 将包装后的函数返回
        return wrapper
    print u'装饰无参数函数试验:'
    @time_stt
    def test():
        time.sleep(3)

    test()
    print
    print u'装饰一个参数函数试验:'
    @time_stt
    def pr(n):
        for i in range(n):
            print i,
        print

    pr(4)
    pr(n=6)
    print
    print u'装饰两个参数函数试验:'
    @time_stt
    def area(l,w):
        print u'面积为：', l*w

    area(40,23)
    area(w=23,l=40)
```

程序运行结果如下：

```
装饰无参数函数试验:
执行函数 test 用时 3.0 秒

装饰一个参数函数试验:
0 1 2 3
执行函数 pr 用时 0.0460000038147 秒
0 1 2 3 4 5
执行函数 pr 用时 0.047000169754 秒

装饰两个参数函数试验:
面积为： 920
执行函数 area 用时 0.0320000648499 秒
面积为： 920
执行函数 area 用时 0.0149998664856 秒
```

可见通过为内嵌函数 wrapper 和参数函数 func 增加可变数量参数*t,**d，使得 deco1 的通用性增强，可以装饰有任意多个参数的函数，并且装饰后的函数调用时可以带或者不带关键字（形参名）调用。

4.3.2 带参数装饰器

带参数的装饰器使用格式如下：

```
@装饰器函数(装饰参数)
def 被装饰函数(参数)
        ┆
```

带参数的装饰器函数必须返回一个函数对象，该函数对象才是真正装饰函数的装饰器，如：

```
@deco(deco_arg)
def fun()
    ┆
```

等价于 fun= deco(deco_arg)(fun)。

无参数装饰器格式如下：

```
@deco1
def    fun1()
       ┆
```

等价于 fun1=deco1(fun1)

两者比较可以明白带参数装饰器真正起装饰作用的是 deco(deco_arg)，即 deco 函数的返回值必须是一个函数。

下面用装饰器记录函数开始调用的时间或结束的时间(ch4-13.py)。本例是采用带参数装饰器，根据装饰器的参数选择是记录函数开始调用的时间还是函数结束的时间。

```
# -*- coding: utf-8 -*-
import time
def decselect(sel):
    def startdec(func):
        def r(*t,**d):
            print u'下面调用函数：',func.__name__,u'开始调用时间为：',time.ctime()
            func(*t,**d)
        return r
    def enddec(func):
        def r(*t,**d):
            func(*t,**d)
            print   u'函数：',func.__name__,u'于',time.ctime(),u'调用结束'
        return r
    try:
        return {'start':startdec,'end':enddec}[sel]
    except KeyError,e:
```

```
            raise ValueError(e),u'必须是“start”或“end”'


    @decselect('end')
    def sp(seq):
        '输出一个序列'
        for n in seq:
            print n,
        print

    sp([1,2,3,4,5,6])
```

程序运行结果如下：

```
    1 2 3 4 5 6
函数：sp 于 Fri Jan 30 13:59:19 2015 调用结束
```

如果采用 decselect('start')对函数 sq 进行装饰，如：

```
    @decselect('start')
    def sp(seq):
        '输出一个序列'
        for n in seq:
            print n,
        print

    sp([1,2,3,4,5,6])
```

则执行结果如下：

```
    下面调用函数： sp 开始调用时间为： Fri Jan 30 14:05:18 2015
    1 2 3 4 5 6
```

4.4 函数式编程

什么是函数式编程？维基百科解释如下：函数式编程（Functional programming）或者函数程序设计，又称泛函编程，是一种编程范型，它将计算机运算视为数学上的函数计算，并且避免使用程序状态以及易变对象。函数编程语言最重要的基础是λ演算（lambda calculus）。而且λ演算的函数可以接受函数当作输入（引数）和输出（传出值）。

Python 虽然不是函数式编程语言，但是吸收了很多函数式编程语言的优点，比如前面介绍的 Python 中的函数可以作为函数的参数也可以作为函数的返回值。本节将主要介绍 Python 支持的函数式编程语言方面的函数、语句和偏函数应用。

4.4.1 lambda 表达式

Python 允许用关键字 lambda 创建匿名函数。创建格式如下：

```
lambda [参数 1[,参数 2[……[,参数 N]]]]:表达式
```

说明：

（1）lambda 中的表达式必须与声明放在同一行。

（2）lambda 的参数是可选的，参数不需加括号。

下面把 ch4-2.py 中的求矩形面积的函数改写成 lamda 创建的匿名函数。

def 定义的函数形式：

```
def rearea(L,W):
    area=L*W
    return area
```

lambda 定义的匿名函数：

```
lambda L,W: L*W
```

与普通函数相比，lambda 定义了一个匿名函数，所以没有函数名，其结果也不使用 return 语句返回。

lambda L,W : L*W 只是创建了一个匿名函数，既没有使用名字将其保存下来，也没有调用它。这个函数的引用计数在函数创建时被设置为 True，但因为没有引用保存下来，计数又回到了零，然后被当作垃圾回收掉。为了保留并调用这个函数，可以将这个匿名函数赋给一个变量，通过变量来调用函数，也可以将匿名函数用作函数参数，通过函数参数来调用。

赋值给变量：

```
>>> y=lambda L,W : L*W
>>> y(3,4)
12
```

用作函数参数：

```
>>> #u'首先定义一个使用函数参数的函数'
>>> def area(fun,seq1):
    seq=[]
    for (x,y) in seq1:
            seq.append( fun(x,y))
    return seq
>>> #u'调用时使用 lambda 语句创建的匿名函数作实参'
>>> area(lambda L,W : L*W,[(1,2),(3,4),(5,6)])
[2, 12, 30]
```

创建匿名函数时也允许使用默认参数和可变数量的参数。

默认参数：

```
>>> f=lambda L,W=3 : L*W
>>> f(2)
6
```

```
>>> f(2,6)
12
```

可变数量参数：

```
>>> f=lambda *s: s
>>> f(1,2,3,4,5,6)
(1, 2, 3, 4, 5, 6)
```

4.4.2 内建函数 map、filter、reduce

本小节介绍 Python 的内建函数 map、reduce、filter，这些内建函数具有函数式编程的特征，并且它们都有一个可执行的函数对象参数，这个参数可以由 4.4.1 小节介绍的 lambda 创建的匿名函数担当，也可以由 def 定义的函数担当。

1. map 函数

map 函数的使用格式为：

```
map(函数或 lambda 表达式,序列 1[,序列 2……])
```

功能：将函数或 lambda 表达式作用于给定序列的每一个元素，并用一个列表来提供返回值，如果调用时给定了多个序列，则 map 会并行迭代每个序列。每次处理时，map 会将每个序列的相应元素组成一个元组，然后将函数或 lambda 表达式作用于该元组。

例：

```
>>> map(lambda x:x*x,[2,6,4,8])
[4, 36, 16, 64]
>>> map(lambda x,y:x+y,[1,2,3,4],[9,8,7,6])
[10, 10, 10, 10]
```

有时 map 函数可以被列表解析取代，例如：

```
>>> map(lambda x:x*x,[2,6,4,8])
```

等价于：

```
>>> [x*x for x in [2,6,4,8]]
```

如果 map 函数中的函数名或 lambda 表达式为 None，则返回一个列表，列表的每个元素为一个元组，由各个序列相应元素组成，其功能类似内建函数 zip，如：

```
>>> map(None,[1,2,3,4],[5,6,7,8])
[(1, 5), (2, 6), (3, 7), (4, 8)]
>>> zip([1,2,3,4],[5,6,7,8])
[(1, 5), (2, 6), (3, 7), (4, 8)]
>>> >>> map(None,[1,2,3,4],[5,6,7,8],[11,22,33,44])
[(1, 5, 11), (2, 6, 22), (3, 7, 33), (4, 8, 44)]
>>> zip([1,2,3,4],[5,6,7,8],[11,22,33,44])
[(1, 5, 11), (2, 6, 22), (3, 7, 33), (4, 8, 44)]
```

当序列长度不同时，zip 函数将在最短的序列结束时结束，而 map 将给较短的序列添加 None 元素，以便与较长序列补齐，如：

```
>>>zip([1,2,3,4],[5,6,7,8,9],[11,22,33,44,55,66])
[(1, 5, 11), (2, 6, 22), (3, 7, 33), (4, 8, 44)]
>>> map(None,[1,2,3,4],[5,6,7,8,9],[11,22,33,44,55,66])
[(1, 5, 11), (2, 6, 22), (3, 7, 33), (4, 8, 44), (None, 9, 55), (None, None, 66)]
```

2. filter 函数

filter 函数的使用格式为：

```
filter(函数或 lambda 表达式,序列)
```

功能：利用函数或 lambda 表达式对序列中的每个元素进行筛选，保留函数值为 True 的元素序列。

例如，筛选出序列中的奇数：

```
>>> def odd(n):
    if n%2:
        return True


>>> filter(odd,[1,2,3,4,5,6,7,8,9])
[1, 3, 5, 7, 9]
>>> filter(lambda n:bool(n%2),[1,2,3,4,5,6,7,8,9])
[1, 3, 5, 7, 9]
>>> filter(lambda n:n%2,[1,2,3,4,5,6,7,8,9])
[1, 3, 5, 7, 9]
```

3. reduce 函数

reduce 函数的使用格式为：

```
reduce (函数或 lambda 表达式,序列[,初始值])
```

功能：函数或 lambda 表达式必须是二元函数（两个操作数），如果有初始值，则先把初始值和序列的第一个元素作为函数参数，求得返回值后，再将返回值和序列的第二个元素作为函数参数，依此类推，直至序列最后一个元素。如果省略初始值，则先把序列的第一个和第二个元素作为函数参数，求得返回值后，再将返回值和序列的第三个元素作为函数参数，依此类推，直至序列最后一个元素。

例：

```
>>> reduce(mul,[1,2,3,4,5,6],10)
7200
>>> reduce(mul,[1,2,3,4,5,6])
720
>>> reduce(lambda x,y:x*y,[1,2,3,4,5,6])
720
```

```
>>> reduce(lambda x,y:x*y,[1,2,3,4,5,6],10)
7200
```

4.4.3 偏函数应用

在使用标准化参数时，如果函数参数偏多，可以设置默认参数，降低函数调用的复杂度。但是因为函数应用领域的不同，使得不同函数的调用者可能会希望参数是不同的默认值，这时就可以利用 Python 的 functools 模块提供的 partial 函数（偏函数），将带有 n 个参数的函数，固化一个参数（如果不指定关键字，则固化第一个参数），并返回另一个带有 n-1 个参数的函数对象。固化参数的值可以根据需要指定。

下例中定义一个函数计算应缴税额。

应缴税额=（商品单价-免税额）×商品数量×税率

函数定义如下：

```
>>> def tax(sl,price,number,m):
    if price<m:
            return 0
    else:
            return sl*(price-m)*number
```

其中 sl 代表税率，price 代表单价，number 代表购买数量，m 代表免税额。

假设税率是 0.01，则将函数 tax 的 sl 固化为 0.01，如下：

```
>>> tax1=partial(tax,0.01)
```

调用 tax1 时，只需给出 price，number 和 m 三个参数值：

```
>>> tax1(20000,5,10000)
500.0
```

此调用等价于

```
>>> tax(0.01,20000,5,10000)
500.0
```

如果税率是 0.05，则可将函数 tax 的 sl 固化为 0.05，如下：

```
>>> tax5=partial(tax,0.05)
```

调用 tax5 时，只需给出 price，number 和 m 三个参数值：

```
>>> tax5(20000,3,10000)
1500.0
```

此调用等价于

```
>>> tax(0.05,20000,5,10000)
1500.0
```

现在不想固化税率，而想固化免税额，假设将免税额固化为 10000，应该怎么做？

利用 tax10000=partial(tax,10000)将免税额固化为 10000，显然是不可以的，因为不指定关键字的话，partial 默认第一个参数为固化参数，正确的做法为：

```
>>> tax10000=partial(tax,m=10000)
```

调用 tax10000 时，只需给出 sl，price 和 number 三个参数值：

```
>>> tax10000(0.01,20000,5)
500.0
```

此调用等价于

```
>>> tax(0.01,20000,5,10000)
500.0
```

4.5　变量作用域

变量作用域即变量在程序中的可应用范围，或变量的可见性。Python 是静态作用域语言，也就是说，在 Python 中变量的作用域是由它在源代码中的绑定位置决定的。

在 Python 2.1 版本之前，变量作用域分为全局作用域和局部作用域两种，后来由于嵌套函数和闭包的应用与发展，自 Python 2.2 开始，变量的作用域分三个等级：全局（global）、局部（local）和外部（nonlocal）。

在 Python 中，变量作用域的查找优先级为：局部、外部、全局和内建。其中内建变量是由 Python 定义的以双下画线（__）开始和结束的变量，通常用作特殊用途，如本书前面提及的__doc__和__name__等。用户在定义变量时应该避免内建变量的命名风格。

Python 中不要求变量强制声明，但在真正使用变量之前，它必须已经绑定到某个对象。而名字绑定将在当前作用域中引入新的变量，同时屏蔽外层作用域中的同名变量，不论这个名字绑定发生在当前作用域中的哪个位置。

4.5.1　全局变量和局部变量

不在函数内创建的变量就是全局变量。全局变量是一个模块中级别最高的变量，能被所有函数访问，并且自创建开始，除非被删除，否则将一直存活到脚本运行结束。

在函数内创建的变量是局部变量。局部变量仅在所定义的函数内可见，并在调用函数时创建，一旦函数完成，框架被释放，局部变量就离开作用域。

下面计算并输出员工应得工资(ch4-14.py)。本例重在讲解全局变量的用法，而非工资的计算，所以将工资简化为基本工资+满勤奖。

```
# -*- coding: utf-8 -*-
#全局变量示例
base=5000 #创建全局变量
def salary():
    fuat=raw_input(u"是否满勤 'Y/N':")#创建局部变量
    if fuat.upper()=='Y': #访问局部变量
```

```
            return base+2000 #访问全局变量
        else:
            return base #访问全局变量
def ps():
    ys=salary() #创建局部变量
    print u'你的工资为' ,ys, #访问局部变量
    print u'包括基本工资',base,'元和满勤奖',ys-base #访问全局变量并和局部变量进行运算
ps()
```

调用函数，运行结果如下：

```
是否满勤 'Y/N':Y
你的工资为 7000 包括基本工资 5000 元和满勤奖 2000
>>> ps()
是否满勤 'Y/N':N
你的工资为 5000 包括基本工资 5000 元和满勤奖 0
```

本例中的 base 为全局变量，在函数 salary 和 ps 中均对其进行了引用。

4.5.2 global 语句

函数可以正常访问全局变量，但是如果函数体内对全局变量重新赋值，那么 Python 会认为创建了同名的局部变量，因为变量作用域的查找优先级为局部、外部、全局和内建，所以函数内该同名的局部变量将全局变量推出了函数体。

下面在函数内对全局变量赋值（ch4-15.py）。在函数 fun()内对全局变量赋新值，全局变量未改变，改变的是同名的局部变量。

```
# -*- coding: utf-8 -*-
g_x=2345 #全局变量
def fun():
    g_x=6789
    print u'函数内 g_x=',g_x
print u'调用函数前，函数外 g_x=',g_x
fun()
print u'调用函数后，函数外 g_x=',g_x
```

运行程序，结果如下：

```
调用函数前，函数外 g_x= 2345
函数内 g_x= 6789
调用函数后，函数外 g_x= 2345
```

此例中因为函数体中对 g_x 赋值，导致函数体内创建了同名的局部变量 g_x，函数中访问的 g_x 为自己的局部变量 g_x，与全局变量 g_x 无关。

如果想在函数中改变全局变量的值，需要先在函数体中用 global 对全局变量进行声明。

修改 ch4-15.py 为 ch4-16.py，使函数体中的 g_x 为全局变量 g_x。代码如下：

```
# -*- coding: utf-8 -*-
```

```
g_x=2345 #全局变量
def fun():
    global g_x
    g_x=6789
    print u'函数内 g_x=',g_x
print u'调用函数前，函数外 g_x=',g_x
fun()
print u'调用函数后，函数外 g_x=',g_x
```

运行程序，结果如下：

```
调用函数前，函数外 g_x= 2345
函数内 g_x= 6789
调用函数后，函数外 g_x= 6789
```

由结果可见，函数修改的是全局变量 g_x，调用函数后，全局变量 g_x 的值被修改。

4.5.3　闭包与外部作用域

在 4.1.3 小节中介绍了内部函数，在 4.3 节讲解装饰器时也用到了内部函数。自 Python 2.2 以来，允许内部（内嵌）函数对其外部函数的局部变量进行访问。定义在外部函数内但被内部函数引用或使用的变量称为自由变量。如果一个内部函数对外部作用域的自由变量进行了引用或使用，那么这个内部函数就称为闭包。

闭包将内部函数的代码和作用域与外部函数的作用域结合起来，其对维护函数内变量安全和在函数对象及作用域中随意切换是很有用的。

下面利用闭包表达一元二次曲线 ax^2+bx+c(ch4-17.py)。本例利用外部函数传入一元二次曲线的三个系数，通过内部函数返回一元二次曲线。

```
# -*- coding: utf-8 -*-
def curve(a,b,c):
    def cur(x):
        return a*x*x+b*x+c
    return cur
curve1=curve(2,1,1) #求具体 a、b、c 所对应的曲线
print[(x,curve1(x)) for x in range(5)]#利用列表解析求曲线 ax^2+bx+c 的多个坐标值
x=input(u'请输入 x 的值：')
print (x,curve1(x)) #根据用户输入的 x 值，求所对应坐标值
```

运行程序，输入数据，结果如下：

```
[(0, 1), (1, 4), (2, 11), (3, 22), (4, 37)]
请输入 x 的值：6
(6, 79)
```

代码 ch4-17.py 中的函数 cur 与外部变量 a、b、c 形成了闭包。利用闭包可以轻松地表达任意系数的一元二次曲线，进而求出曲线上的任意坐标点。如果不利用闭包，每次创建一元二次曲线函数的时候需要同时说明 a、b、c、x，也就需要更多的参数传递，降低了代码的可

移植性。闭包能有效减少函数定义时所需的参数数目，有利于提高函数的可移植性，是函数式编程的重要的语法结构。

4.6 递归

如果一个函数直接或间接调用了自己，那么这个函数就是递归函数。

下面（ch4-18.py）利用递归函数求阶乘。本例中利用 if 语句对参数 n 进行判断，如果为 0 或 1 就返回 1，否则再次调用函数求 n-1 的阶乘。

```
# -*- coding: utf-8 -*-
def fac(n):
    if n==0 or n==1:
        return 1
    else:
        return n*fac(n-1)
```

调用函数，运行结果如下：

```
>>> fac(5)
120
>>> fac(10)
3628800
>>> fac(0)
1
```

4.7 生成器

生成器就是一个带 yield 语句的函数。生成器与普通函数的区别是：普通函数调用一次返回一个值（没有 return 语句的函数，默认返回 None），而生成器能暂停执行并返回一个中间结果（yield 语句的作用），当调用生成器的 next 方法时，生成器会从刚才暂停的位置继续执行。

下面是一个简单的生成器实例(ch4-19.py)。

```
# -*- coding: utf-8 -*-
#生成器示例
def gen():
    i=1
    yield (u'第 %d 次返回'% i)
    i=i+1
    yield (u'第%d 次返回'% i)
    i=i+1
    yield (u'第%d 次返回'% i)
```

对生成器函数进行调用，结果如下：

```
>>> g=gen()
>>> print g.next()
第 1 次返回
>>> print g.next()
第 2 次返回
>>> print g.next()
第 3 次返回
>>> print g.next()

Traceback (most recent call last):
  File "<pyshell#28>", line 1, in <module>
    print g.next()
StopIteration
```

因为生成器 gen()中有 3 条 yield 语句，所以可以 3 次调用生成器 gen 的 next 方法，然后函数就结束了。如果这时再调用 next 方法就会触发 StopIteration 异常。

注意：在 Python 3.x 中，上面的调用语句 print g.next()，需更改为 print(g.__next__())。

因为 Python 中 for 语句可以自动调用 next 方法并处理 StopIteration 异常，所以通常使用 for 语句而非手动迭代生成器，如：

```
>>> for eachi in gen():
    print eachi

第 1 次返回
第 2 次返回
第 3 次返回
```

在 Python 2.5 中对生成器的特性进行了加强，生成器不仅可以用 next 方法来获取下一个生成的值，而且可以用 send 方法传送新值，使用 throw 方法抛出异常，以及使用 close 方法结束生成器。

生成器新特性示例如下（ch4-20.py）。

```
# -*- coding: utf-8 -*-
#生成器示例
def gen():
    i=0
    while True:
        m=(yield i)
        if m is not None:
            i=m
        else:
            i=i+1
```

使用生成器，并调用各种方法，示例如下：

```
>>> y=gen()
>>> y.next()
```

```
0
>>> y.next()
1
>>> y.send(8)  #传送新的值给生成器
8
>>> y.next()
9
>>> y.throw(ValueError("hei，throw error"))  #利用 throw 抛出错误

Traceback (most recent call last):
  File "<pyshell#92>", line 1, in <module>
    y.throw(ValueError("hei，throw error"))
  File "E:/python/ch4/源代码/4-20.py", line 6, in gen
    m=(yield i)
ValueError: hei，throw error
>>> y.close()  #利用 close 结束生成器
>>> y.next()  #结束后再调用 next 方法，触发 StopIteration 异常

Traceback (most recent call last):
  File "<pyshell#94>", line 1, in <module>
    y.next()
StopIteration
```

4.8 高级话题：SciPy

SciPy 是一个开源的 Python 算法库和数学工具包。SciPy 在 NumPy 的基础上增加了许多科学计算的库函数，包含用于各种科学计算的工具箱，如插值、信号处理、优化、线性代数和统计等，满足大部分科学计算的需求。在 Python 中进行科学计算时可以利用 SciPy 的相关函数来完成，这些函数都经过优化和严格测试，稳健并且高效。

SciPy 已经包含在 Anaconda 中，无需单独安装。

SciPy 涉及领域众多，本书不能一一介绍，只能挑几个作为 SciPy 的入门介绍，如果读者想使用 SciPy 完成某项科学、工程计算，可选择 SciPy 的相应子模块，相关知识可参见 SciPy 官方网站http://www.scipy.org/上的文档。SciPy 中包含的子模块见表 4-1。

表 4-1 Scipy 子模块

子 模 块	功 能 描 述
Cluster	聚类算法
Constants	物理和数学常量
Fftpack	傅里叶变换
Integrate	积分和常微分方程求解
interpolate	插值
io	输入和输出

（续）

子　模　块	功 能 描 述
linalg	线性代数
ndimage	N 维图像处理
odr	正交距离回归
optimize	优化与求根
signal	信号处理
sparse	稀疏矩阵
spatial	空间数据结构和算法
special	特殊函数
stats	统计
weave	C/C++ 整合

4.8.1　傅里叶变换

傅立叶变换是数字信号处理领域一种很重要的算法。信号通过傅里叶变换都可以表示为正弦信号的线性叠加的形式，而正弦信号是相对简单并被充分研究的信号，所以傅里叶变换在物理、数学、信号处理、统计、密码学等领域都有着广泛的应用。

能够用计算机进行处理的是离散傅里叶变换，长度为 N 的离散信号 x[n]的离散傅里叶变换 f[k]定义如下：

$$f[k]=\sum_{n=0}^{N-1}\mathrm{e}^{-2\pi j\frac{kn}{N}}x[n]$$

相应的傅里叶反变换定义如下：

$$x[n]=\frac{1}{N}\sum_{k=0}^{N-1}\mathrm{e}^{2\pi j\frac{kn}{N}}f[k]$$

下面利用 SciPy 求信号的频谱(ch4-21.py)，时域图像如图 4-2 所示，频域图像如图 4-3 所示。

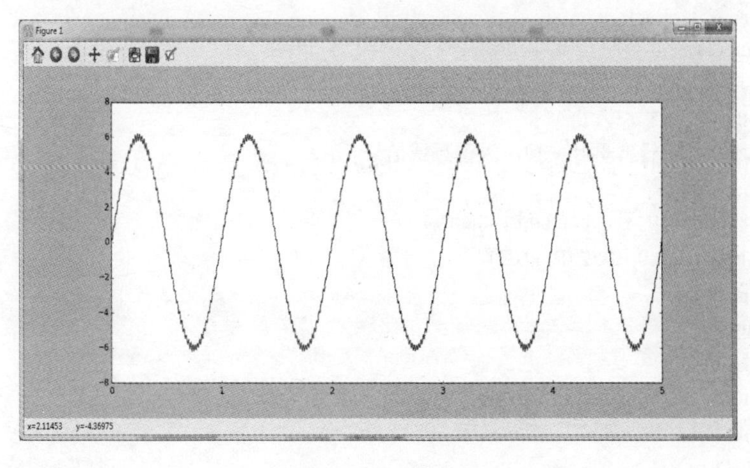

图 4-2　时域图

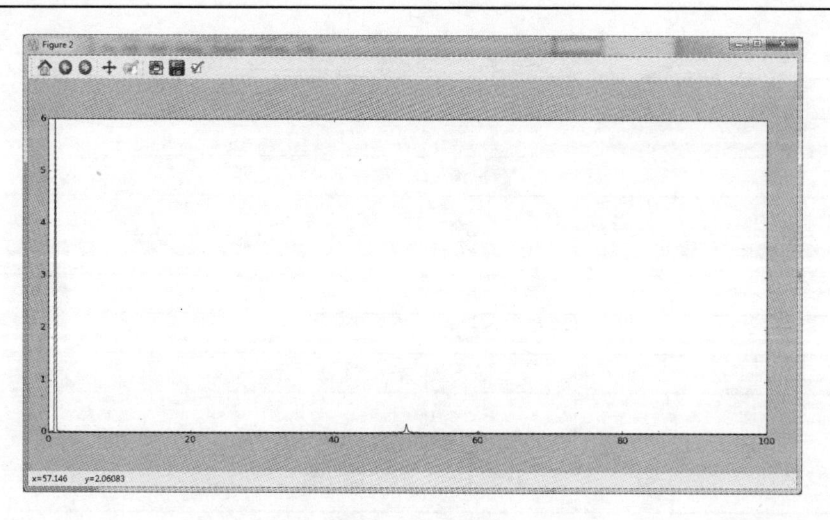

图 4-3　频域图

分析：导入 SciPy 的 Fftpack 子模块对 x[n]进行傅里叶变换，求取其频谱信息。

```
# -*- coding: cp936 -*-
#导入 NumPy 模块
import numpy as np
#导入 scipy 模块中的 fftpack 子模块
from scipy import fftpack
#设置采样点个数
N=1000
#设置采样时间间隔
t=1.0/200
#根据采样间隔和采样个数产生序列 x
x=np.linspace(0.0,N*t,N)
#通过函数计算得到序列 y
y=6*np.sin(2*np.pi*x)+0.2*np.cos(100*np.pi*x)+0.03*np.sin(120*np.pi*x)
#导入 Matplotlib 的 pyplot 子库用于绘图
import matplotlib.pyplot as plt
#创建图表 1
plt.figure(1)
#显示时域图像
plt.plot(x,y)
#对时域信号进行傅里叶变换，求得频域信号
yf=fftpack.fft(y)
#设置频域信号的显示区间和时间间隔
xf=np.linspace(0.0,1.0/(2.0*t),N/2)
#创建图表 2
plt.figure(2)
#显示频域图像
plt.plot(xf,2.0/N*np.abs(yf[0:N/2]))
#显示图表 1、2
plt.show()
```

由频域图可以看到信号主要由 1Hz、50Hz 和 60Hz 三个频率的信号组成，其中 1Hz 的信号强度尤为突出，其他两个频率的信号相对较弱。在实际科学研究和工业生产中，获取的信号通常混杂了噪声，而噪声的强度通常相对主信号偏弱，如果认为该信号中频率为 1Hz 的信号为主信号，频率为 50Hz 和 60Hz 的信号为噪声，则可以利用 SciPy 的 signal 子模块设计滤波器滤除噪声。

4.8.2　滤波

如果知道具体的噪声频率，则可以设计陷波滤波器滤除噪声，但实际科学研究和生产中，往往知道有用信号的频率，而不知道噪声的频率，因为噪声来源复杂、随机性强。因此常常需要设计带通滤波器，保证有用信号的通过，同时滤除噪声。

（1）设计滤波器

在 SciPy 的 signal 子模块中，设计带通滤波器可以使用函数 iirdesign，其格式如下：

```
iirdesign(wp, ws, gpass, gstop, analog=False, ftype='ellip', output='ba')
```

各参数意义如下：

wp：通带边缘频率。

ws：阻带边缘频率。

gpass：通带最大增益（dB）。

gstorp: 阻带最小衰减（dB）。

analog：参数值为 True，则返回一个模拟滤波器；参数值为 False，则返回一个数字滤波器。

ftype：字符串类型参数，表示滤波器类型，详见表 4-2。

表 4-2　ftype 参数

滤波器类型	ftype 参数值
Butterworth	'butter'
Chebyshev I	'cheby1'
Chebyshev II	'cheby2'
Cauer/elliptic	'ellip'
Bessel/Thomson	'bessel'

output：字符串类型参数，表示输出类型，'ba'表示分子/分母型，'zpk'表示极点-零型 。

（2）滤波

设计好滤波器后，可调用 SciPy 的 signal 子模块中的 lfilter 函数进行滤波，其格式如下：

```
lfilter(b, a, x, axis=-1, zi=None)
```

各参数意义如下：

b：滤波器的分子系数向量。

a：滤波器的分母系数向量，b 和 a 可由 iirdesign 函数获得。

x：需要滤波的信号向量，即滤波器的输入向量。

axis：输入向量的滤波轴线。

zi：滤波器延迟初始条件。

下面设计滤波器滤除上例中原信号 x[n]中的高频信号，仅保留频率为 1Hz 的低频信号(ch4-22.py)。

分析：导入 SciPy 的 signal 子模块，先利用 iirdesign 函数设计滤波器，然后调用 lfilter 函数进行滤波。

```
# -*- coding: cp936 -*-
#导入 numpy 模块
import numpy as np
#设置采样点个数
N=1000
#设置采样时间间隔
t=1.0/200
#根据采样间隔和采样个数产生序列 x
x=np.linspace(0.0,N*t,N)
#通过函数计算得到序列 y
y=6*np.sin(2*np.pi*x)+0.2*np.cos(100*np.pi*x)+0.03*np.sin(120*np.pi*x)
#导入 SciPy 的 signal 子模块
from scipy import signal
#设计低通滤波器，通带的截止频率为 0.05*f0，f0 为采样频率，阻带的起始频率为 0.2*f0，通带的最大增益为 2dB，阻带的最小衰减为 10dB。
b,a=signal.iirdesign(0.05,0.2,2,10)
#利用滤波器对信号 y 进行滤波
z=signal.lfilter(b,a,y)
#导入 Matplotlib 的 pyplot 子库用于绘图
import matplotlib.pyplot as plt
#利用绿色画出原信号
plt.plot(x,y,'g')
#利用红色画出滤波后信号
plt.plot(x,z,'r')
#显示图表
plt.show()
```

滤波前后的信号比较如图 4-4 所示。

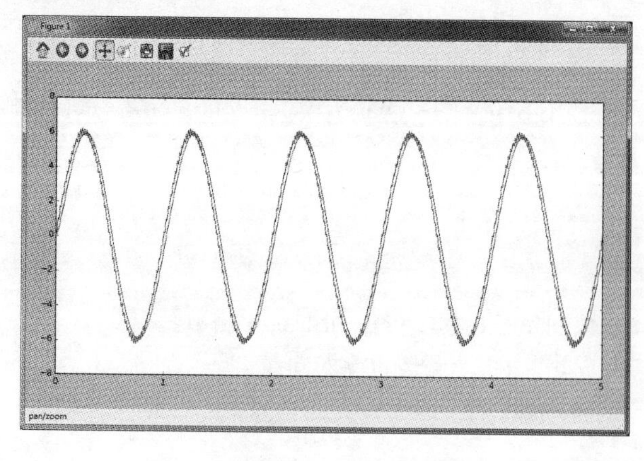

图 4-4　原信号与滤波后信号比较

由图 4-4 可以看到，通过滤波，滤去了高频噪声，使信号变得光滑，但是滤波导致信号有一定程度的延迟。

4.9 小结

本章主要讲述了在 Python 中定义和调用函数。Python 允许在一个函数的定义体中定义另一个函数，并由此带来闭包和外部作用域的问题，与多数语言不同，需要读者好好阅读领会。Python 允许使用装饰器对函数进行装饰，这样读者在编写函数时就可以专注于功能的实现，而装饰器可以帮助函数实现一些通用的功能，在函数调用前运行些预备代码或函数调用后执行些清理工作。本章还介绍了 SciPy，SciPy 是开源的 Python 算法库和数学工具包，原来用 MATLAB 做科学研究的人很容易掌握并应用 SciPy。

第5章 文　　件

在 Python 中，文件不仅包括普通意义上的磁盘文件，还包括其他任意可访问的抽象层面的“文件”，如 Web 页面。凡是具有文件类型接口（例如 read()和 write()）的对象（例如标准输入/输出、内存缓冲区、socket、pipes 等），均可作为类文件(file-like)访问。本章的类文件以磁盘文件（习惯意义上所指的文件）和 StringIO 为例进行了讲解，并介绍了文件系统的操作（os 模块和 os.path 模块），最后介绍了 Python 读写 Excel 文件的操作。

5.1 磁盘文件

读写磁盘文件是常见的 I/O 操作，由于 Python 不能直接操作磁盘文件，所以在读写前需要先用 open()或 file()函数打开磁盘文件，完成读写操作后，再用 close()函数关闭文件。

5.1.1 打开、关闭磁盘文件

1. open()函数

通常使用 open()函数打开磁盘文件，如果打开成功会返回一个文件对象，否则会引发一个 IOError 错误。

open()函数的使用格式如下：

```
文件对象=open(文件名，访问模式='r'，缓冲方式=-1)
```

参数说明：

（1）文件名，为要打开的文件名字的字符串，可以使用相对路径或绝对路径。

（2）访问模式，为代表文件打开模式的字符串，默认为'r'，表示以读取的方式打开文件，还可以用'w'（写入方式）或'a'（追加方式）打开文件，详见表 5-1。

（3）缓冲方式，指定访问文件时所采用的缓冲方式，设置为 0 时，表示不使用缓冲区，直接读写，仅在二进制模式下有效。设置为 1 时，表示在文本模式下使用行缓冲区方式。设置为大于 1 时，表示使用给定值作为缓冲区大小。不提供参数或设置为负值，代表使用默认的系统缓冲机制，具体如下：

1）对于二进制文件模式，采用固定块内存缓冲区方式，内存块的大小根据系统设备分配的磁盘块来决定，如果获取系统磁盘块的大小失败，就使用内部常量 io.DEFAULT_BUFFER_SIZE 定义的大小。一般的操作系统上，块的大小是 4096B 或 8192B。

2）对于交互的文本文件（采用 isatty()判断为 True）时，采用一行缓冲区的方式。其他文本文件使用与二进制文件一样的方式。

表 5-1　文件的访问模式

访问模式	操作说明
r	以读取方式打开文件
rU 或 U	以读取方式打开文件，同时提供通用换行符支持
w	以写入方式打开文件
a	以追加方式打开文件
r+	以读写模式打开（参见 r）
w+	以读写模式打开（参见 w）
a+	以读写模式打开（参见 a）
rb	以二进制读取模式打开
wb	以二进制写入模式打开
ab	以二进制追加模式打开
rb+	以二进制读写模式打开（参见 r+）
wb+	以二进制读写模式打开（参见 w+）
ab+	以二进制读写模式打开（参见 a+）

下面是对表 5-1 的进一步解释。

1）使用'r'、'U'、'r+'或'rb+'模式打开的文件必须已经存在，否则会引发 IOError 错误。

2）使用'w'、'w+'、'wb'或'wb+'模式打开的文件，若文件不存在则自动创建，若存在则先清空再写入。

3）使用'a'、'a+'、'ab'或'ab+'模式打开的文件，若文件不存在则自动创建，若存在，追加的数据将写在文件的末尾，即使使用 seek()方法将文件指针移动到别的位置，数据也会被追加在文件末尾。

下面是打开文件写入内容并读出的实例（ch5-1.py）。

分析：先以'w+'模式打开文件，再写入内容并读出。

```
# -*- coding: utf-8 -*-
myfile=open('D:\\firstfile.txt','w+')
myfile.write('my first file built by python\n')
myfile.write('hello,world\n')
myfile.seek(0,0)
for eachline in myfile:
    print eachline,
myfile.close()
```

运行程序，结果如下：

```
my first file built by python
hello,world
```

例子中用到的 write()和 read()函数将在 5.1.2 和 5.1.3 小节中介绍。myfile.seek(0,0)语句将文件指针移至文件开头，seek()函数将在 5.1.4 小节介绍。

open()函数中的路径分割线使用了双反斜线，这是因为在 Python 的转义字符中用双反斜线（\\）表示单反斜线（\）。也可以在文件名字符串前加字母“r”，表示这是“源”字符串，相应的路径分割线使用单反斜线即可，即 open(r'D:\firstfile.txt','w+')。实际上，Python 中的open()函数接受由斜线字符（/）分隔开的目录和文件名构成的文件路径，而完全不必考虑操作系统。所以本例中的 open()函数也可写为：open('D:/firstfile.txt','w+')。

2．file()函数

自 Python 2.2 以来，文件对象有了对应的内建函数 file()。与 open()函数相同，file()函数可以打开文件并创建文件对象的实例。凡是使用 open()函数完成的功能均可用 file()函数代替，但是建议在打开文件进行操作时，使用 open()函数，而在处理文件对象时使用 file()函数。

3．close()函数

完成文件读写操作后要使用 close()函数关闭文件。虽然 Python 的垃圾回收机制会在文件对象的引用计数降为零时，自动关闭文件，但及时使用 close()函数关闭文件，能够避免丢失缓冲区的数据。通常只有缓冲区满时，数据才被读入程序或写入磁盘，而 close()函数被调用时，无论缓冲区是否满，数据都会被及时处理。

4．with 语句

在文件读写中有可能产生 IOError 错误，一旦出错，后面就不会调用 close()函数，文件在很长时间内一直是打开的。为了保证无论出错与否，都能正确关闭文件，Python 引入了with 语句保证退出时调用 close()函数，例如：

```
with   open('D:\\firstfile.txt','w')   as myfile:
    myfile.write('hello\n')
    myfile.write('world\n')
```

此代码等价于：

```
myfile=open('D:\\firstfile.txt','w')
try:
    myfile.write('hello\n')
    myfile.write('world\n')
finally:
    myfile.close()
```

try-finally 语句经常用来保证无论是否发生异常，某段代码一定会被执行（finally 后的代码）。

5.1.2 写文件

1．write()函数

Python 的内建函数 write()可以把字符串写到文件中，使用格式如下：

```
文件对象名.write(字符串)
```

例如：

```
>>> myfile=open('D:\\firstfile.txt','w')
```

```
>>> myfile.write('hello\n')
>>> myfile.close()
```

文件中的内容如图 5-1 所示。

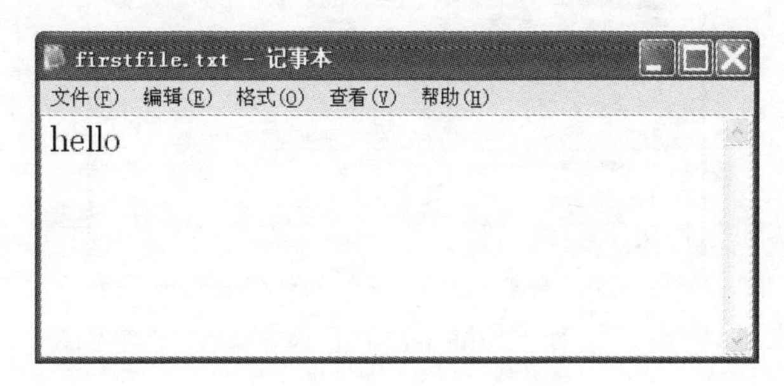

图 5-1　写入后文本内容

2．writelines()函数

writelines()函数能将字符串列表一次性写入文件，使用格式如下：

```
文件对象名.writelines(字符串列表)
```

writelines()函数不会自动在每个字符串的后面加入行结束符，所以如果需要的话，应该在调用 writelines()函数前为每个字符串的末尾加上行结束符。

下面将列表内容一次性写入文件中(ch5-2.py)。

分析：以'w'方式打开文件，然后调用 writelines()函数将字符串列表写入文件。

代码：

```
# -*- coding: utf-8 -*-
#韩红歌曲列表
listhh=['天路','天亮了','青春','那片海','美丽的神话','谈何容易']
listfile=open('listfile.txt','w')
listfile.writelines(listhh)
listfile.close()
```

运行程序后，文件“listfile.txt”中的内容如图 5-2 所示。

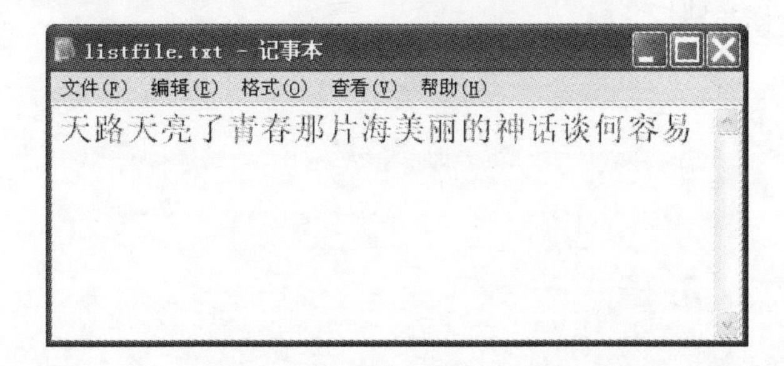

图 5-2　文件“listfile.txt”中的内容

由图 5-2 可见，writelines()函数虽将字符串列表中的所有项均写入了文件，但并没有自动换行，如果想每一项占一行，可将列表 listhh 的定义改为 listhh=['天路\n','天亮了\n','青春\n','那片海\n','美丽的神话\n','谈何容易\n']后，再运行程序，文件“listfile.txt”中的内容如图 5-3 所示。

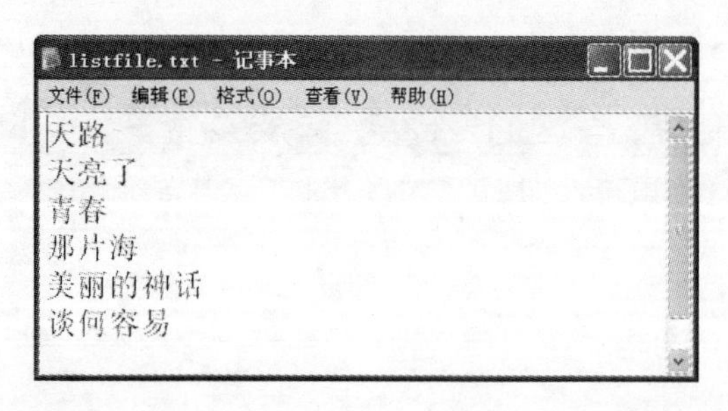

图 5-3　文件“listfile.txt”中的内容（一行一条）

如果字符串列表中只有一个字符串，那么 writelines()函数的功能与 write()函数的功能类似，将这一个字符串写入文件。

5.1.3　读文件

1．read()函数

read()函数用于从文件中读取字节到字符串中，使用格式如下：

```
read([size])
```

read()函数的返回值为字符串，如果给定 size 参数且 size>0，则最多读取 size 个字节。如果 size 参数缺省（默认为-1），或 size<0，则将一直读取到文件末尾。

例如：

```
>>> listfile=open('d:\\firstfile.txt','r')
>>> print listfile.read()
hello
>>> listfile.seek(0,0)
>>> print listfile.read(2)
he
>>> listfile=open('listfile.txt','r')
>>> print listfile.read()
天路
天亮了
青春
那片海
美丽的神话
谈何容易
美丽的神话
谈何容易
>>> listfile.close()
```

2．readline()和 readlines()函数

readline()函数用于读取一行，包含行结束符。readlines()函数用于读取所有行，返回值为一个字符串列表。

readline()函数的使用格式如下：

```
readline([size])
```

读取下一行，其中可选参数 size 代表读取的最多字节数，默认为-1，表示读至行结束符。如果给定 size<0，则读至行结束符，如果 size>0，且 size 小于下一行字节数，则读取 size 个字节，可能是不完整行。如果 size>0，且 size 大于下一行字节数，则读取下一行，包括行结束符。

readlines()函数的使用格式如下：

```
readlines([size])
```

读取剩下所有行，并作为字符串列表返回。参数 size 表示读出的内容换算成的近似字节数。通常情况下，Python 会自动将用户指定的 sizc 的值调整成内部缓存大小的整数倍。参数 size 在处理大型数据文件（文件大小与计算机内存相当或更大）时，比较有实用价值。

例如：

```
>>> f=open('d:\\firstfile.txt','r')
>>> yu=f.readlines()
>>> for eachline in yu:
        print eachline
>>> f.close()
```

输出结果为：

```
hello

world
```

hello 和 world 间有两次换行，这是因为读出的行字符串中本身带有行结束符，而 print 语句后没有“，”也自动换行导致的。如果将 for 循环改写为：

```
>>> for eachline in yu:
        print eachline,
```

则输出结果为：

```
hello
world
```

3．文件迭代

自 Python 2.2 以来，Python 引入了迭代器和文件迭代，文件对象成了自己的迭代器，程序员不需要调用 read()、readline()或 readlines()函数就可以访问到文件中的每一行数据。for 循环会自动调用 file.next()方法来读取下一行，并在所有行结束后，捕获 StopIteration 异常，停止循环。

前面 readlines()函数的例子，完全可以不使用 readlines()函数，而直接使用文件迭代，更简洁，更直观。如：

```
>>> f=open('d:\\firstfile.txt','r')
>>> for eachline in f:
    print eachline,
>>> f.close()
```

输出结果为：

```
hello
world
```

5.1.4 文件指针操作

Python 的内建函数 seek() 用于移动文件指针（读/写位置指针）到不同的位置，tell()函数用于检测文件指针的位置。seek()函数的使用格式为：

```
seek(偏移量[，相对位置])
```

其中偏移量的单位为字节，相对位置为可选参数，默认值为 0，表示从文件开头算起，如果相对位置设为 1，表示从当前位置算起，设为 2，表示从文件末尾算起。

tell()函数的使用格式很简单，为：

```
tell()
```

例：

```
>>> f=open('newfile.txt','w+')
>>> print f.tell()
0
>>> f.write('the first line\n')
>>> print f.tell()
16
>>> f.write('the second line\n')
>>> print f.tell()
33
>>> f.seek(-17,1)
>>> print f.read()
the second line
>>> f.close()
```

5.2 StringIO 类文件

在第 1 章提及 Python 是“鸭子类型”（duck typing）的语言。Python 的文件是典型的鸭子类型：文件处理接口不仅能处理磁盘文件，其中的处理函数还可用于与文件对象类似的对象。在 Python 中，凡是提供了 5.1 节中介绍的 read()或者 write()这两个面向文件操作函数的对象被统称为类文件对象(file-like Object)。除了 5.1 节介绍的 file 对象，还可以是内存的字节流、网络流、自定义流等。Python 的标准库中有非常多的类文件，例如 sys.stdin、sys.stdout、sys.stderr、urllib、socket、StringIO。

sys.stdin（标准输入）为解释器提供输入字符流。sys.stdout（标准输出）接收 print 语句的输出。sys.stderr（标准错误）接收出错信息。stdin 通常被映射到用户键盘输入；而 stdout 和 stderr 产生屏幕输出。一般情况下，程序运行时，三个标准文件 stdin、stdout 和 stderr 可以直接访问，因为系统会自动打开这三个文件。导入 sys 模块后，就可以使用 sys.stdin、sys.stdout、sys.stderr 来访问这三个标准文件了。

StringIO 就是在内存中创建的 file-like Object，常用作临时缓冲。换言之，StringIO 能将内存数据当成文件来操作。可通过 StringIO 的类文件特性，将 Matplotlib 用于 Web 环境中（例如 Flask、Django 等）。但需要注意的是 StringIO 在 Python 3 中有所调整，在下面的创建 StringIO 类文件给出了 Python 2 与 Python 3 的区别。

1．创建 StringIO 类文件

构造函数 StringIO()用于创建 StringIO 类文件。可以在构造类文件时传字符串给 StringIO()函数，创建有内容的 StringIO 类文件；如果没有字符串，StringIO()函数将构造空的 StringIO 类文件。

例如：

```
>>> import StringIO as sio
>>> f=sio.StringIO()
>>> ff=sio.StringIO("StingIO example\n")
```

而 Python 3 将 StringIO 放在 io 模块中，所以上述代码需改为下面写法：

```
>>> from io import StringIO
>>> f=StringIO()
>>> f=StringIO("StringIO example\n")
>>> f
<_io.StringIO object at 0x01F69CB0>
```

2．读写 StringIO 类文件

读写 StringIO 类文件与读写普通磁盘文件类似，StringIO 类文件也支持 5.1 节中讲到的 read()、readline()、readlines()、write()、writelines()等函数。

例如：

```
>>> import StringIO as sio
>>> ff=sio.StringIO()
>>>#写入一行
>>> ff.write('have a nice day\n')
>>>#写入多行
>>> ff.writelines(['Well begun is half done.\n','Every beginning is hard.\n'])
>>>#在文件末尾读出空字符串
>>> ff.read()
''
```

```
>>>#回到文件开头
>>> ff.seek(0,0)
>>>#读出文件所有内容
>>> ff.read()
'have a nice day\nWell begun is half done.\nEvery beginning is hard.\n'
>>>#在文件末尾读出空字符串
>>> ff.readline()
''
>>>#回到文件开头
>>> ff.seek(0,0)
>>>#读出第一行
>>> ff.readline()
'have a nice day\n'
>>>#读出剩余行，并显示
>>> for eachline in ff.readlines():
...     print eachline,
...
Well begun is half done.
Every beginning is hard.
```

从上面例子可以看到，read()函数虽然能读出文件的全部内容，但前提是执行 read()函数时，文件指针位于文件头，如果处在文件尾，则读出空字符串。为了便于获取内存文件的内容，StringIO 提供了 getvalue()函数。

例如：

```
>>> ff=sio.StringIO()
>>> ff.write("getvalue example\n")
>>> ff.getvalue()
'getvalue example\n'
```

显然，使用 getvalue()函数，不需要先将文件指针移至文件头再读取文件的内容。

3．使用 StringIO 模块捕获输出

通常，输出是默认输出到显示器，但是通过修改标准文件 sys.stdout，可以将标准输出改为输出到内存。

下面的例子是检查需要输出的内容，将 Computer 一词替换成 Python（ch5-3.py）。

分析：将 print 输出的内容先输入到内存，检查并替换后再输出到显示器。

代码：

```
# -*- coding: utf-8 -*-
import sys
import StringIO as sio
f=sio.StringIO()
stdout=sys.stdout
sys.stdout=f
print 'matlab'
print 'C++'
```

```
print 'Computer'
print 'Java'
strf=f.getvalue().replace('Computer','Python')
sys.stdout=stdout
print u'原始输出'
print f.getvalue()
print u'更替后输出'
print strf
f.close()
```

运行程序，输出结果如下：

```
原始输出
matlab
C++
Computer
Java

更替后输出
matlab
C++
Python
Java
```

下面以一个自定义的类文件、StringIO、磁盘文件三种类型说明各自用法与区别 (ch5-4.py)。其中 MyFileLike 为自定义的类文件对象，定义了 read()和 write()函数。myfileoper 函数通过确定参数类型，判断类文件类型，如果参数为字符串则为代表磁盘文件，需要通过 open 函数打开；否则认为参数本身为类文件对象实例，并在 myfileoper 函数内部调用 write 函数，而不关心参数本身是何种类型的类文件对象。在主函数中，调用了类文件对象的 read 函数。该程序的运行结果是 ch5-4.py 源代码本身以及 testStringIO 的参数信息。

```
#!/usr/bin/python
# -*- coding: utf-8 -*-
import StringIO
class MyFileLike(object):
    '''
    自定义一个类文件 (file-like )
    '''
    def __init__(self):
        self._container=""
    def write(self, content):
        self._container += content
    def read(self):
        return      self._container
def myfileoper(infile,   outfile ):
    '''
    以任意的类文件对象为参数;
    如果参数是字符串，需要通过 open 函数打开类对象。
```

```
        '''
        if type(infile)==str:
            _infile=open(infile)
        else :
            _infile=infile
        if type(outfile) ==str:
            _outfile=open(outfile,"w")
        else :
            _outfile=outfile
        for i in _infile :
            _outfile.write(i)
        return

    if __name__=="__main__":
        _myfilelike=MyFileLike()
        myfileoper(__file__,_myfilelike)##读取本文件，写入到自定义的类文件中
        print _myfilelike.read()
        testStringIO=StringIO.StringIO()
        testStringIO.write("\nhello test StringIo\n")
        testStringIO.seek(0)
        myfileoper(testStringIO,_myfilelike)
        testStringIO.close()
        print    _myfilelike.read()
```

5.3 文件系统操作

在文件的操作中，读写经常被用到，但是有时程序开发还需要用到其他操作系统功能，如：删除文件、重命名文件、创建目录、删除目录、遍历目录树、管理文件访问权限和管理文件路径等。Python 中的 os 模块和 os.path 模块可以帮助程序员完成这些操作。

5.3.1 os 模块

Python 内置的 os 模块提供了 Python 访问操作系统功能的主要接口。其实 os 模块只是包装了不同操作系统的通用接口，使用户可以使用相同的函数接口，操作不同的操作系统，并返回相同结构的结果。不同的操作系统，真正加载的模块不同，如 Windows 系统对应的是 nt，UNIX/Linux 系统对应的是 posix，DOS 系统对应的是 dos 等。但是程序员在编写程序时，不需要考虑真正加载的是哪个模块，因为导入 os 模块后，Python 会自动选择正确的模块。可以使用 name 属性查看加载的模块。

例如：

```
>>> import os
>>> os.name
'nt'
```

显示模块名 nt，表示使用的是 Windows 操作系统。

1．os 模块的跨平台属性

不同的操作系统间有很多差异，如不同系统所支持的分隔符不同：在 UNIX/Linux 系统上，行分隔符是“\n”，在 DOS 系统和 Windows 系统中，是“\r\n”。当需要进行跨平台设计时，Python 程序员并不需要考虑这些差异，因为 os 模块的设计者已经考虑到这些问题，并提供了相应的跨平台属性，见表 5-2。

表 5-2　os 模块的跨平台属性

os 模块属性	描　述
linesep	行分隔符
extsep	扩展名分隔符
sep	路径分隔符
pathsep	多路径分隔符
curdir	返回当前目录

不同操作系统下，os 模块的这些属性自动被设为正确值。例如，查看 Windows 系统的相关属性，如下：

```
>>> os.linesep
'\r\n'
>>> os.extsep
'.'
>>> os.sep
'\\'
>>> os.pathsep
';'
>>> os.curdir
'.'
```

2．os 模块的文件/目录操作函数

os 模块提供了很多文件/目录操作和权限管理函数，详见表 5-3～5-5。

表 5-3　os 模块的文件操作函数

函　数	功　能
remove(文件名)/unlink(文件名)	删除文件
rename(旧文件名,新文件名)	更改文件名和路径
renames(旧文件名,新文件名)	更改文件名和路径，如果路径中有不存在的目录会自动建立
stat(文件名)	返回文件信息
utime(文件名，(访问时间，修改时间))	更新访问和修改时间，如果(访问时间，修改时间)指定为 None，则用当前时间来更新
tmpfile()	创建并打开一个新的临时文件

表 5-4 os 模块的目录操作函数

函 数	功 能
chdir(目录)	改变当前工作目录
listdir(目录)	列出指定目录中的文件
getcwd()	返回当前工作目录
mkdir(目录)	创建目录
makedirs(目录)	与 mkdir 类似，但可创建多层目录
rmdir(目录)	删除目录
removedirs(目录)	删除多层目录
walk(目录，topdown=True,onerror=None)	参数“目录”，指定要遍历的目录。如果省略 topdown 参数，则先遍历目录下文件，再遍历其子目录下文件，否则相反。如果省略 onerror 参数，则忽略遍历文件时遇到的错误，否则该参数应为一个错误提示的函数

表 5-5 os 模块的权限管理函数

函 数	功 能
access(文件名，模式)	检验文件权限模式
chmod(文件名，模式)	更改文件权限模式
umask(权限模式)	设置新权限模式，并返回旧权限模式

表中的文件名为带路径的文件名，如果省略路径，则表示当前工作目录下文件。

```
>>> import os
>>>#创建文件并写入内容
>>> f=open('d:\\we.txt','w')
>>> f.write('hello\n')
>>> f.close()
>>>#显示文件信息
>>> os.stat('d:\\we.txt')
nt.stat_result(st_mode=33206, st_ino=0L, st_dev=0, st_nlink=0, st_uid=0, st_gid=0, st_size=7L, st_atime=1427040000L, st_mtime=1427096256L, st_ctime=1427096236L)
>>>#更新文件访问和修改时间
>>> os.utime('d:\\we.txt',None)
>>>#显示文件信息
>>> os.stat('d:\\we.txt')
nt.stat_result(st_mode=33206, st_ino=0L, st_dev=0, st_nlink=0, st_uid=0, st_gid=0, st_size=7L, st_atime=1427040000L, st_mtime=1427096328L, st_ctime=1427096236L)
```

如果用 rename 函数重命名时路径中有不存在的目录，会引发错误，如：

```
>>> os.rename('d:\\we.txt','d:\\Python\\we.txt')
Traceback (most recent call last):
  File "<stdin>", line 1, in <module>
WindowsError: [Error 3]
```

用 renames 函数重命名时，如果路径中有不存在的目录，renames 函数会自动建立该目录，如图 5-4 所示。

```
>>> os.renames('d:\\we.txt','d:\\Python\\we.txt')
>>> os.remove('d:\\Python\\we.txt')
```

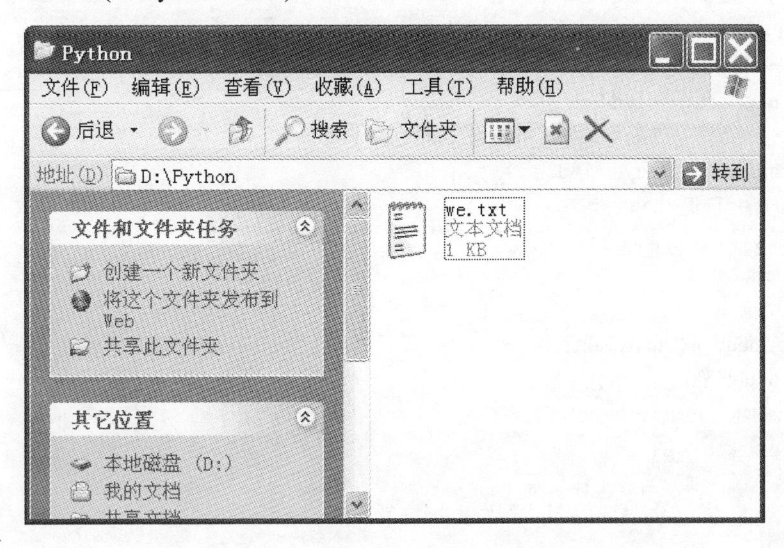

图 5-4　renames 函数自动建立目录

目录操作函数示例：

```
>>> import os
>>>#更改当前目录
>>> os.chdir('D:\\Python')
>>>#显示当前工作目录
>>> os.getcwd()
'D:\\Python'
>>>#显示当前目录下文件
>>> os.listdir('.')
['sf.txt', 'sd.txt']
>>>#创建子目录
>>> os.mkdir('tyu')
>>>#更改当前目录
>>> os.chdir('.\\tyu')
>>>#显示当前工作目录
>>> os.getcwd()
'D:\\Python\\tyu'
>>>#创建多级子目录
>>> os.makedirs('d1\d2\d3')
>>>#更改当前目录
>>> os.chdir('d1')
>>>#显示当前工作目录
>>> os.getcwd()
'D:\\Python\\tyu\\d1'
```

```
>>>#更改当前目录
>>> os.chdir('d2\\d3')
>>>#显示当前工作目录
>>> os.getcwd()
'D:\\Python\\tyu\\d1\\d2\\d3'
>>>#删除了子文件夹 d3。
>>> os.rmdir('tyu\d1\\d2\\d3')
    >>>#删除文件夹 tyu 及其下面子文件夹 d1 和 d2
>>> os.removedirs('tyu\d1\\d2')
>>>#遍历 D:\Python 目录
>>> for i in os.walk('d:/python'):
    print i

('d:/python', [], ['sf.txt', 'sd.txt'])
>>> os.chdir('d:/python')
>>>#创建子目录
>>> os.mkdir('we')
>>>#设子目录为当前工作目录
>>> os.chdir('we')
>>> os.getcwd()
'd:\\python\\we'
>>>#在目录 'we'下创建文件 f1.txt
>>> f=open('f1.txt','w')
>>> f.write('file one')
>>> f.close()
>>>#再次遍历 D:\Python 目录
>>> for i in os.walk('d:/python'):
    print i

('d:/python', ['we'], ['sf.txt', 'sd.txt'])
('d:/python\\we', [], ['f1.txt'])
```

5.3.2 os.path 模块

os.path 模块提供对文件路径操作的函数，可以操作文件路径中的各个部分，如查询目录路径、查询不带路径的文件名、查询路径是不是绝对路径等，见表 5-6～5-8。其中表 5-6 是 os.path 路径查询函数，表 5-7 是 os.path 文件信息查询函数，表 5-8 是 os.path 路径分隔函数。

表 5-6 os.path 路径查询函数

函 数	功 能
exists(路径)	查询路径是否存在，返回 True 或 False
isabs(路径)	查询路径是否为绝对路径，返回 True 或 False
isdir(路径)	查询路径是不是已存在目录，如果路径中有文件名，返回 False
isfile(路径)	查询路径是不是已存在文件，如果路径中没有文件名，返回 False

表 5-7　os.path 文件信息查询函数

函　数	功　能
getatime(文件名)	查询文件最近访问时间
getctime(文件名)	查询文件创建时间
getmtime(文件名)	查询文件最近修改时间
getsize(文件名)	查询文件大小（以字节为单位）

表 5-8　os.path 路径分隔函数

函　数	功　能
basename(路径)	取路径中的文件名
dirname(路径)	去掉文件名，取路径中的目录路径
join(路径 1[，路径 2[……]])	将多个路径组合后返回，第一个绝对路径之前的参数将被忽略
split(路径)	返回（目录路径，文件名）元组
splitdrive(路径)	返回（盘符，不含盘符路径）元组
splitext(路径)	返回（路径和主文件名，扩展名）元组

假设在 d:\\Python 目录下有两个文件：sf.txt 和 sd.txt，os.path 路径查询函数示例如下：

```
>>> import os
>>>#显示当前工作目录
>>> os.getcwd()
'C:\\Documents and Settings\\Admin\\My Documents\\Python Scripts'
>>>#更改当前工作目录
>>> os.chdir('d:\\Python')
>>>#显示当前目录下文件
>>> os.listdir('.')
['sf.txt', 'sd.txt']
>>>#测试文件是否存在
>>> os.path.exists('sf.xt')
False
>>> os.path.exists('sf.txt')
True
>>> os.path.exists('sfff.txt')
False
>>>#路径是不是绝对路径
>>> os.path.isabs('sf.txt')
False
>>> os.path.isabs('d:\\Python\\sf.txt')
True
>>>#测试是不是已存在目录
>>> os.path.isdir('d:\\Python')
True
```

```
>>> os.path.isdir('d:\\Python\\sf.txt')
False
>>> os.path.isdir('c:\\Python')
False
>>>#测试是不是已存在文件
>>> os.path.isfile('d:\\Python\\sf.txt')
True
>>> os.path.isfile('d:\\Python')
False
>>>#测试文件相应信息
>>> os.path.getatime('d:\\Python\\sf.txt')
1427126400.0
>>> os.path.getctime('d:\\Python\\sf.txt')
1427164426.51
>>> os.path.getmtime('d:\\Python\\sf.txt')
1427164428.0
>>> os.path.getsize('d:\\Python\\sf.txt')
0L
>>> f=open('d:\\Python\\sf.txt','w')
>>> f.write('hello\n')
>>> f.close()
>>> os.path.getsize('d:\\Python\\sf.txt')
7L
>>> os.path.getmtime('d:\\Python\\sf.txt')
1427181468.0
>>>#显示文件名
>>> os.path.basename('d:\\Python\\sf.txt')
'sf.txt'
>>>#显示目录路径
>>> os.path.dirname('d:\\Python\\sf.txt')
'd:\\Python'
>>>#组合路径
>>> os.path.join('d:\\','Python\\','sf.txt')
'd:\\Python\\sf.txt'
>>> os.path.join('d:\\','Python\\','sf.txt','D:\\Python')
'D:\\Python'
>>>#分开目录路径与文件名
>>> os.path.split('Python\\sf.txt')
('Python', 'sf.txt')
>>>#分开盘符与路径
>>> os.path.splitdrive('Python\\sf.txt')
('', 'Python\\sf.txt')
>>>#分开路径与文件扩展名
>>> os.path.splitext('Python\\sf.txt')
('Python\\sf', '.txt')
```

下面在指定目录下搜索指定文件的实例（ch5-5.py）。

分析：利用 os 模块的 walk()函数遍历目录，在遍历的文件中查找文件。

代码如下：

```
# -*- coding: utf-8 -*-
import os
def sefile(spath,sfile):
    for sdir,sudir,file in os.walk(spath):
        if sfile in file:
            return (sfile,sdir)
    return None
spath=raw_input('Please input the path:')
sfile=raw_input('Please input the file name:')
f=sefile(spath,sfile)
if f:
    print('File %s is found,in %s' % (f[0],f[1]))
else:
    print('%s is not found'% sfile)
```

说明：程序中定义了 sefile()搜索文件，如果搜索到则返回文件和所在目录，否则返回 None，根据函数的返回值即可判断是否搜索到文件及文件所处位置。

运行程序，结果如下所示：

```
Please input the path:d:\python
Please input the file name:f1.txt
File f1.txt is found,in d:\python\we
```

5.3.3　shutil 模块

shutil 模块提供了高级的文件和文件夹访问功能，包括复制文件、删除文件、复制文件的访问权限、递归地复制目录树等。

开发者需要注意，即使是高层次的文件复制函数（shutil.copy(),shutil.copy2()）也不能复制所有文件的元数据。在 POSIX 操作平台上，这意味着文件的所有者和组以及访问控制列表都将丢失。在 Mac OS 操作平台中，文件类型和创建者的信息将丢失。在 Windows 操作平台上，文件所有者、访问控制列表和备用数据流都将丢失。

1. 目录和文件操作

常用的 shutil 模块的目录和文件操作函数见表 5-9。

表 5-9　shutil 模块的目录和文件操作函数

函　数	功　能
copyfileobj(源类文件名，目标类文件名[，长度])	将源类文件对象的内容复制到目标类文件对象，可选参数“长度”指定缓存尺寸，如果为负，表示一次性读入，默认会把数据切分成小块复制，以免占用太多内存
copyfile(源文件名，目标文件/目录名)	将源文件的内容复制到目标文件，如果目标是目录，则使用源文件名在目标目录下创建文件
copymode(源文件名，目标文件名)	将权限信息从源文件复制至目标文件，其他信息不受影响
copystat(源文件名，目标文件名)	将权限信息、最后访问时间、最后修改时间和文件状态从源文件复制至目标文件，其他信息不受影响

（续）

函　数	功　能
copy (源文件名，目标文件名)	将源文件复制到目标文件，如果目标是目录，则使用源文件的命令在目标目录下创建文件，同名的文件将被覆盖，权限信息也会被复制
copy2 (源文件名，目标文件名)	相当于先调用 copy()函数,然后调用 copystat()函数
copytree(源目录，目标目录)	将源目录下的整个目录树复制到目标目录下，目标目录必须原来不存在
rmtree(目录)	删除整个目录树
move(源文件/目录，目标目录)	将源文件或目录移至目标目录下

例如：

```
>>>#导入 shutil、os 模块
>>> import shutil
>>> import os
>>>#更改目录
>>> os.chdir('d:\python')
>>>#显示当前目录下文件和子文件夹
>>> os.listdir('.')
['sf.txt', 'sd.txt', 'we']
>>>#复制文件
>>> shutil.copy('sf.txt','sfcopy.txt')
>>>#显示当前目录下文件和子文件夹
>>> os.listdir('.')
['sf.txt', 'sd.txt', 'we', 'sfcopy.txt']
>>>#复制目录
>>> shutil.copytree('d:\python',r'e:\book\python')
>>>#更改目录
>>> os.chdir(r'e:\book\python')
>>>#查看目录下文件
>>> os.listdir('.')
['sf.txt', 'sd.txt', 'we', 'sfcopy.txt', 'book']
```

2. 压缩函数

shutil 模块也提供了创建压缩文件的函数，见表 5-10。

表 5-10　shutil 模块的压缩函数

函　数	功　能
make_archive(文件名，格式，[根目录，[基础目录]])	创建归档文件（zip 或 tar），文件名需包含路径，格式参数可以是 zip、tar、bztar 或 gztar，根目录和基础目录默认都是当前目录
get_archive_formats()	返回支持的列表格式，默认支持 gztar,bztar,tar,zip

例如：

```
>>> import os
>>> import shutil
>>> os.getcwd()
'C:\\Anaconda\\Lib\\idlelib'
```

```
>>>#查看支持类型
>>> shutil.get_archive_formats()
[('bztar', "bzip2'ed tar-file"), ('gztar', "gzip'ed tar-file"), ('tar', 'uncompressed tar file'), ('zip', 'ZIP file')]
>>>#将当前目录中的内容压缩，在 D：盘下生成新的压缩文件"myarchive.tar"
>>> shutil.make_archive('D:/myarchive','tar')
'D:/myarchive.tar'
```

当前目录下的内容如图 5-5 所示，压缩文件下的内容如图 5-6 所示。

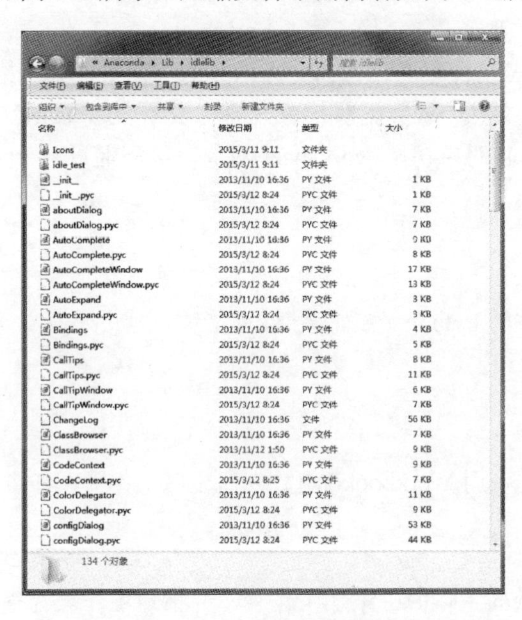

图 5-5　当前目录下内容

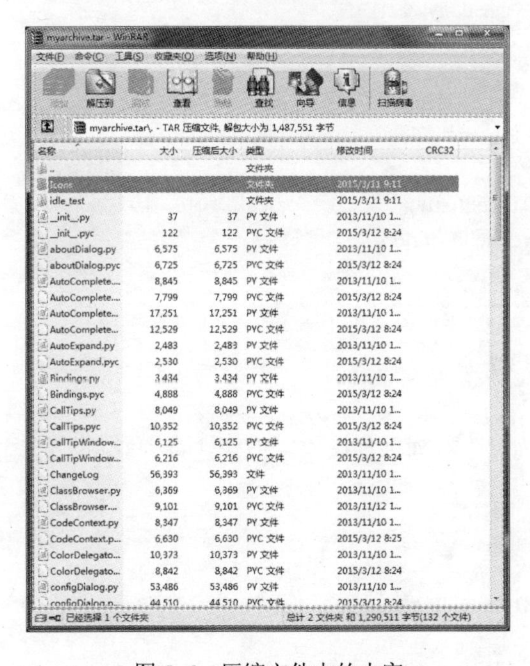

图 5-6　压缩文件中的内容

5.4 高级话题: Python 读写 Excel 文件

Excel 是微软办公软件的重要组成部分，是人们用来存储、管理、处理数据和进行统计分析的常用软件，广泛应用于财经、金融、管理等众多领域。在 Python 中处理 Excel 表格，常用的库有 xlrd（读 Excel 文件）、xlwt（写 Excel 文件）与 xlutils（修改 Excel 文件，需依赖 xlrd 和 xlwt）。Anaconda 包含了本节所需的库，不需要另外安装。

一个 Excel 文件对应一个工作簿（workbook），工作簿中包含若干张工作表(workdsheet)。每张工作表包含若干行、列交叉形成的单元格，单元格中存储着数据信息。在使用 Python 访问 Excel 文件中的数据时，首先要利用相应库（xlrd 或 xlwt）打开 workbook 对象，然后通过 workbook 对象访问 worksheet 对象，最后通过 worksheet 对象访问具体单元格，操作相应数据。

5.4.1 xlwt 库

xlwt 是写 Excel 文件的 Python 库。使用 xlwt 能够创建并保存 Excel 工作簿。

使用时，先导入 xlwt 模块。

```
>>> import xlwt
```

写 Excel 文件前，先调用 Workbook()函数创建空白工作簿，注意字母“W”为大写。

```
>>>b1=xlwt.Workbook()
```

调用 add_sheet()函数向工作簿中添加工作表，并指定工作表标签。

```
>>>sheet1=b1.add_sheet('mysheet1')
>>>sheet2=b1.add_sheet('mysheet2')
```

调用 write()函数向单元格中写入内容，第一个参数为行号，第二个参数为列号，行列号皆从 0 开始。

```
>>> sheet1.write(0,0,'cell(0,0)')
>>> sheet1.write(5,3,'hello world')
```

也可以通过工作表的行对象来访问单元格。

```
>>> row1=sheet2.row(2)
>>> row1.write(3,'r2')
```

可以利用工作表的列对象对列进行操作，但要注意列对象不能调用 write()函数。

```
>>> col1=sheet2.col(4)
>>> col1.width=20000
```

写完工作簿后，调用 save()函数保存工作簿。

```
>>> b1.save('d:\\myfirstbook.xls')
```

在 D：盘下找到刚创建的 Excel 文件“myfirstbook”，打开查看其工作表中内容，如图 5-7 和图 5-8 所示。

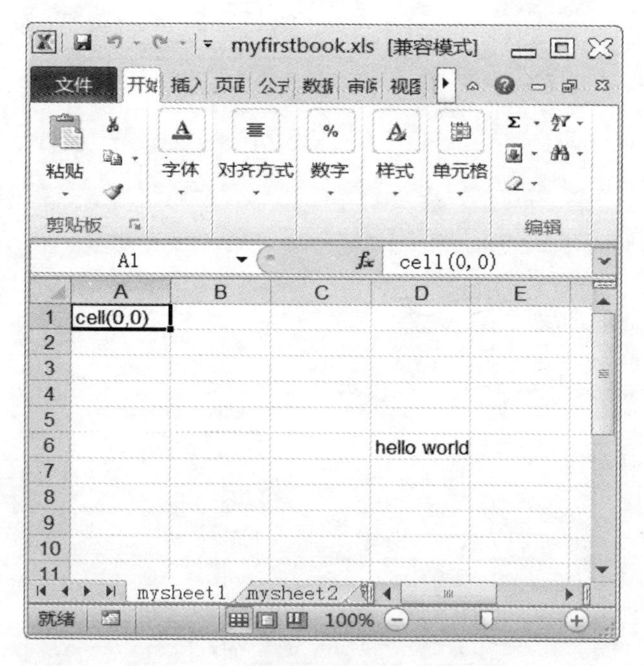

图 5-7　工作表 mysheet1 中内容

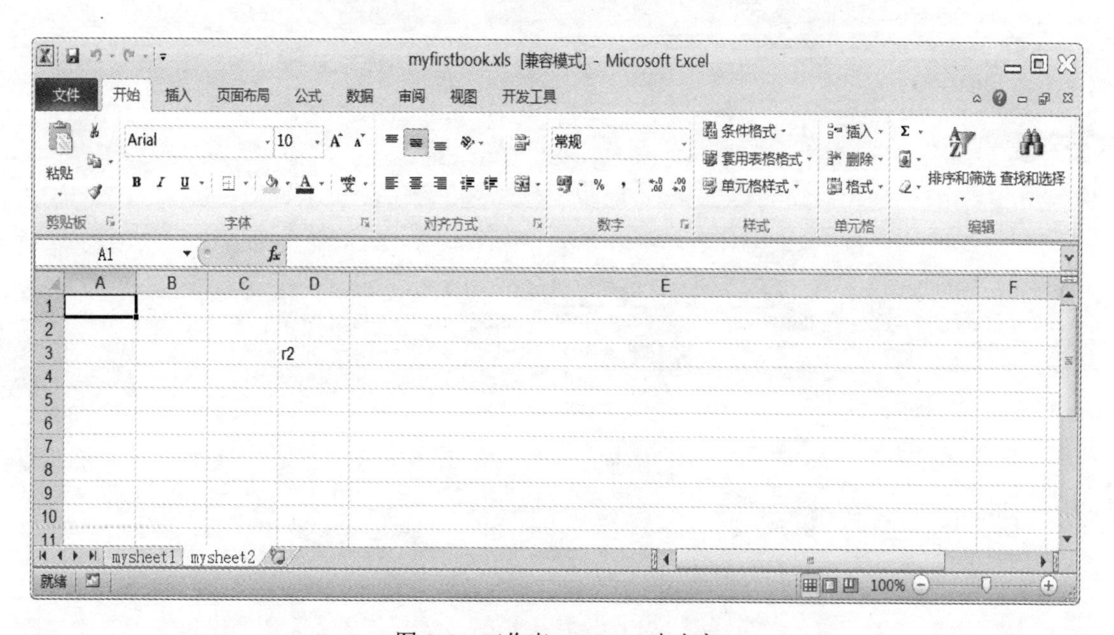

图 5-8　工作表 mysheet2 中内容

下面创建工作簿实例，并在其中写入各种类型数据（ch5-6.py）。

分析：导入 xlwt 模块，创建工作簿，添加工作表，并写入各种数据。

```
# encoding:utf-8
```

```
from datetime import date,time,datetime
from decimal import Decimal
from xlwt import Workbook
wb = Workbook()
ws = wb.add_sheet('Type examples')
#数字较长，设置列宽，以便正常显示
ws.col(0).width=5000
ws.write(0,0,u'第一列为数字数据')
ws.write(1,0,3.145)
ws.write(2,0,2<<40)
ws.write(3,0,Decimal('3.65'))
ws.write(4,0,date(2009,3,18))
ws.write(5,0,datetime(2009,3,18,17,0,1))
ws.write(6,0,time(17,1))

ws.write(0,1,'Text')
ws.write(1,1,5>9)
ws.write(2,1,True)
wb.save('types.xls')
```

生成 Excel 文件的内容图 5-9 所示。

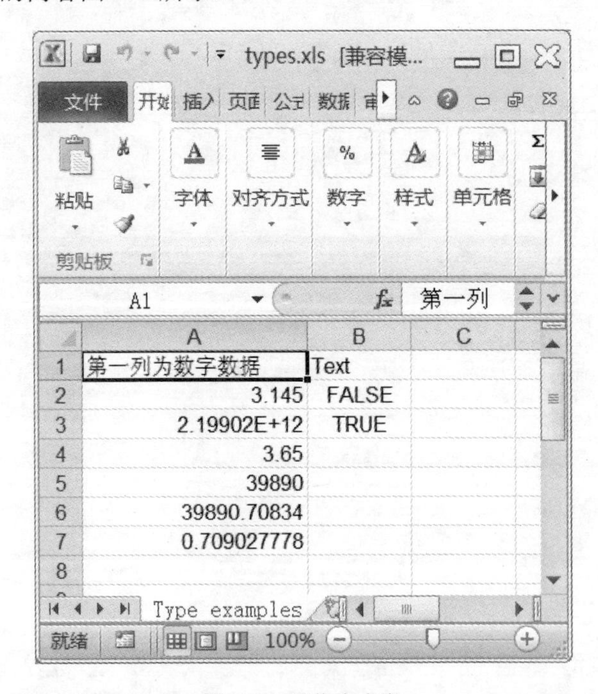

图 5-9　工作表内容

在本例中，长整型转换成浮点型数据；datetime.datetime, datetime.date 和 datetime.time 转换成浮点型数据；布尔型显示成 TRUE 或 FALSE。日期、时间型数据可在 Excel 中通过设置单元格格式，按照用户需求显示，如图 5-10 所示。

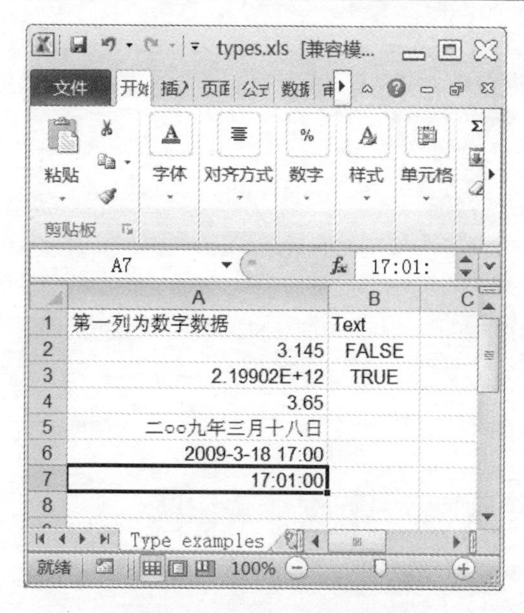

图 5-10 设置格式后工作表内容

5.4.2 xlrd 库

xlrd 是读 Excel 文件的 Python 库。使用 xlrd 能够读取 Excel 工作簿中的数据。

使用时，首先导入 xlrd 模块。

```
>>> import xlrd
```

利用 open_workbook()函数打开工作簿。

```
>>> efile=xlrd.open_workbook('d:\\myfirstbook.xls')
```

利用 sheet_by_index()或 sheet_by_name()函数获取工作表，记不住工作表标签名时，建议使用 sheet_by_index()函数，工作表标签编号从 0 开始计数。

```
>>>esheet1=efile.sheet_by_index(0)
>>> esheet2=efile.sheet_by_name('mysheet2')
```

通过访问工作表的 cell_value()属性，获取单元格内容。

```
>>> print esheet1.cell_value(0,0)
cell(0,0)
>>> print esheet1.cell_value(5,3)
hello world
>>> print esheet2.cell_value(2,3)
r2
```

在获取 workSheet 对象后，也可通过下面几种方式获取数据。

取整行和整列的值（数组）：

```
>>> esheet1.row_values(行号)
>>> esheet1.col_values(列号)
```

获取行数和列数：

```
>>> nrows = esheet1.nrows
>>> ncols = esheet1.ncols
```

循环行列表数据：

```
>>> for i in range(nrows ):
print sheetTable.row_values(i)
```

获取单元格：

```
>>> cell_A1 = esheet1.cell(0,0).value
>>> cell_C4 = esheet1.cell(1,1).value
```

使用行列索引：

```
>>> cell_A1 = esheet1.row(0)[0].value
>>> cell_A2 = esheet1.col(1)[0].value
```

下面读入上一节 ch5-6.py 代码生成工作簿的第一列数据，并按顺序输出其中的数值(ch5-7.py)。

分析：打开工作簿，得到工作表对象，读取第一列数据，去掉列名，排序并输出。

```
# encoding:utf-8
import xlrd
wb =xlrd.open_workbook('types.xls')
ws = wb.sheet_by_index(0)
wl=ws.col_values(0)
wln=wl[1:]
wln.sort()
print wln
```

运行程序，结果如下：

```
[0.7090277777777778, 3.145, 3.65, 39890.0, 39890.708344907405, 2199023255552.0]
```

5.4.3 xlutils 库

xlrd 能读取 Excel 文件，xlwt 能创建并保存 Excel 文件，那么如何修改现有的 Excel 文件呢？可以借助 xlutils 库来完成修改操作。xlutils 能够复制并修改 Excel 文件，在只读对象 xlrd.Book 和可写对象 xlwt.Workbook 间架起桥梁。

使用时，先导入 xlrd 和 xlutils 模块。

```
>>> import xlrd
>>> from xlutils.copy import copy
```

利用 open_workbook()函数打开工作簿。

```
>>> efile=xlrd.open_workbook('d:\\myfirstbook.xls')
```

复制工作簿。

```
>>>cfile= copy(efile)
```

用 get_sheet()函数获得工作表对象。

```
>>>ws=cfile.get_sheet(0)
>>>ws.write(0,0,'edited')
>>>cfile.save('d:\\myfirstbook.xls')
```

修改后的工作表内容如图 5-11 所示。

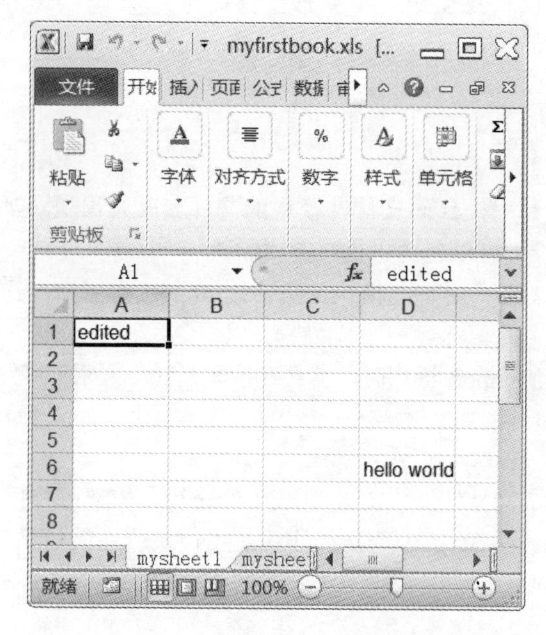

图 5-11　修改后的工作表内容

5.4　小结

本章主要介绍了文件操作。Python 对文件的处理非常灵活，不仅能够处理磁盘文件，也能将任何具有文件类型接口的对象当成文件来处理。本章首先介绍了磁盘文件的操作；接着介绍了 StringIO 类文件的操作；然后介绍了文件系统的操作，包括删除文件、重命名文件、更改文件路径、访问文件信息、更改文件信息、创建目录、删除目录、访问当前目录、遍历目录、判断路径或文件是否存在、处理文件路径、压缩等功能；最后在高级话题中介绍了如何在 Python 中创建、读取和修改 Excel 文件。

第6章　模 块 与 包

Python 为开发人员提供了丰富的模块（前面章节已介绍过部分模块，如 os 模块，os.path 模块），利用这些模块，程序员可以快速、高效地开发程序。前面章节的例子中，已多处使用 import xxx 或 from xxx import yyy 的方式来导入模块或模块中的函数，借助别的模块功能来完成任务。开发程序时，程序员不仅可以利用 Python 的内建模块也可利用丰富的第三方模块，甚至还可以自建模块。本章将对模块进行详细、系统的介绍，并基于模块/包介绍 Python 的程序发布方法。

6.1　模块

Python 中，模块就是一个代码文件，模块的文件名就是模块名加扩展名.py。模块中可以定义类、函数和变量，也可以包含可执行的代码。

程序开发中，如果需要利用别的模块，只需用 import 语句导入模块。格式如下：

import 模块名

当 Python 解释器遇到 import 语句时，就会在搜索路径下搜索并导入相应模块。

6.1.1　搜索路径

搜索模块时，Python 会按照 sys.path 列表中的路径，依次进行搜索。可以通过 sys.path 查看模块搜索路径。sys.path 的第一个路径往往是主模块所在的目录。在交互环境下添加一个空项，它对应当前目录。

```
>>> import sys
>>> sys.path
[' ', 'C:\\Anaconda\\Lib\\idlelib', 'C:\\Anaconda\\python27.zip', 'C:\\Anaconda\\DLLs', 'C:\\Anaconda\\lib',
'C:\\Anaconda\\lib\\plat-win','C:\\Anaconda\\lib\\lib-tk', 'C:\\Anaconda', 'C:\\Anaconda\\lib\\site-packages',
'C:\\Anaconda\\lib\\site-packages\\PIL','C:\\Anaconda\\lib\\site-packages\\win32',
'C:\\Anaconda\\lib\\site-packages\\win32\\lib','C:\\Anaconda\\lib\\site-packages\\Pythonwin',
'C:\\Anaconda\\lib\\site-packages\\setuptools-2.2-py2.7.egg']
```

如果缺省的 sys.path 中不含有程序员自己的模块或包的路径，导入模块操作就会失败：

```
>>> import kk
Traceback (most recent call last):
  File "<stdin>", line 1, in <module>
ImportError: No module named 'kk'
```

可以使用如下三种方法将它们的路径添加到 Python 的模块搜索路径中去，方便使用。

（1）动态地添加模块路径。

```
import sys
sys.path.append(需添加的模块路径)
```

动态添加模块路径，需要每次在程序启动时，向 sys.path 里添加。

（2）如果经常需要用到某路径下的模块，可以在 Python 安装目录下的\Lib\site-packages 文件夹（通常用来存储第三方 Python 模块）下建立一个纯文本文件，文件内容为欲添加的模块路径。保存文件，然后将文件的扩展名改为.pth。

Python 在遍历已知的模块文件目录时，如果遇到.pth 文件（主文件名随意），就会将文件中记录的路径加入到 sys.path 的设置中。

（3）修改环境变量 PYTHONPATH 的值，添加新的搜索路径（多个路径间使用分号分割），如果环境变量 PYTHONPATH 不存在，则新建它。

下面以 Windows 7 为例，讲解如何新建或修改环境变量。

在桌面上，右击【计算机】图标→【属性】→【高级系统设置】→【环境变量】按钮，在打开的【环境变量】对话框中，查找 PYTHONPATH，找到则修改其值，否则新建。

自 2.3 版以来，Python 加入了从 ZIP 归档文件导入模块的功能，可以将 ZIP 文件当作目录处理，在文件中搜索模块。如果.ZIP 文件中存在子目录，也可以将其子目录添加为搜索路径。

6.1.2　导入模块

前面已经讲过，使用 import 语句导入模块，语法如下：

```
import 模块名
```

也可以一次导入多个模块，语法如下：

```
import 模块名 1[，模块名 2[，模块名 3……]]
```

如果模块名称太长，使用不便，可以在导入模块时，使用 as 关键字为其重命名，语法如下：

```
import 模块名 as 新模块名
```

6.1.3　导入指定的模块属性

可以使用 from-import 语句将指定的模块属性（函数或变量）导入当前作用域，语法如下：

```
from 模块名 import 属性 1[，属性 2[，属性 3……]]
```

导入后，在当前作用域中可以直接使用导入的属性名称，不需要再加模块名称的前缀。这种导入方式需要注意，新导入的属性名，可能会覆盖当前作用域已存在的同名的对象。并且当前作用域中对属性对象所做的改变，仅在当前作用域有效，不会影响所导入模块中的原始属性值。

下面看一个导入属性示例（对应源代码为 ch6-1.py 与 ch6-2.py）。

模块 ch6_1 内容(ch6_1.py)：

```
# -*- coding: utf-8 -*-
#from ....import....示例#
a=123
def show():
    print 'a in module=',a
```

导入模块 ch6_1 内容(ch6-2.py)：

```
from ch6_1    import a,show
a=345
print 'a in program=',a
show()
```

运行 ch6-2.py，运行结果如下：

```
a in program= 345
a in module= 123
```

6.1.4 加载模块

在程序开发中，一个 Python 模块可能在多处被 import，但是 Python 只会加载其一次，这是因为 Python 将所有加载到内存的模块都放在 sys.modules 中，在加载新的模块时会先在 sys.modules 列表中查找是否已经加载该模块，如果加载了，则只将模块的名字加入到调用模块的 Local 名称空间中；如果没有加载，则搜索模块、载入内存，并更新 sys.modules。

加载模块会导致这个模块被“执行”。也就是说被导入模块的顶层代码将直接被执行。这通常包括设定全局变量以及类和函数的声明。

加载模块时不想被运行的代码应尽可能地封装到函数中，只把函数和模块定义放入模块的顶层是良好的模块编程习惯。

6.1.5 名称空间

名称空间是名称到对象的映射。向名称空间添加名称时，需将名称与对应对象绑定，并将对象的引用计数加 1。

Python 程序执行时存在内建名称空间、全局名称空间和局部名称空间（有时为非活动名称空间）。Python 的解释器会首先加载内建名称空间（由__builtins__模块中所有内建名称构成），然后加载执行模块的全局名称空间，模块执行时就有了两个活动的名称空间。如果程序调用了函数，则 Python 解释器会创建局部名称空间。

程序中使用一个名称时，Python 解释器会先从局部名称空间查找，如果没有找到，接着查询全局名称空间，如果还没有找到，则查询内建名称空间。如果还没有找到，则会报错。示例如下：

```
>>> yu
Traceback (most recent call last):
```

```
  File "<pyshell#0>", line 1, in <module>
    yu
NameError: name 'yu' is not defined
```

因为查找顺序的原因，如果局部名称空间、全局名称空间和内建名称空间中有同名的对象，则局部名称空间中的对象会遮蔽全局名称空间和内建名称空间中对应的对象，而全局名称空间中的对象会遮蔽内建名称空间中的对象。

6.1.6 “编译的”Python 文件

Python 中一旦被引用的模块（假设为 example.py）被成功编译，其对应的预“编译”版本 example.pyc 就会被创建。如果有意外导致 example.pyc 创建不成功，则文件 example.pyc 视为无效并被忽略；如果创建成功则 example.py 的修改时间被记录在 example.pyc 中，下次载入时，如果两个文件的修改时间不匹配，.pyc 文件就被忽略。

Python 载入模块时，如果模块有可用的.pyc 文件，则会使用.pyc 文件提高模块的加载速度。当程序运行需要加载多个模块时，.pyc 文件能够有效地提高程序的启动速度。

6.1.7 自动导入模块

Python 中有些模块，在解释器正常启动时会被自动导入，用于完成系统相关操作。sys 模块的 modules 变量中存储了完整且成功导入的模块的信息。

sys.modules 是一个字典变量，成功导入的模块名为键，模块的位置为值。程序员可以通过 sys.modules 变量来查看已成功导[illegible]的模块名和所处位置。

6.1.8 循环导入[illegible]

循环导入（circ[illegible]是一种死循环，即 A 代码需要 B 代码才能执行，可偏偏 B 代码是建立在 A 代码[illegible]础上。例如建立 cir1.py 与 cir2.py 文件如下：

```
#cir1.py
from   cir2 import b
def a():
    #cir2.b()
    b()
a()

#cir2.py
from   cir1 import a
def b():
    print ('a() has run in cir2')
def c():
    print ("c() in cir2")
    #from   cir1 import a
    a()
c()
```

执行 python cir1.py,出现如下错误：

```
E:\python\ch6\源代码>python cir1.py
Traceback (most recent call last):
  File "cir1.py", line 2, in <module>
    from  cir2 import b
  File "E:\ python\ch6\源代码\cir2.py", line 1, in <module>
    from  cir1 import a
  File "E:\ python\ch6\源代码\cir1.py", line 2, in <module>
    from  cir2 import b
ImportError: cannot import name b
```

这就是一种循环导入错误。

下面给出三种解决办法。

（1）延迟导入，把 import 语句写在方法或函数里面，将它的作用域限制在局部。修改 cir2.py 文件为：

```
#cir2.py
#from  cir1 import a
def b():
    print ('a() has run in cir2')
def c():
    print ("c() in cir2")
    from  cir1 import a
    a()
c()
```

（2）将 from xxx import yyy 改成 import xxx，在调用时使用 xxx.yyy 的形式。对应的文件为 cir11.py 与 cir22.py。文件内容如下：

```
#cir11.py
import cir21
print ("this is module a.py")
def a() :
    print ("hello a" )
    cir21.b()

#cir21.py
from cir11 import a
print ( "in module b.py")
def b():
    print ("hello b")
def c():
    #from  cir11 import a
    a()
c()
```

执行 python cir11.py 的运行结果为：

```
this is module a.py
in module b.py
hello a
hello b
this is module a.py
```

（3）重新组织代码，将存在循环导入的文件合并为一个文件或者把 import 的资源部分提取到独立文件中，从而消除工程项目中的循环引用。

6.2　包

包（Package）可以看成是模块的集合。包可以将有联系的模块组织在一起，从而有效避免模块名字的冲突问题，并使组织结构更加清晰。

Python 中，只要一个文件夹下面有__init__.py 文件，那么该文件夹就可以看作是一个包。包下面还可以包括子包。通过包这种结构，方便了模块的管理和使用。

包和模块其实很类似，如果查看包的类型，可以看到它其实也是<type 'module'>。导入包时的查找路径也是由 sys.path 决定的。

导入包的过程和导入模块的基本一致，只是导入包的时候会执行此包目录下的__init__.py，而不是模块里面的语句。

另外，如果只是单纯地导入包，而包的__init__.py 中又没有明确的其他初始化操作，那么此包下面的模块是不会自动导入的。

例如，一个简单的包的目录结构如下：

```
Pac/
    __init__.py
    Subpac1/
        __init__.py
        Modu1.py
    Subpac2/
        __init__.py
        Modu2.py
```

其中，Pac 是最顶层的包，Subpac1 和 Subpac2 是它的子包。在导入时，可以使用下列方法：

```
from Pac.Subpac1 import Modu1
import   Pac.Subpac11
from Pac.Subpac2 import Modu2
import Pac.Subpac12
```

假设 Modu1.py 中内容如下：

```
a=4
```

```
def myadd(c1,c2):
        return(a+c1+c2)
```

则采用 From Pac.Subpac1 import Modu1 方式导入后，调用结果如下：

```
>>> Modu1.a
4
>>> Modu1.myadd(4,5)
13
```

若采用>>> from Pac.SubPac1.Modu1 import a,myadd 方式导入后，则可以省略模块名，直接使用变量名称和函数名调用，如下：

```
>>> a
4
>>> myadd(6,7)
17
>>>
```

若只用 import 导入 Pac.SubPac1，包下的__init__.py 中又没有明确的其他初始化操作，那么此包下面的模块 Modu1 是不会自动导入的，所以下面的调用方式会出错。

```
>>> Modu1.a
Traceback (most recent call last):
  File "<pyshell#4>", line 1, in <module>
    Modu1.a
NameError: name 'Modu1' is not defined
>>> Modu1.myadd(4,5)
Traceback (most recent call last):
  File "<pyshell#5>", line 1, in <module>
    Modu1.myadd(4,5)
NameError: name 'Modu1' is not defined
```

6.3 高级话题：程序打包

程序写完交付用户使用时，一般需要将程序做成安装包形式，因为用户通常是非程序员，他们可能不知道如何安装相关的 Python 库文件或设置相关路径。所以将程序做成一键安装形式，可方便用户使用。

Python 提供了 Distutils、Setuptools、Py2exe、PyInstaller、cx_freeze 等程序打包工具。其中 setuptools 是 Distutils 的增强工具，Py2exe、PyInstaller、cx_freeze 是 Windows 平台下制作 exe 文件的工具。Distutils 包含在 Python 的标准版发行包中，故本节先讲解 Distutils。

6.3.1 Distutils

首先建立一个简单的 Python 文件 hello.py，代码如下：

```
print("Hello")
```

之后将其打包交付用户使用。步骤如下：

（1）建立一个 setup.py 文件，内容如下：

```
from distutils.core import setup
setup(name='hello',
        version='1.0',
        description="hello    world",
        author="abc",
        py_modules=['hello'],
        )
```

说明：

setup.py 的中 py_modules 是一个模块的列表，setup 将在发布版本的根目录中找到列表中的模块 hello.py，并将 hello.py 包含在发布版本中。

与 py_modules 对应的关键字，有 packages、scripts、Extension、ext_modules、data_files 等。

Packages 表示一个包的列表，假设 packages 关键字中包含了 mypack 关键字，则 setup 将在发布版本的根目录中找到一个子目录 mypack，并在发行版本中包含 mypack/__init__.py，并包含 mypack 目录下的所有*.py。但需要注意的是并不包含 mypack 下子目录中的内容。

Extension 用于 Python 扩展，可包含 C 语言文件的.c 文件、C++文件的.cpp 文件、Fortran 文件以及 SWIG 的.i 文件。对包含了 Extension 关键字的 setup.py 文件，执行 Python Setup.py build 将调用相应的编译器（例如 GCC 编译器），把 Extension 中指定的文件编译为相应的.py 文件。在 Extension 中可以指定库的位置、包含路径等参数信息。

data_files 用于包含任何类型的文件到发布版本文件中，例如图片文件等。

（2）执行打包命令，进行打包。

```
>>> python setup.py sdist // 源码安装包
```

之后可能出现提示报警信息，执行结果的主要提示信息如下。

```
        copying files to hello-1.0...
        copying hello.py -> hello-1.0
        copying setup.py -> hello-1.0
        creating dist
creating 'dist\hello-1.0.zip' and adding 'hello-1.0' to it
        adding 'hello-1.0\hello.py'
        adding 'hello-1.0\PKG-INFO'
        adding 'hello-1.0\setup.py'
        removing 'hello-1.0' (and everything under it)
```

从该提示信息看出，该命令创建了 dist 目录，并将要打包的文件复制到 hello-1.0.zip 的压缩文件中。

除了 build、install、sdisk 命令，另有 bdist、 bdist_rpm、bdist_wininst 用于生成不同操作系统的安装包。

在 Windows 下，把.py 文件转换成 exe 文件不仅可以降低用户对 Python 的了解程度，而且便于保护自己的软件产品。生成 exe 文件的基本步骤与 Distutils 相同，首先创建一个 setup.py 文件，在其中包含符合相应的软件（例如 Py2exe）要求的格式，然后调用相应命令生成 exe 文件。

（3）安装

hello-1.0.zip 文件可以直接给用户，用户可将该文件解包，执行 python setup.py install 完成自己电脑的安装过程。

在第二步打包时也可以使用下列命令，直接生成在 Windows 或 Linux 下可以直接运行的安装文件。

```
>>> python setup.py bdist_wininst //Windows 下使用
>>> python setup.py bdist_rpm //Linux 下使用
```

在 Windows 或 Linux 下直接运行安装文件即可安装。

6.3.2 py2exe

py2exe 作为 Distutils 的扩展，能够把 Python 脚本快速转换为 exe 文件，从而可以在任何一台装有 Windows 的计算机上运行。py2exe 可从 https://pypi.python.org/pypi/py2exe/下载安装，或者通过 pip 命令安装。下面仍以 hello.py 为例进行讲解。步骤如下：

（1）建立一个 setup.py 文件，内容如下：

```
from distutils.core import setup
import py2exe
setup(console=["hello.py"])
```

（2）执行下述命令，将 hello.py 转换为可执行文件。

```
python setup.py py2exe
```

这样便完成了从 hello.py 文件到.exe 文件的转换。结果会生成 dist 和 build 两个文件夹。dist 文件夹下，会有一个 hello.exe 可执行文件以及各种动态库文件。需要注意的是，生成的 exe 文件不能脱离 dist 文件夹下的动态库支持。

6.4 小结

本章主要介绍了如何组织 Python 代码，使得代码有更好的层次。模块与包的代码组织模式类似 Java 的类库，采用了目录/文件的方式进行代码的组织，该方式有别于 C/C++的库文件组织结构。Python 以包/模块为基础进行代码发布，并提供了多种发布方式，其中 Distutils 是 Python 自带的标准方式。另外 Python 的代码也可制作生成 exe 格式，方便 Windows 下的发布。

第7章 类

Python 是一种面向对象的语言。前面已经使用过对象，虽然没有明确说明。Python 中的数据均是对象。字符串、字典和列表等也是对象，都有其相关联的函数（方法）及其属性。比如 Python 中所有字符串都可以调用字符串函数 lower()返回一个对应的小写字符串；Python 中所有的列表都支持 append()函数添加列表对象，remove()函数删除列表对象。

虽然 Python 中的数据类型多种多样，但它们不足以覆盖所有的信息建模需求，能力还是有限的，通过基本类型无法描述现实世界的所有信息。虽然函数对模块化代码是有用的，但函数中变量只有在执行函数时才有生存期，所以函数不能存储状态，也就不能用来定义新的数据类型。许多语言中都有个性化的数据类型，如在 C 中的结构（struct）、Java、C++中的类（class）。类可以定义新的数据类型，类的实例即对象有足够的延展性，能够模拟任何类型的系统以及与其他系统的关系。程序员可以根据需要利用类来定义自己的数据类型，从而模拟任何系统。Python 也有类。

7.1 基本概念

类可以作为一个用户定义的数据类型，描述一组有相同特性（属性）和相同行为（方法）的对象。一个类可以是基因组、人或序列的抽象。可把任何对象抽象成类，类可以像基本的数据类型一样工作。Python 用 class 作为类定义的关键字。

一个实例是一个类的实现，是抽象的具体化。举例来说，如果程序中定义了一个 Dog 类，京巴（Pekingese）与牧羊犬（ShepherdDog）是两种不同实例，它们具有相同的属性和行为定义，但具体的属性值以及行为表现是相互独立的。

每个对象都有自身的特点（属性），例如重量（weight）。当然京巴与牧羊犬有不同重量，但尽管属性值不同，至少它们分享相同“属性的类型”，拥有相同的行为能力，因此可以抽象为一个类。

方法是属于类的函数，定义了从类派生对象的“行为”。例如 DNA 类的翻译方法可以将 DNA 类对象翻译成蛋白质的氨基酸序列。简单地说，方法只不过是类相关联的函数。

继承是在相关的类之间传递相同的属性与行为，使得类之间相关，而不是彼此独立，表示了基本类型与派生类型之间的相似性。一个基本类型具有所有派生类型共有的特性和行为。例如一个哺乳动物类 mammal，其子类猫类 Cat 与狗类 dog，继承了哺乳动物类所有的性质和行为，同时又有自己独特的性质和行为。

多态性是不同类型的对象执行相同的方法但得到不同结果。C++中采用一种晚绑定机制，以保证获取正确类别，能够得到正确行为结果。但 Python 属于动态语言，多态性具有不同含义，在 7.5 节有具体描述。

7.2 类定义

同其他面向对象编程语言一样，Python 中的类也是一种用户自定义的数据类型，其基本的语法格式是：

```
class <name>(superclass, ...):                # 定义类
        """类文档字符串"""
        data = value                          # 共享的类变量
        def method(self, ...):                # 类中的方法
        self.member = value                   # 实例的数据
```

类定义从关键字 class 开始，并包含整个缩进代码块，类中定义的方法和属性构成了类的名字空间（name space）。Python 中的类分为经典类和新式类，经典类可不继承任何类，即可以没有 superclass，新式类必须有继承，其 superclass 可以是自己编写的类，或者 object 类。经典类的缺陷是不能对标准类子类化以及多重继承存在方法解释顺序(MRO)的问题，因此 Python 3 不再支持经典类。通常将类放在模块的顶层进行定义，便于类实例在源文件中的创建。

一个类通常会有多个方法，它们都以关键字 def 开头，并且第一个参数都是 self，代表类实例对象本身。self 相当于 C++中的关键字 this，其作用是传递一个对象的引用。

Python 中类的属性位于类的名字空间中，可以被所有的类实例共享，这一点与 C++和 Java 相同。访问类属性时可以不事先创建类的实例，而直接使用类名。如下例中直接通过类名来访问类属性，对类实例进行计数，下面的代码通过类属性 counter 对类的实例进行统计，创建类实例时，计数加 1，在释放该实例时，计数减 1。该例用到本章将要讲解的实例属性、类初始化以及类的析构。

```
>>> class Person(object) :
    counter= 0
    def __init__ (self,age) :
        self.age=age
        Person.counter +=1            # 通过类名来访问类属性
    def __del__(self):
        Person.counter-=1             #通过类名来访问类属性

>>> Person.counter
0
>>> p1=Person(20)
>>> p2=Person(21)
>>> p3=Person(22)
>>> print (Person.counter,p1.counter ,p2.counter,p3.counter)
3 3 3 3
>>> del p1
>>> print (Person.counter,p2.counter ,p3.counter)
2 2 2
```

```
>>> p2.counter=10    #通过类实例来访问类属性
>>> print (Person.counter ,p2.counter ,p3.counter)
2 10 2
```

除了自定义的类属性，Python 中的每个类其实都具有一些特殊的类属性，它们都是由 Python 的对象模型所提供的。表 7-1 列出了这些类属性。

表 7-1　类属性

属 性 名	说　明
__bases__	该类的所有基类组成的元组
__dict__	类的属性
__doc__	类的文档字符串
__module__	类的模块名
__name__	类的名字

在上述代码中，定义 Person 时没有添加文档字符串，因此 Person.__doc__无返回值。类的文档字符串与模块、函数的文档字符串定义相同，均需在定义的紧随行定义，并且文档字符串不被继承。Person 类在 Python 2.7 中执行的结果如下：

```
>>> Person.__bases__
(<type 'object'>,)
>>> Person.__dict__
dict_proxy({'__module__': '__main__', '__del__': <function __del__ at 0x0000000002F522E8>, 'counter': 0,
'__dict__': <attribute '__dict__' of 'Person' objects>, '__weakref__': <attribute '__weakref__' of 'Person' objects>,
'__doc__': None, '__init__': <function __init__ at 0x00000000026FB438>})
>>> Person.__doc__
>>> Person.__name__
'Person'
```

在 Python 3 中的执行结果如下：

```
>>> Person.__bases__
(<class 'object'>,)
>>> Person.__dict__
mappingproxy({'__del__': <function Person.__del__ at 0x030C6C00>, '__module__': '__main__', '__init__':
<function Person.__init__ at 0x030C67C8>, '__weakref__': <attribute '__weakref__' of 'Person' objects>,
'__dict__': <attribute '__dict__' of 'Person' objects>, 'counter': 0, '__doc__': None})
>>> Person.__doc__
'__main__'
>>> Person.__name__
'Person'
```

在 Person 2.7 中 Person 如不继承自 object，即为经典类型，则 Person.__dict__执行结果如下：

```
>>> Person.__dict__
```

```
{'__del__': <function __del__ at 0x0000000002F523C8>, '__module__': '__main__', 'counter': 0, '__doc__': None,
'__init__': <function __init__ at 0x0000000002F52358>}
```

Python 2 中经典类的__dict__是可修改的，即可通过 class.__dict__直接添加新的类属性。但 Python 3 中类的__dict__返回值为 mappingproxy，Python 2 中新式类返回的是 dict_proxy，二者均不可通过 class.__dict__添加新的类属性，但可通过 setattr(classname, attribute_name, value)方式添加类的新属性。实例中的__dict__是可修改的，也带来很多基于__dict__的应用。

7.3 实例

7.3.1 创建实例

从面向对象的角度看，类是对数据及其相关操作的封装，而类实例则是对现实生活中某个实体的抽象。Python 中创建实例的格式与其他语言不同，无 new 关键字。例如：

```
>>> class   MyClass(object) :
        pass
>>> mc=MyClass()
```

Python 的实例属性有一个非常有趣的地方，那就是使用它们之前不必像 C++和 Java 那样先在类中进行声明，因为这些都是可以动态创建的。作为一门动态类型语言，Python 的这一特性的确非常灵活，但有时也难免产生问题。例如在许多针对接口的设计模式中，通常都需要知道对象所属的类，以便能够调用不同的实现方法，这在 C++和 Java 等强类型语言中不难实现，但对 Python 来讲可就不那么简单了，因为 Python 中的每个变量都没有固定的类型。例如：

```
>>> class   A(object):
        pass
>>> a=A()
>>> a.m=1
>>> print (a.m)
1
>>> a.m= "hello"
>>> print (a.m)
hello
```

实例与类之间的对应关系可通过函数 isinstance()判断，isinstance()用于判断一个对象是否为 isinstance 参数指定的类型或该类型的子类（直接继承、间接继承、虚继承均可）。其基本的语法格式是：

```
isinstance (instance_object, class_object)
```

例如：

```
>>> class Base(object):
...     pass
...
>>>
>>> class Test(Base):
...     pass
...
>>>
>>> b = Base()
>>> print isinstance(b,Test)        #基类的实例不是子类的实例
False
>>> print isinstance(b,Base)
True
>>> t = Test()
>>> print isinstance(t,Base)        #子类的实例是基类的实例
True
>>> print isinstance(t,Test)
True
```

和类一样，Python 中的每个类实例也具有一些特殊的属性，它们都是由 Python 的对象模型所提供的。表 7-2 列出了这些属性。

表 7-2　实例属性

属 性 名	说　明
__dict__	实例名字空间的字典变量
__class__	生成该实例的类

7.3.2　初始化

Python 中有两个容易混淆的初始化函数，即__init__与__new__，二者有本质不同。__new__在创建实例时调用，用于创建实例；__init__在类实例创建后调用，用于初始化实例。

在实例创建后，__init__()方法被立即调用。__init__()的第一个参数与其他类方法相同，均为 self，也就是将要新创建的对象。并且__init__()无返回值。如果__init__()中存在返回值，会出现 TypeError。例如：

```
>>> class A(object) :
    def __init__(self) :
        return  1
>>> a=A()
Traceback (most recent call last):
  File "<pyshell#34>", line 1, in <module>
    a=A()
TypeError: __init__() should return None, not 'int'
```

__new__是创建实例的第一步，调用后返回类的实例。__new__的第一个参数为 cls，通常情况下不用重载__new__，除非继承不可变类型如 str、int、unicode 或元组。下面的代码（ch7-1.py）演示了__new__与__init__的调用关系。

```
class A(object):
    def __new__(cls,*args,**kwargs) :
        print cls
        print args
        print kwargs
    def __init__(self, a,b) :
        print "in init"
        print self
        self.a,self.b=a,b

a=A(1,2)
```

该程序在创建类时，首先调用__new__，但因__new__没有返回类的实例，所以__init__未被调用。如果执行 print a，会返回 None。运行结果如下：

```
<class '__main__.A'>
(1, 2)
{}
```

下面的代码（ch7-2.py）演示了通过__new__返回一个 A 的实例，然后调用__init__，并在__init__中给新创建的实例添加属性。

```
import datetime
class A(object) :
    def __new__(cls,*args,**kwargs):
        print("in new")
        instance  =object.__new__(cls,*args,**kwargs)
        instance.__dict__['create']=datetime.datetime.now()
        print ("end new")
        return instance
    def __init__(self,a,b):
        print ("in init" )
        self.a,self.b=a,b

a=A(1,2)
print ("output  a.__dict__")
print a.__dict__
```

该程序的运行结果如下：

```
in new
end new
in init
output  a.__dict__
```

```
{'a': 1, 'create': datetime.datetime(2015, 8, 2, 14, 25, 39, 886000), 'b': 2}
```

7.3.3　__dict__属性

实例的__dict__返回实例的属性。Python 属于动态语言，实例的属性与许多语言有明显差别，可以在任何时候添加新的属性。下面的代码（ch7-3.py）演示了该特性:

```
class C():
    pass
c=C()
print (c.__dict__)
c.age =10
print (c.__dict__ ,c.age)
```

运行结果为

```
{}
({'age': 10}, 10)
```

Python 提供了一系列*attr()函数用于对对象属性进行操作，有 getattr()、setattr()、delattr()、hasattr()。getattr ()用于读取对象的属性值。下面的函数（ch7-3.py）遍历了上例中 c 对象的字典，并将属性名和属性值打印输出。

```
def print_attribute(obj):
    for attr in obj.__dict__:
        print (attr,    getattr(obj,attr))
print_attribute(c)
```

执行结果为：('age', 10)。

既然__dict__属性可以读写，那么就可通过__dict__直接添加实例的变量，从而改变实例字典。下面的例子演示了__dict__属性的用法。字典的访问方式是 dict['name']，将字典赋值给实例的字典属性，从而通过实例的__dict__可以将字典改成点号访问形式。

```
>>> class Messager(object):
    def __init__ (self,**kwargs):
        self.__dict__=kwargs
>>> M=Messager(**{"f":12,"a":324})
>>> M.__dict__
{'a': 324, 'f': 12}
>>> M.a
324
>>> M.f
12
>>> n=Messager(f=21,a=321)
>>> n.f
21
>>> n.__dict__
```

```
{'a': 321, 'f': 21}
>>> def K()   :
    N=Messager(a=21,b=2)
    return N
>>> K().a
21
```

7.3.4 特殊方法

除了__init__、__new__以及__del__的类构造、析构的相关方法，另有一些特殊方法可模拟标准类型、重载操作符等功能。

__str__与__repr__是两个常用的方法，虽然都返回字符串，但目的不同：__str__是为了可读；__repr__是为了准确。print 函数调用的是__str__。__repr__的实现要保证 eval(repr(c))==c。下面的代码演示了字符串的__str__与__repr__的返回值差异，以及调用 eval 的差异。

```
>>> x="foo"
>>> str(x)
'foo'
>>> x.__str__()
'foo'
>>> x.__repr__()
"'foo'"
>>> eval(x.__repr__())
'foo'
>>> eval(x.__str__())
Traceback (most recent call last):
  File "<pyshell#18>", line 1, in <module>
    eval(x.__str__())
  File "<string>", line 1, in <module>
NameError: name 'foo' is not defined
```

__str__可根据使用场合返回各种形式的字符串，例如需要时间的，可返回时间格式的字符串。下面是一个返回 IP 地址的例子。

```
>>> class   IP(object) :
    def __init__(self, a,b,c,d) :
        self.a =a
        self.b=b
        self.c=c
        self.d=d
    def __repr__(self):
        return 'IP(%s,%s,%s,%s)' %(self.a,self.b,self.c,self.d)
    def __str__(self):
        return "%s.%s.%s.%s"%(self.a,self.b,self.c,self.d)
>>> t=IP(192,168,1,1)
```

```
>>> t
IP(192,168,1,1)
>>> print (str(t))
192.168.1.1
>>> t.__repr__()
'IP(192,168,1,1)'
>>> t.__str__()
'192.168.1.1'
```

上例中如果未重新定义__str__，那么__str__的返回值与__repr__相同。

```
>>> class    IP(object) :
        def __init__(self, a,b,c,d) :
            self.a =a
            self.b=b
            self.c=c
            self.d=d
        def __repr__(self):
            return 'IP(%s,%s,%s,%s)' %(self.a,self.b,self.c,self.d)

>>> t=IP(192.168.1.1)
SyntaxError: invalid syntax
>>> t=IP(192,168,1,1)
>>> t.__repr__()
'IP(192,168,1,1)'
>>> t.__str__()
'IP(192,168,1,1)'
```

Python 的实例在默认情况下是不能像函数一样调用的。但如果在类定义时重载了__call__函数，则类的实例就是可调用的，调用实例对象等同于调用__call__()方法。下面的代码中实例调用时参数为子网掩码，返回值为子网网络号。callable()函数用来判断一个对象是否可通过函数操作符（圆括号）调用。如果可调用，返回 True，否则返回 False，即重载__call__的类实例，调用 callable()函数，将返回 True，否则返回 False。本例已重载__call__，故返回 True。

```
>>> class    IP(object) :
        def __init__(self, a,b,c,d) :
            self.a =a
            self.b=b
            self.c=c
            self.d=d
        def __repr__(self):
            return 'IP(%s,%s,%s,%s)' %(self.a,self.b,self.c,self.d)
        def __str__(self):
            return "%s.%s.%s.%s"%(self.a,self.b,self.c,self.d)
        def __call__(self,*args,**kwargs) :
```

```
            return    self.a&args[0],self.b&args[1],self.c&args[2],self.d&args[3]

>>> a=IP(192,168,100,10)
>>> print (a)
192.168.100.10
>>> callable(a)
True
>>> a(255,255,0,0)
(192, 168, 0, 0)
```

表 7-3 给出了类的特殊方法说明。

表 7-3　类的特殊方法

方　法	说　明
__new__(cls[, ...])	实例创建（构造）。如果 __new__ 返回 cls 的实例，那么 __init__ 被调用，并将__new__的剩余参数传递给__init__。否则__init__不被调用
__init__(self, args)	实例初始化（在构造时）
__del__(self)	被调用的对象消失（引用计数为 0）
__repr__(self)	repr()与 `...` 转换
__str__(self)	str() 与 print 语句转换
__cmp__(self,other)	比较 self 与 other，并返回<0, 0, 或者 >0。实现 >, <, == 等
__index__(self)	允许用任何对象作为整数下标（例如为切片）。必须返回一个整数或者长整数值
__lt__(self, other)	调用 self < other 比较。可能返回任何值，或者抛出一个异常
__le__(self, other)	调用 self <= other 比较。可能返回任何值，或者抛出一个异常
__gt__(self, other)	调用 self> other 比较。可能返回任何值，或者抛出一个异常
__ge__(self, other)	调用 self>=other 比较。可能返回任何值，或者抛出一个异常
__eq__(self, other)	调用 self ==other 比较。可能返回任何值，或者抛出一个异常
__ne__(self, other)	调用 self != other (与 self <> other)比较。可能返回任何值，或者抛出一个异常
__hash__(self)	定义对类的实例调用 hash()时的行为，返回一个整数
__nonzero__(self)	定义对类的实例调用 bool()时的行为
__getattr__(self,name)	当属性查找没找到 name 时调用它。参见__getattribute__
__getattribute__(self, name)	同 __getattr__。但是只要属性名被访问，就一直调用
__setattr__(self, name, value)	当设置属性时被调用（内部，不使用"self.name = value",而采用"self.__dict__[name] = value")
__delattr__(self, name)	删除属性 <name>时调用
__call__(self, *args, **kwargs)	实例作为函数调用时调用

除了表 7-3 中的特殊方法，Python 还支持一些运算符的重载，例如：

```
>>> class C(object):
        def __init__(self, v) :
            self.value=v
        def __add__(self,r) :
```

```
            return    self.value+r
 >>> a=C(10)
>>> a+1 #相当于调用  a.__add__(1)
11
```

7.4　继承

在面向对象的程序设计中，继承（Inheritance）允许子类从父类那里获得属性和方法，同时子类可以添加新方法或者重载其父类中的任何方法。在 Python 中定义继承类的语法格式是：

```
class <name>(superclass, superclass, ...)
    suit
```

子类继承父类具有如下特征：

（1）如子类未重载父类的方法和属性，子类的实例将调用父类的方法和属性。下例（ch7-4.py）中的 testb.OnlyA(1)函数以及 testb.FakeOnlyA()对 self.a 的调用演示了该特性。

（2）如子类重载了父类的方法会存在两种情况，一种类似于 ch7-4.py 的 CommonAB_Cover()方法，子类通过重载将父类的 CommonAB_Cover()彻底覆盖，重载中不调用父类的 CommonAB_Cover()方法；一种类似于 ch7-4.py 中的 CommonAB_NoCover()方法，子类重载该方法时，通过 super()调用父类的 CommonAB_NoCover()方法，并添加了新的内容。testb.CommonAB_Cover()运行结果表明基类的 CommonAB_Cover()并没有被调用。testb.CommonAB_NoCover()的运行结果表明基类的 CommonAB_NoCover()首先被调用，然后调用子类的相应部分。

下面看看 ch7-4.py 的代码。

```
class A(object) :
    def OnlyA(self,a):
        self.a=a
        print ("Only A :%s"%self.a)
    def CommonAB_Cover(self,ab1):
        self.ab1=ab1
        print ("CommonAB    In A : %s"%self.ab1)

    dcf CommonAB_NoCovcr(sclf,ab2):
        self.ab2=ab2
        print("CommonAB No Cover in A :%s"%self.ab2)

class B(A):
    def CommonAB_Cover(self,ab1):
        self.ab1=ab1+10
        print("CommonAB Cover in B:%s" %self.ab1)
    def CommonAB_NoCover(self,ab2):
        #super( ).CommonAB_NoCover(ab2)
```

```
            super(self.__class__,self).CommonAB_NoCover(ab2)
            print("CommonAB No Cover in B :%s"%self.ab2)
        def OnlyB(self,b):
            self.b=b

            print("only B :%s"%self.b)
        def FakeOnlyA(self):
            self.a=10*self.a
            print ("OnlyA   Fake inB:%s" %self.a)



testb=B()


testb.OnlyA(1)
testb.CommonAB_Cover(2)
testb.CommonAB_NoCover(3)
testb.OnlyB(4)
testb.FakeOnlyA( )
print ("********Now is A********")
testa=A()
testa.OnlyA(10)
testa.CommonAB_Cover(20)
testa.CommonAB_NoCover(30)
testa.OnlyB(40)
testa.FakeOnlyA( )
```

运行结果如下：

```
Only A :1
CommonAB Cover in B:12
CommonAB No Cover in A :3
CommonAB No Cover in B :3
only B :4
OnlyA   Fake inB:10
********Now is A********
Only A :10
CommonAB   In A : 20
CommonAB No Cover in A :30
Traceback (most recent call last):
  File "C:/Python34/adsf.py", line 43, in <module>
    testa.OnlyB(40)
AttributeError: 'A' object has no attribute 'OnlyB'
```

一般子类的__init__采用 CommonAB_NoCover 的方式，显式调用基类的__init__函数。从 Python 3 开始可直接调用 super().__init__(self,…)方式。为了保证代码在 Python 2 与 Python 3 中兼容，推荐使用 super(self.__class__,self).__init__(self,…)。如果子类是多重继承，而子

类又没有自己的构造函数时，则按顺序继承，哪个父类在最前面且有自己的构造函数，就继承哪个的构造函数；如果第一个父类没有构造函数，则继承第二个的构造函数，以此类推。

模板设计模式是一种基于继承的代码复用模式，是由（抽象）基类定义逻辑流程框架，具体的逻辑内容由子类来实现，但处理流程由父类确定。

下面代码中的 start、run、stop 方法通过异常（raise TypeError）限制了父类在子类中必须重载实现，否则调用父类的相应方法会报错。testVehicle 是模板方法（template method），子类中无需重载，是本例（ch7-5.py）中 Vehicle 以及其子类对外提供的唯一调用接口。

```
class   Vehicle(object):
    def __init__(self, speed):
        self.speed=speed
    def start(self) :
        raise    TypeError('abstract method must be overridden')
    def run(self) :
        raise TypeError("abstract method must be overridden")
    def stop(self) :
        raise TypeError("abstact method must be overridden")
    def testVehicle(self) :
        self.start()
        self.run()
        self.stop()
class Car(Vehicle) :
    def __init__(self,speed):
        super(self.__class__,self).__init__(speed)
    def start(self ):
        print ( "in car     start")
    def run (self) :
        print ( "car speed is %s"%(self.speed) )
    def stop(self) :
        print ("car stop" )
class   Truck (Vehicle) :

    def __init__(self,speed):
        super(self.__class__,self).__init__(speed)
    def start(self ):
        print ( "in Truck     start")
    def run (self) :
        print ( "Truck speed is %s"%(self.speed) )
    def stop(self) :
        print ("Truck stop" )
## 调用
Vehicletest1=Car(100)
Vehicletest2=Truck(90)
Vehicletest1.testVehicle()
```

```
print ("*****************")
Vehicletest2.testVehicle()
```

运行结果如下：

```
in car      start
car speed is 100
car stop
******************
in Truck      start
Truck speed is 90
Truck stop
```

本例不仅演示了模板设计模式，而且演示了 Python 方法/属性继承关系，以及如何通过异常限制基类中子类必须重载的方法。Python 提供 issubclass()函数判断子类/父类之间的关系，该函数可以判断一个类是否为另外一个类的子类或子孙类，用法如下:

```
issubclass(sub,sup)
```

如果子类 sub 为 sup 的一个子类则返回 True。其中 sup 可以为父类组成的元组，只要 sub 为该元组中的某一个类的子类，即返回 True。issubclass 的用法如下。

```
>>> class Foo(object):
    pass
>>> class Foo2(object) :
    pass
>>> class Bar(Foo):
    pass

>>> issubclass(Bar,Foo)
True
>>> issubclass(Bar,(Foo,Foo2) )
True
>>> issubclass(Bar,object)
True
```

7.5　多态

多态是指一个父类的引用变量可以指向不同的子类对象，并且在运行时根据父类引用变量所指向对象的实际类型执行相应的子类方法。C++通过 virtual 的晚绑定机制实现了多态。但 Python 是一种鸭子类型语言，不能用 instance()“验明正身”（见 7.3.1 小节）。类文件是一个典型的多态应用，除了通常所说的磁盘文件，其他的 StringIO 和 BytesIO 因为都包含了 read、write 函数，所以都可以作为类文件进行使用。

下面（ch7-6.py）是一个多态用法，即 barkform 直到执行时，才决定被调用对象是 dog 还是 wolf。

```
class wolf(object):
    def bark(self):
        print "hooooowll"

class dog(object):
    def bark(self):
        print "woof"


def barkforme(dogtype):
    dogtype.bark()


my_dog = dog()
my_wolf = wolf()
barkform(my_dog)
barkform(my_wolf)
```

7.6　可见性

面向对象的特点之一是封装。一些方法创建后，只在类内部使用，不希望程序的其他部分使用这些方法，这些方法被封装后，将不会被“外部消费”。封装使程序员忽略操作对象的内部，只能够看到自己可用的方法。C++、Java 提供了专门封装的关键字：private，使用 private 限定了属性或者方法只能在类中被访问。但在 Python 对象模型中，没有 public、protected、private 关键字，所有属性和方法都是共有的，也就是说数据没有做相应的保护，你可以在任何地方对它们进行任意修改。但 Python 有类封装的语法，这就是所谓的 name mangling，即在定义类时，如果一个属性的名称是以两个下画线开始，同时又不是以下画线结束的，那么它在编译时将自动被改写为类名加上属性名。在类外部使用该属性名称时，会提示找不到。例如：

```
class Person(object):
    def __init__(self):
        self.A="name"
        self.__B="age"
        self.__C__="id"
    def Print(self):
        print (self.A)
        print (self.__B)
        print (self.__C__)


>>> p=Person()
>>> p.A
'name'
```

```
>>> p.__C__
'id'
>>> p.__B
Traceback (most recent call last):
  File "<pyshell#17>", line 1, in <module>
    p.__B
AttributeError: 'Person' object has no attribute '__B'
>>> p.Print()
name
age
id
```

直接访问 p.__B, 出现了 AttributeError。实际上可通过 object._Class__method 方式访问__B，如下面的代码可以正常访问__B 属性。通过__dict__查看实例属性，确实存在_Person__B 属性。

```
>>> p._Person__B
'age'
>>>p.__dict__
{'A': 'name', '__C__': 'id', '_Person__B': 'age'}
```

综上所述，Python 的私有方法不是真正的私有，一方面，这种“半保护”的方法可以被子类继承/关联（名称空间不被污染）；另一方面，当使用 dir 函数查找一个对象时，dir 函数找不到该对象。

7.7 Python 类中的属性

Python 中除了静态方式，即通过点号直接访问属性，还有几种动态访问属性的方法：方法重载（即重载__getattr__、__setattr__、__delattr__和__getattribute__）、property 内置函数（有时又称“特性”）和描述符协议（descriptor）。

在 Python 中，重载__getattr__、__setattr__、__delattr__和__getattribute__方法可以用来管理自定义类中的属性访问。其中，__getattr__方法将拦截所有未定义的属性获取（即当要访问的属性已经定义时，该方法不会被调用，至于定义不定义，是由 Python 能否查找到该属性来决定的）；__getattribute__方法将拦截所有属性获取（无论该属性是否已经定义，只要获取它的值，该方法都会调用），所以，当一个类中同时重载了__getattr__和__getattribute__方法，那么__getattr__永远不会被调用。另外，__getattribute__方法仅仅存在于 Python 2.6 的新式类和 Python 3 的所有类中；__setattr__方法将拦截所有的属性赋值；__delattr__方法将拦截所有的属性删除。

注意：在 Python 中，一个类或类实例中的属性是动态的（因为 Python 是动态的），也就是说，你可以针对一个类或类实例添加或删除一个属性。

如果我们想使用这类方法（即重载操作符）来管理自定义类的属性，就需要在自定义类中重新定义这些方法的实现。由于__getattribute__、__setattr__、__delattr__方法对所有的属性进行拦截，所以，在重载它们时，要注意避免递归调用（如果出现递归，则会引起死循环）；然而对__getattr__方法，则没有这么多限制。

__getattr__（self, name）可查询即时生成的属性。当我们查询一个属性时，如果通过__dict__方法无法找到该属性，那么 Python 会调用对象的__getattr__方法即时生成该属性。例如（源代码为 ch7-7.py）：

```
#-*- coding:utf-8   -*-
class Person(object):
    def __init__(self, id):
        self.id = id

        #'''只是访问未定义的属性,即__dict__中不包含的。 '''
    def __getattr__(self,myattr ):
        print   (u"__dict__中无%s 属性,不过__getattr__可以假装它有"%myattr)
        if myattr == 'name':
            self.name="default"
            print (u"添加了个 name 属性")
            return   self.name
        else :
            print   (u"但确实无%s 属性"%myattr)
            return None
            '''

    def   __setattr__(self,attr,value) :
        #object.__setattr__(self, name, value)
        #print "in __setattr"
        #print name

        if attr =='age':
            print ("age " )
            self.__dict__[attr]=value
        else :
            raise AttributeError

    def __delattr__(self,attr) :
        object.__delattr__(self,attr)
        '''

mytest=Person(10)
print (mytest.id)
print(mytest.__dict__)
print mytest.age
print mytest.name
print (mytest.__dict__)#添加了 name 属性，但没有添加 age 属性
mytest.age=30
mytest.name="test"
```

```
print (mytest.__dict__)
```

该程序的运行结果如下。

```
10
{'id': 10}
__dict__中无 age 属性,不过__getattr__可以假装它有
但确实无 age 属性
None
__dict__中无 name 属性,不过__getattr__可以假装它有
添加了个 name 属性
default
{'id': 10, 'name': 'default'}
{'age': 30, 'id': 10, 'name': 'test'}
30
```

可以看出，访问__dict__中不包含的属性时，通过__getattr__伪装了实例包含该属性，伪装后如何收尾，就需要看__getattr__的定义了。

__setattr__会拦截所有属性的赋值语句，如果定义了该方法，self.attr=value 会变成 self.__setattr(attr,value)。因为通过__setattr__对任何 self 属性赋值，都会重新调用__setattr__，容易导致无穷递归。因此__setattr__的实现需采用修改属性字典的方法，而不是 self.__dict__的方式。为 Person 类添加如下代码：

```
def  __setattr__(self,attr,value) :
     print (u"  通过__setattr__给%s 属性赋值：%s"%(attr,value))
     self.__dict__[attr]=value
```

则 mytest.age=30 与 mytest.name="test"两句的运行结果变为：

```
通过__setattr__给 age 属性赋值：30
通过__setattr__给 name 属性赋值：test
```

下面是通过 getattr 以及重载__getattr__实现的代理模式。代理（Proxy）设计模式是一种常用的设计模式，它主要用来通过一个对象（例如 B）给另一个对象（例如 A）提供“代理”的方式访问。如 A 对象不方便直接引用，代理 B 就在 A 对象和访问者之间做了中介，以控制对 A 的访问，将真正的功能对象 A 隐藏起来。代码中，将 person1 类作为 Proxy 的实例化参数。

```
class  Proxy(object) :
    def __init__(self,subject) :
        self._subject=subject
    #
    def __getattr__(self,attr) :
        return   getattr(self._subject,  attr)

proxy=Proxy(person1)
print person1.Home()
```

7.8　高级话题：抽象基类

Python 的 abc 模块提供了定义抽象基类（Abstract Base Calsses）的方法。抽象基类是一种为其子类定义了一组公共接口的类，这些接口，子类必须加以实现。与抽象基类密切相关的一个概念是元类。元类更像“类工厂”，返回对象是类。

type 函数可动态地创建类。type 可以接受一个类的描述作为参数，然后返回一个类。type 创建类的语法格式如下：

```
type(类名，父类的元组（针对继承的情况，可为空），包含属性的字典（名称和值））
```

例如通过如下语句可创建一个 str 的子类：

```
>>> mystr=type("mystr",(str,),dict(x=1,a="abc"))
>>> test1=mystr("tcst str")
>>> print (test1)
test str
>>> type (test1)
<class '__main__.mystr'>
>>> test1.x
1
>>> test1.a
'abc'

>>> dir(test1)
['__add__', '__class__', '__contains__', '__delattr__', '__dict__', '__dir__', '__doc__', '__eq__', '__format__',
'__ge__', '__getattribute__', '__getitem__', '__getnewargs__', '__gt__', '__hash__', '__init__', '__iter__', '__le__',
'__len__', '__lt__', '__mod__', '__module__', '__mul__', '__ne__', '__new__', '__reduce__', '__reduce_ex__',
'__repr__', '__rmod__', '__rmul__', '__setattr__', '__sizeof__', '__str__', '__subclasshook__', '__weakref__', 'a',
'capitalize', 'casefold', 'center', 'count', 'encode', 'endswith', 'expandtabs', 'find', 'format', 'format_map', 'index',
'isalnum', 'isalpha', 'isdecimal', 'isdigit', 'isidentifier', 'islower', 'isnumeric', 'isprintable', 'isspace', 'istitle', 'isupper',
'join', 'ljust', 'lower', 'lstrip', 'maketrans', 'partition', 'replace', 'rfind', 'rindex', 'rjust', 'rpartition', 'rsplit', 'rstrip',
'split', 'splitlines', 'startswith', 'strip', 'swapcase', 'title', 'translate', 'upper', 'x', 'zfill']
>>> test1.upper()
'TEST STR'
```

函数 type 实际上是一个元类，也就是用于创建所有类的类。可以通过检查__class__属性来看到这一点。注意，Python 中所有的东西都是对象。而且它们都是从同一个类创建而来。下面的代码验证了这一点：

```
>>> class F(object):pass
>>> a=F()
>>> a.__class__
<class '__main__.F'>
>>> (a.__class__).__class__
<class 'type'>
>>> b="test str"
```

```
>>> b.__class__
<class 'str'>
>>> (b.__class__).__class__
<class 'type'>
```

类的另一属性是__metaclass__属性。如果在创建类时未指定类的__metaclass__属性，则该类是由 type 创建的；否则是由_metaclass__属性值创建的。下面的源代码（ch7-8.py）通过 MyMeta 元类创建了 MyClass。

```
from    time import ctime
class MyMeta(type):
    def __init__(cls,name,bases,dic):
        print ("in MyMeta")
        print ("%s created at %s"%(cls.__name__,ctime()))

class MyClass(object):
    __metaclass__ = MyMeta
    def __init__(self ):
        print ("MyClass    init")

tt=MyClass()
```

Python 3 的元类语法有所改变：

```
from    time import ctime
class MyMeta(type):
    def __init__(cls,name,bases,dic):
        print ("in MyMeta")
        print ("%s created at %s"%(cls.__name__,ctime()))

class MyClass(metaclass = MyMeta):
    def __init__(self):
        print ("MyClass    init")

tt=MyClass()
```

abc 模块中有两个装饰器（@abstractmethod 与@abstractproperty）用于定义抽象方法与抽象属性。下面是 abstractmethod 与 abstractproperty 的使用方法。 在抽象基类 A 中定义了 Printitem，如果在 B 中没有定义 Printitem，将返回 TypeError: Can't instantiate abstract class B with abstract methods Printitem。即所有在抽象基类中通过 abstractmethod 与 abstractproperty 定义的方法、属性均需要在继承类中重新定义，否则会抛出异常。

```
from abc import ABCMeta,abstractproperty,abstractmethod
class A(object):
    __metaclass__ = ABCMeta
    @abstractmethod
    def Printitem(self):
        pass
```

```
    def get_item(self):
        pass
    def set_item(self, value):
        pass
    item = abstractproperty(get_item, set_item, doc="设置或返回 item")

class B(A):
    def __init__(self):
        self._item=0
    def Printitem(self):
        print self._item

    def get_item(self):
        return self._item

    def set_item(self, value):
        self._item=value

    item = property(get_item, set_item,  doc="设置或返回 item")


test1=B()
test1.item=10
print(test1.item)
test1.Printitem()
```

下面（ch7-9.py）是抽象基类实现多态特性的方法，通过该方法限定了所有继承者都需实现抽象基类定义的抽象方法和抽象属性。

```
class Shape(object):#(metaclass=ABCMeta):
    __metaclass__=ABCMeta
    def area(self):
        pass
class  Circle(Shape):
    def __init__(self, radius) :
        self.radius=radius
    def area(self):
        return   3.14*self.radius*self.radius

class Rectangle(Shape) :
    def __init__(self,a,b) :
        self.a=a
        self.b=b
    def area(self):
        return  self.a*self.b
```

```
def  PrintArea(obj):
     print (obj.area() )
mytest1=Circle(2)
mytest2=Rectangle(2,3)
PrintArea(mytest1)
PrintArea(mytest2)
```

7.9 小结

Python 中一切皆对象，程序员可以创建从 long、list 继承的子类。但又由于 Python 属于动态语言，使得其对象属性可以动态修改，具有比 C++/Java 更灵活的特性。可以通过类/实例的__dict__或通过 attr*方法查看/添加属性。类本身也是对象，可通过元类创建。

第8章　数　据　库

数据库是持久化数据的常用方式。由于 SQL 型数据库历史悠久、技术人员众多、非常可靠，因此本章主要讲解 Python 与 SQL 型数据库的交互。首先结合 SQLite 介绍了 Python 的数据库规范（DB-API 2.0），然后介绍使用相应的 Python 包访问 PostgreSQL 与 MySQL。高级话题是关于 ORM 的内容。其中 8.2、8.3、8.4 以及 9.3 节使用了相同的 todo 表，方便读者比较各自的使用方法。

8.1　DB-API 2.0

Python 的 DB-API 2.0 是一个规范。它定义了一系列必需的对象和数据库存取方式，以便为各种各样的底层数据库系统和多种多样的数据库接口程序提供一致的访问接口。数据库均有对应的符合 DB-API 规范的数据库接口，程序员使用接口连接各数据库后，就可以用相同的方式操作各数据库，增强了代码一致性和移植性。目前 Python 支持的主要数据库如下：

- Oracle
- SQL Serve
- MySQL
- SQLite
- PostgreSQL
- Gadfly
- Access

DB-API 2.0 接口定义了 Python 访问数据库的规范，主要包含： 模块属性、连接对象、游标对象、类型对象和构造器。

下面以 SQLite 为例，说明 DB-API 接口的主要内容。SQLite 是一款轻型的数据库，目前已经嵌入到 Python 发行包中。Sqlite3 模块由 Gerhard Häring 编写，提供了一个 SQL 接口，这个接口的设计遵循了由 PEP 249 描述的 DB-API 2.0 说明书。

DB-API 2.0 关于模块属性的定义，主要有 apilevel、threadsafety、connect()和 paramstyle。其中 apilevel 表示支持的 DB-API2.0 接口版本；threadsafety 表示线程安全级别；connect()用来生成 connect 对象，用于访问数据库；paramstyle 表示支持的 SQL 参数风格。例如：

```
>>> import sqlite3
>>> print sqlite3.apilevel
2.0
>>> sqlite3.threadsafety
1
```

```
>>> sqlite3.paramstyle
'qmark'
```

sqlite3.apilevel 的值为 2.0，说明 sqlite3 支持 DB_API 2.0。sqlite3.threadsafety 返回值为 1，表示初级线程支持，线程可共享模块，但不可共享连接。sqlite.paramstyle 返回值为 qmark，表示问号风格，即“where name =?”的方式。

虽然各个数据库接口都表示支持 DB-API 2.0，但一些地方并不完全一样，connect()方法就是最典型的。在 PEP249 中给出了 connect 方法的参数，见表 8-1。

表 8-1　DB-API 2.0 的 connect()方法参数

参　数	含　义
dsn	数据源字符串
user	用户名字符串（可选）
password	密码字符串（可选）
host	主机名（可选）
database	数据库名（可选）

使用过 ADO 或者 ADO.NET 的人，会很熟悉 dsn 字符串。数据库连接使用 dsn 字符串，该字符串包含了数据名、数据库用户、数据库主机的信息。表 8-1 中的其他参数为关键字参数,根据数据库选用不同参数。下面分别就 MySQL（MySQLdb 接口）、PostgreSQL（psycopg2 接口）、SQLite 3 的数据库接口说明 connect 不同之处。

连接 MySQL 的格式如下：

```
Conn = MySQLdb.connect(host="主机名", db="数据库名称", user="数据库用户名", passwd="数据库用户密码")
```

这里需要注意的是密码参数是 passwd，不是 password；数据库名参数使用的是 db，而不是 DB-API 2.0 中规定的 database 字符串。

psycopg2 是 PostgreSQL 的数据库接口。其连接方式有两种，一种是 dsn 方式，一种是关键字参数方式。两种方式的定义如下：

```
psycopg2.connect(dsn, connection_factory=None, cursor_factory=None, async=False)
psycopg2.connect(**kwargs, connection_factory=None, cursor_factory=None, async=False)
```

dsn 的使用方式例程如下：

```
conn = psycopg2.connect("dbname=testdb user=postgres password=secret")#使用 dbname 标识数据库，而不是 database。
```

使用关键字参数方式的例程如下：

```
psycopg2.connect(database="testdb", user="postgres", password="123456", host="127.0.0.1", port="5432")#使用 database 表示数据库，而不是 dsn 中的 dbname
```

SQLite 3 的数据库连接格式为：

```
sqlite3.connect(database [,timeout ,other optional arguments])
```

例如：

```
conn = sqlite3.connect('test.db')
```

Sqlite 与其他数据库的区别是，如果 test.db 数据库不存在，将自动创建。

通过模块的 connect 方法创建了连接对象后，可以对数据进行操作，执行连接对象的 commit()函数提交当前事务以及通过 rollback()函数撤销当前事务，并可通过连接对象执行 cursor()函数创建游标。

游标用于执行数据库命令和执行查询，并读取查询结果。下面以 Sqlite 3 为例说明连接对象与游标的常用方法。主要过程是建立连接对象，通过连接对象建立游标，然后通过游标的 execute()执行 SQL 语句,通过游标的 fetchall 读取 SQL 的 Select 命令执行结果。

```
#!/usr/bin/python
#encoding=utf-8

import sqlite3
conn=sqlite3.connect(":memory:")#conn = sqlite3.connect(r'd:\testdb.db')
cur=conn.cursor()
cur.execute('''CREATE TABLE User
        (ID INT PRIMARY KEY         NOT NULL,
        NAME             TEXT       NOT NULL,
        AGE              INT        NOT NULL,
        ADDRESS          CHAR(50),
        SALARY           REAL);''')  #可直接用 conn.execute

cur.execute("INSERT INTO user (ID,NAME,AGE,ADDRESS,SALARY) \
       VALUES (1, '中文', 32, '大连', 20000.00 )") #可直接用 conn.execute
cur.execute("insert into user (ID,NAME,AGE)values(?,?,?)" ,(2,u"中文名 " ,23))
conn.commit()
cur = cur.execute("SELECT id, name, address, salary  from User")
for row in cur.fetchall():
    print "ID = ", row[0]
    print "NAME = ", row[1]
    print "ADDRESS = ", row[2]
    print "SALARY = ", row[3], "\n"
conn.close()
```

DB-API 对数据库的基本操作流程可概括为下面几步：

1）建立连接对象。

2）通过连接对象建立游标。

3）通过游标的 execute()执行各类 SQL 语句。

4）通过游标的 fetchall()读取 Select 语句的返回结果。

上述代码中给出了连接对象和游标对象的用法，连接对象将 SQL 命令发送给服务器并读取从服务器返回的数据，主要方法及功能描述见表 8-2。

表 8-2　连接对象方法

方 法 名	功 能 描 述
close	关闭连接
commit	提交事务
rollback	取消当前事务
cursor	使用连接创建并返回一个游标

游标对象允许用户执行数据库命令并获取查询结果，对象的方法和属性见表 8-3。

表 8-3　游标对象的方法和属性

方 法 /属 性	功 能 描 述
arraysize	设置 fetchmany()一次取出的记录数目，默认值为 1
callproc	调用一个存储过程
description	返回游标的状态（name，type_code，display_size，internal_size，precision，scale，null_ok），该属性为只读属性，除了 name、type_code，其余值可能为 None
execute	执行一个数据库查询
executemany	一次执行多条 SQL 语句
fetchone	获取记录集的下一行
fetchmany	获取查询记录集合，函数参数决定了获取行数
fetchall	获取所有查询结果的记录
rowcount	返回 execute()影响的行数

8.2　Psycopg 2

PostgreSQL 是一个功能强大的开源对象关系型数据库系统。PostgreSQL 能够运行在所有主流操作系统上，包括 Linux，UNIX（AIX，BSD，HP-UX，SGI IRIX，Mac OS X，Solaris，Tru64）和 Windows。需要注意的是，PostgreSQL 在 Windows 下不能安装到带有中文的目录下。

PostgreSQL 的 Python 接口主要有 Psycopg 2、PyGreSQL 和 py-postgresql，其中 Psycopg 2 用户群比较大。Windows 下的 Psycopg 2 的安装需要从 http://www.stickpeople.com/projects/python/win-psycopg/下载软件包。Psycopg 2 的 Windows 版本根据 Python 版本与 Windows 32/64 位机进行划分，需结合自己情况下载安装相应版本。其余操作系统请按照 http://initd.org/psycopg/docs/install.html 中的说明进行安装。

Python 与 PostgreSQL 数据类型对应关系见表 8-4。

表 8-4　Python 与 PostgreSQL 数据类型对应关系

Python 的数据类型	PostgreSQL 的数据类型
None	NULL
bool	bool
float	real double
int long	smallint integer bigint
Decimal	numeric
str unicode	varchar text
buffer bytearray bytes	byte
date	date
time	time timetz
datetime	timestamp timestamptz
timedelta	interval
list	ARRAY

下面以 todo 表（9.2 节也使用该表）为例，说明 Psycopg 2 的使用方法。下面代码是创建表 todo 的过程。conn 为创建的数据库连接，使用了 9.1 节说明的关键字方式（需先通过 pgAdmin 创建数据库 test）。cur 为游标，执行数据库命令和获取查询结果。首先通过 SQL 的 Drop 删除已有的 todo 表，然后通过 create 语句创建 todo 表。

```
import psycopg2
…
conn = psycopg2.connect(database="test", user="postgres", password="postgres", host="127.0.0.1", port="5432")
cur = conn.cursor()
cur.execute("DROP TABLE IF EXISTS todo")
cur.execute('''CREATE TABLE todo
(
  id serial NOT NULL,
  title character varying(255) NOT NULL,
  posted  on date,
  status boolean DEFAULT false ,
  DateDue date,
  level integer,
  CONSTRAINT todo_pkey PRIMARY KEY (id)
    )''')
```

创建 todo 表之后，通过下面语句添加相应的测试数据。可以用 execute 或 executemany 添加数据。

execute 中直接使用字符串形式表示 SQL 语句。

```
cur=conn.cursor()
cur.execute("INSERT INTO todo (id,title , DateDue ,level) \
        VALUES (1,   '第一个 ',     '2015-12-12', 1)");
cur.execute("INSERT INTO todo (id,title , DateDue ,level) \
        VALUES (2, '第二个',     '2015-12-12', 1)");
cur.execute("INSERT INTO todo (id,title , DateDue ,level) \
        VALUES (3, '第三个',     '2015-12-12', 1)");
 #executemany
query = "INSERT INTO todo ( id, title, DateDue,level ) VALUES (%s,   %s, %s ,%s)"
todolist = (
    (   12,'第四个', datetime.date(2015, 11, 11) ,12 ),
    ( 13, '第五个', datetime.date(2015, 11, 18) ,132 )
```

execute 也支持本例中 executemany 所使用的字符串形式，即（%s）或（%(name)s）。其中%s 形式对应的是序列数据，见下例。如使用（%(name)s）形式则对应的是字典数据。

```
cur.execute("""INSERT INTO todo (id,title , DateDue ,level)
            VALUES (%s,   %s, %s ,%s) ; """,
            (12,'第四个', datetime.date(2015, 11, 11) ,12)
```

exexcutemany 的数据为序列的序列（%s 形式格式符）或字典序列（%(name)形式格式符）。

添加数据之后，可用 select 语句进行查询。通常有两种查询方式：一种是使用 cursor.fetchall()获取所有查询结果，然后再一行一行迭代；另一种是每次通过 cursor.fetchone()获取一条记录，直到获取的结果为空。下例通过两种方式查询数据。游标的 description 返回了一个列表（name,type_code,display_size,internal_size,precision,scale,null_ok）。通过 description 属性与 fetchall()可构建查询结构的字典形式，下例中 fetchall 以键值方式显示了查询结果。

```
rows = cur.fetchall()
print "所有字段名 ", zip(*cur.description)[0]
columnname=zip(*cur.description)[0]
for row in rows:
k=0
    while k <len(columnname):
        print columnname[k],":", row[k]
        k=k+1


# one by one
cur.execute("SELECT * FROM todo")
while True:
    row = cur.fetchone()
    if row == None:
        break
    print row[0], row[1], row[2]
```

除了游标 description 构建查询结果字典形式，还有字典形式的游标可直接返回游标数据。例如:

```
        conn=psycopg2.connect(database="test",    user="postgres",    password="postgres",    host="127.0.0.1",
port="5432", connection_factory=psycopg2.extras.DictConnection )
        dict_cur=conn.cursor( cursor_factory=psycopg2.extras.NamedTupleCursor)
        dict_cur.execute("SELECT * FROM todo")
        rows = dict_cur.fetchall()
        for row in rows:
            print row['id'],row['title']
        conn.close()
```

8.3 MySQL

MySQL 的 Python 接口有 MySQL 自带的 MySQL Connector/Python 与 MySQLdb。MySQL Connector/Python 兼容 Python DB-API 2.0，完全使用 Python 实现，并且不依赖 Python 标准库以外的第三方库。MySQL Conntector/Python 针对不同操作系统提供了相应的安装软件包，Windows 下为 MSI 安装包。所有的 Python 对应版本与操作系统版本均可从 http://dev.mysql.com/downloads/connector/python/下载。

本节以 8.2 节的数据为例说明如何创建数据库、表，插入数据并查询。首先是创建数据库、表。cnx 是创建的数据连接，可通过名称参数形式创建，也可通过字典形式创建。通过连接对象创建的游标的 execute()函数执行 SQL 语句创建数据库与表。

```
cnx =mysql.connector.connect ( user='root', password='123456',
                               host='127.0.0.1')

cursor = cnx.cursor()
cursor.execute(
        "CREATE DATABASE {} DEFAULT CHARACTER SET 'utf8'".format(DB_NAME))
TABLE   = ('''
    CREATE TABLE `todolist`.`todo` (
    `id` INT NOT NULL COMMENT '',
    `titile` TEXT NULL COMMENT '',
    `posted_on` DATE NULL COMMENT '',
    `datedue` DATE NULL COMMENT '',
    `level` INT NULL COMMENT '',
    PRIMARY KEY (`id`)    COMMENT '')
    '''
    )

cursor.execute(TABLE)

cursor.close()
cnx.close()
```

创建表 todolist 后，通过 insert 语句插入数据。

```
cnx = mysql.connector.connect(user='root', password='123456',
                              host='127.0.0.1',
                              database=DB_NAME
                              )

cursor = cnx.cursor()

insertsql = ("INSERT INTO todo "
             "(id, titile, posted_on, datedue, level) "
             "VALUES (%s, %s, %s, %s, %s)")

todo_data1 = (12, 'write','2012-09-08', '2012-09-09',1 )
todo_data2=(10,str(datetime.now().date()), str( datetime.now().date()+ timedelta(days=1)),2)

cursor.execute(insertsql, todo_data1)

todo_data2=(10,"read",str(datetime.now().date()), str( datetime.now().date()+ timedelta(days=1)),2)
cursor.execute(insertsql, todo_data2)
cnx.commit()
cursor.close()
cnx.close()
```

通过 SQL 的 SELECT 语句查询刚刚插入的数据。

```
cnx = mysql.connector.connect(user='root', password='123456',
                              host='127.0.0.1',
                              database=DB_NAME
                              )

cursor = cnx.cursor()

query =    "SELECT * FROM todo "

cursor.execute(query )
while True:
    row = cursor.fetchone()
    if row == None:
        break
    print (row[0], row[1], row[2] ,row[3])


cnx.commit()
cursor.close()
cnx.close()
```

虽然本节是关于 MySQL Connector/Python 的内容，但操作方式与 8.2 节几乎相同，因为这些数据库接口均遵循 DB API 2.0。MySQL 的另外一个接口是 MySQLdb，与本节的使用方法相同。但上述各方法均需熟悉 SQL 语句。下一节提供了无需熟悉 SQL 语句就可进行数据库访问的方法。

8.4　高级话题：ORM

用传统的方式访问数据库，不仅要求熟悉 SQL，而且需要了解表的数据结构，一旦数据结构发生变化，所有的数据存取过程都需要进行相应的改变。8.2 节说明了在查询数据库时，会直接返回字典数据，但将 Python 数据插入到数据中以及更新时还是需要写大量代码。使用 ORM 可以解决这类问题。ORM 是对数据库模式的描述，该描述对应了应用程序的对象，将 Python 对象映射到数据库行，并提供了一些用于从数据库中存取对象（行）的接口。

ORM 具有如下优点：

- 简单：ORM 以最基本的形式建立数据模型。ORM 将数据库的一张表映射成一个 Python 类，表的字段就是这个类的成员变量。
- 统一：ORM 使所有的数据表都按照统一的标准 映射成 Python 类，使系统在代码层面保持准确统一，从而可实现转换数据库时，无需相应的 SQL 语句。
- 易学：ORM 避免了不规范、冗余、风格不统一的 SQL 语句，可以避免很多人为 Bug，方便编码风格的统一和后期维护，更适合初学者使用。

目前优秀的 Python ORM 软件有 SQLAlchemy、SQLObjec 和 Django 的 ORM。本节主要讲解 SQLAlchemy。

SQLAlchemy 将数据看作关系代数引擎，而不仅仅是表的集合。行不仅仅看作来自表，也是连接和其他语句。所有其他的单元构成大的结构。

SQLAlchemy 已经包含在 Anaconda 中，无需单独安装。

本节以 8.2 节的 todo 表为例说明 SQLAlchemy 的使用。

create_engine()返回引擎的实例，代表数据库核心接口，建立与数据库 DBAPI 连接。引擎融合了数据库连接池与数据库特定的 dialect 层，将 SQLAlchemy 的 SQL 表达式转换成数据库的 SQL 语句。也提供了 Engine.execute()和 Engine.connect()操作，但在 ORM 条件下，很少直接使用 Engine 操作数据库。其中 create_engine 函数的参数是连接不同数据库并通过 echo 参数显示所有 SQL 的生成过程,URL 的格式主要是：

```
dialect+driver://username:password@host:port/database
```

其中 dialect 是指 SQLAlchemy 用于表示数据名，例如 sqlite、mysql、postgresql、oracle、mssql 等。driver 只是 DBAPI 名字，如使用 psycopg 2 则 driver 变为 psycopg 2。username、password、host、port、database 分别是数据库用户名、密码、主机地址、数据库端口、数据库名。下面是一些连接例子。

```
# 默认 postgresql
engine = create_engine('postgresql://scott:tiger@localhost/mydatabase ')
```

```
#使用 psycopg2
engine = create_engine('postgresql+psycopg2://scott:tiger@localhost/mydatabase' )
# 默认 MySQL
engine = create_engine('mysql://scott:tiger@localhost/foo ' )
engine = create_engine('oracle://scott:tiger@127.0.0.1:1521/sidname' )
engine = create_engine('oracle+cx_oracle://scott:tiger@tnsname' )
engine = create_engine('sqlite:///foo.db ' )
#使用 SQLite 的内存数据库
engine = create_engine('sqlite://')
```

如果没有 ORM，将数据库表中一个行数据读入到应用程序或进行反向操作，均需要编写相应的 SQL 语句。而通过 ORM 可很轻松地将数据库中的表与应用程序中的类定义对应起来，并将 SQL 语句隐藏起来，简化用户操作数据库的过程。

SQLAlchemy 隐藏数据库与程序类的方法主要是使用 mapper 方法或者 SQLAlchemy 扩展 declarative。declarative 语法允许在一步执行中创建表、类和数据库映射。下例声明了 Todo 类，通过这种声明方式，SQLAlchemy 能够在一步中创建一个数据库表、创建一个类以及类与表之间的映射。Base=declarative_base()行创建了一个类，Todo 继承自该类。这个 DeclarativeMeta 类型的优势就是允许所有操作发生在一个简单的类定义中。

```
Base = declarative_base()
class Todo(Base):
    """"""
    __tablename__ = "todo"
    id = Column(Integer, primary_key=True)
    title = Column(String(255), nullable=False)
    posted_on = Column(DateTime,default=datetime.datetime.now()  )
    status = Column(Boolean, default=False)
    datedue=Column(DateTime )
    level= Column(Integer )
    def __init__(self, id,  title,level,datedue):
        """构造函数"""
        self.id = id
        self.title = title
        self.level=level
        self.datedue=datedue
    def __repr__(self):
        return  "<todo  ('%s', '%s','%s', '%s','%s')>" % (self.id, self.title,self.level,self.datedue,self.posted_on)
```

另一个需要指出的地方是本示例并未实际执行任何操作。在运行创建表的代码之前，将不会创建实际的表。执行下面的 create_all 语句之后，才真正创建表。

```
Base.metadata.create_all(engine)
```

SQLAlchemy 的“官方”文档将 Session（会话）描述为数据库的句柄，用于建立所有与数据库的会话以及加载对象的存储，提供获取查询对象的入口点。查询对象使用会话对象的当前数据库连接发送数据库查询，并将查询接口填入 Session 中的对象中。它允许不同的基于事务的连接发生在 SQLAlchemy 一直在等待的连接池中。在会话内部，通常是添加数据到数据库中、执行查询或删除数据。会话建立所有与数据库的会话以及加载对象的holdingzone，提供了获取查询对象的入口。会话在提交或者回滚前，代表正在进行的事务。会话可通过 execute 函数执行 SQL 语句。

会话的创建是通过 sessionmaker 的会话工厂函数创建的，可在创建时绑定数据库引擎或在创建后通过 configure()函数进行配置：

```
session=sessionmaker(bind=engine)
```

使用 add()添加实例到 session。在执行 commit()之前，数据库中并未实际产生数据，但通过query()是可以查看到数据的。例如下例中 todo1、todo2、todo3 是通过 add()、add_all()添加到数据库中的，在执行 commit()之前，可查看数据库内容核实 todo1、todo2、todo3 并没有添加到数据库中，只是在执行 commit()语句之后才添加到数据库中。add()或 add_all()称为实例挂起，并无实际的 SQL 语句执行，即对象并无对应数据库行。通过 flush 线程,会话可将 todo1 存到数据中，在执行 query()时,首先执行从挂起数据中查询，所以会查到相应数据。

通过 session.commit()或者 session.flush()可将 Python 实例存储到数据库中。

```
Session = sessionmaker(bind=engine)
session = Session()
todo1 = Todo(id=1,title="test1",level=12,datedue=datetime.datetime.now())
todo2 = Todo(id=2,title="test2",level=12,datedue=datetime.datetime.now())
todo3 = Todo(id=3,title="test3",level=12,datedue=datetime.datetime.now())
try:
    session.add(todo1)
    session.add_all([todo2,todo3])
    session.commit()
```

todo1、todo2、todo3 的数据内容在执行 commit() 或者 flush()之前还都不在数据库中，那么下面的删除与更新就比较好理解了。完全按照 Python 风格修改实例的属性以及删除实例，在需要保存到数据库时，执行 session.commit()或者 session.flush()。

```
session.delete(todo1)
session.commit()
…
 #update
todo2.title="test!"
session.commit()
```

commit()、flush()对应 rollback()函数，rollback() 回滚当前事务。事务回滚后：

- 所有事务被撤销并且所有连接回到连接池，除非会话被直接绑定到连接上，这时连接被重置（但仍旧被回滚）。
- 添加到会话中挂起的对象被删除，相应的 INSERT 语句被回滚。属性保持不变。
- 标记删除的对象恢复到连接状态，对应的 DELETE 语句被回滚，SQLAlchemy 提供了 query 对象，用于取回表中的记录。最基本的操作是 session.query(Todo).all()，返回表中的所有记录。例如：

```
alldata=session.query(Todo) .all()
for _data in alldata:
    print _data
```

通过 session.query(Todo) .all()返回一个列表，列表的数据为 Todo 对象，可直接访问对象属性，例如_data.id。返回所有对象的查询实际意义不是很大。query 对象提供了修改查询对象的方法，最常用的是 filter()与 filter_by(),即实现过滤功能。例如：

```
alldata=session.query(Todo) .filter(Todo.level>10 ).all()
```

filter 在 query 对象上执行，返回的是一个 query 对象，所以可继续调用 all()方法。除了 filter()与 filter_by()过滤器，还有几个常用的过滤器：limit()限制返回值的结果数量，返回一个新的查询；offset()偏移查询返回结果，生成新查询；order_by()对查询结果进行排序，返回新的查询；group_by()根据指定条件对查询结果分组，返回新查询。

对于过滤所生成的 SQL 语句，可通过 str(session.query(Todo).filter(Todo.level>10))显示相应的 SQL 语句。

8.5 小结

本章是关于 Python 中使用关系型数据库的介绍。除了本章介绍的 Sqlite、PostgreSQL、MySQL 数据库外，常用的数据库还有 Oracle、MS SQL Server 等，数据库的选用取决于操作系统、资金、性能要求等情况。Postgresql 的前身 POSTGRES 由数据库专家 Michael Stonebraker（2014 年图灵奖得主）开发，其数据接口比较多，但基本操作方法相同。MySQL 是流行的数据库，本章选用 MySQL 官方提供的接口程序 MySQL Connector/Python（http://dev.mysql.com/doc/connector-python/en/index.html）讲解了对 MySQL 数据库的访问。

ORM 简化了 SQL 层与 Python 对象的关联过程，使得开发人员将精力集中在 Python 对象层，而无需编写 SQL 语句，当然 ORM 也提供直接执行 SQL 语句的方法。ORM 除了文中介绍的 SQLAlchemy，常用的还有 SQLObject。

第9章 网络编程

互联网在不断发展，已经以各种形式渗透到各行各业中，形成了互联网+，并改变了人们的生活方式。Python 也以各种形式参与到互联网+中。

Python 对网络有较好的支持，各种通信协议如 TCP、UDP、telnet、FTP、SMTP、SNMP 均有对应的 Python 包。但通信协议对普通人而言过于高深。Web 则更贴近人们的生活，如网络购物均从 Web 的 URL 开始。Web 分为客户端和服务器端。客户端除了常见的浏览器应用，还有各种爬虫获取网络信息构建大数据。Python 的客户端除了自带的 urllib/urllib2，另有 scrapy、Beautiful Soup 等优秀包可用于从网络中获取数据。服务器端有大量的 Web 应用框架如 Django、webpy、Twisted Web、Zope、Flask 等。Flask 属于小型框架，但它具有极强的扩展性。本章首先从基础的套接字编程实现一个简单的 Http 服务器开始，而后过渡到 CGI 编程，最后讲解 Flask。

9.1 网络基础

TCP/IP 适用于客户端/服务器通信，在该模式下，服务器一直侦听来自客户端的请求，在有请求后建立连接处理请求。

例如在浏览器地址栏中输入 www.python.org，浏览器将链接 www.python.org 的服务器，并请求访问“/”页面，服务器接到该请求后，将该页面返回客户端。

Python 提供了访问底层操作系统 Socket 接口的全部方法，下例（ch9-1.py）是以 Socket 实现 Http Server，返回客户端对其的访问时间与 IP。有关套接字（socket）的操作均在 main 函数里面，socket()函数创建套接字，其中 socket.SOCK_STREAM 表示创建 TCP/IP 的套接字，socket.IPPROTO_IP 表示可用于接收任何 IP 数据包，其中的校验与协议分析由程序自己完成。bind()函数用于将主机地址和端口号绑定套接字。listen()表示进行 TCP 监听。服务器调用 accept()等待连接，默认情况下，accept()函数是阻塞式的，即程序在连接到来之前处于挂起状态，一旦收到一个连接，accept()函数会返回一个单独的客户端连接用于后续通信。sendall()与 recv()是发送接收函数。表 9-1 是常用的套接字函数。

```
import socket
import os
import sys
import datetime


def resolve_uri(url):
```

```
    TYPE = "text/html\n\n"
    BODY = "<!DOCTYPE HTML><html><head><title>Directory</title></head>\n"
    BODY+="<h1> Hello World " +str( datetime.datetime.now() )+"</h1>"
    BODY+="<h2> url=    "+url+"</h2>"
    BODY += "</body></html>"
    return TYPE, BODY


def parse_request(request):
    try:
        request = request.split("\r\n\r\n", 1)
        req = request[0].split("\r\n")
        for i, r in enumerate(req):
            req[i] = r.split()
        method = req[0][0].upper()
        url = req[0][1]
        print "url" +url
        proto = req[0][2].upper()
        headers = {}
        for line in req[1:]:
            headers[line[0].upper()] = line[1:]
        if method == "GET":
            if proto == "HTTP/1.1" and "HOST:" in headers:
                return url
            else:
                raise SyntaxError("400 Bad Request")
        else:
            raise ValueError("405 Method Not Allowed")
    except IndexError:
        raise SyntaxError("400 Bad Request")


def response_ok(TYPE, BODY):

    return ("HTTP/1.1 200 OK\r\n"
            "Content-Type: " + TYPE + "\r\n"
            "\r\n" + BODY)


def main():
    ADDR = ("127.0.0.1", 8000)
    server = socket.socket(
        socket.AF_INET, socket.SOCK_STREAM, socket.IPPROTO_IP
    )
    server.setsockopt(socket.SOL_SOCKET, socket.SO_REUSEADDR, 1)
```

```
    server.bind(ADDR)
    server.listen(1)
    while True:
        try:
            conn, addr = server.accept()
            s, msg = "", True
            while msg:
                msg = conn.recv(1024)
                s += msg
                if len(msg) < 1024:
                    break
            print s
            try:
                url = parse_request(s)
                TYPE, BODY = resolve_uri(url)
                resp = response_ok(TYPE, BODY)
            except (SyntaxError, ValueError, UserWarning) as e:
                resp = response_error(e)
        except KeyboardInterrupt as e:
            break
        except Exception as e:
            print e

        print (resp)

        conn.sendall(resp)
        conn.close()
if __name__ == "__main__":
    main()
```

运行该程序后，在浏览器中输入 127.0.0.1:8000，会显示如图 9-1 所示内容。

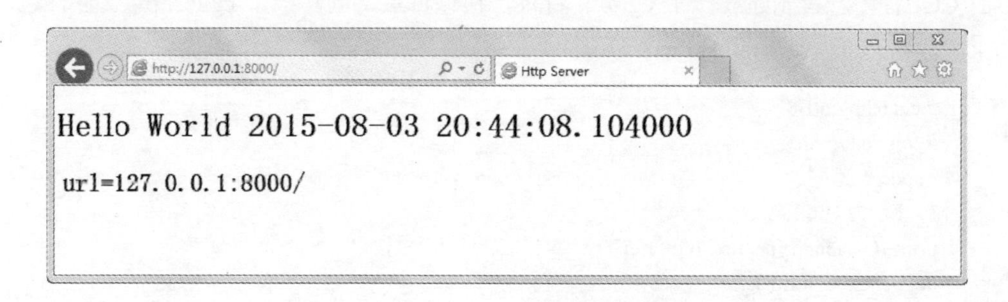

图 9-1　Http 服务器

该程序不仅实现了 http 服务器，也实现了 CGI 程序。但显然该程序的设计模式不适合互联网的模型。下一节将介绍 CGI 程序。

表 9-1 常用套接字

函　数	描　述
socket.accept()	提取出所监听套接字的等待连接队列中第一个连接请求，创建一个新的套接字，并返回指向该套接字的文件描述符
socket.bind()	绑定socket.connect()
socket.listen()	监听套接字的连接
socket.connect()	连接远程套接字
socket.recv()	读取套接字中数据
socket.send()	通过套接字发送数据
socket.getpeername()	连接到当前套接字的远端地址
socket.getsockname()	当前套接字的地址
socket.setsockopt()	设置指定套接字的参数
socket.close()	关闭套接字

9.2 CGI

将 9.1 节的有关网络部分 main 与 parse_request 单独作为一个程序，即是 CGI 服务器。可以参考 Python 安装目录下的 SimpleHTTPServer.py 文件（Python 3 为 Lib\http\server.py），该文件是一个 HTTPServer 服务器，创建并监听 HTTP 套接字，分发请求给句柄。CGIHTTPRequestHandler 用于 CGI 脚本。

CGI（公共网关接口）主要运行在服务器上，如 HTTP 服务器，提供同客户端 HTML 页面的接口。该接口用于 Web 服务器处理来自浏览器的请求，9.1 节中 resolve_uri()与 response_ok()函数完成了该功能。

9.2.1 CGI 模块

Python 中提供了 CGI 模块，下面演示使用 CGI 模块实现一个输入用户名和密码，然后回显的 CGI 程序。首先建立一个 cgi-bin 目录，在该目录下创建一个 cgitest.py 文件，包含内容如下。

```
# encoding:utf-8
# !/usr/bin/python
import cgi
#  显示为 Html
print "Content-Type: text/html\n\n"
def generate_form():
    print "<HTML><HEAD><TITLE>Login</TITLE></HEAD><BODY >\n"
    print   ("<H3>input username and password </H3>\n")
    print "<FORM METHOD = post ACTION = \"cgitest.py\">\n"
    print " Username: <INPUT type = text         name = \"name\"> \n"
    print " Password: <INPUT type = text name =          \"pwd\"> \n"
    print "<INPUT TYPE = hidden NAME = \"action\" VALUE = \"display\">\n"
```

```
    print "<INPUT TYPE = submit VALUE = \"Enter\">\n"
    print "</FORM>\n"
    print "</BODY>\n"
    print "</HTML>\n"
def display_log(name, pwd):
    print "<HTML><HEAD><TITLE>User Info Form</TITLE></HEAD><BODY>\n"
    print "username:", name, "\n\n password :", pwd
    print "</BODY>\n"
    print "</HTML>\n"
if __name__=="__main__":
    form = cgi.FieldStorage()
    if (form.has_key("action") and form.has_key("name")    and form.has_key("pwd")):
            if (form["action"].value == "display"):
                display_log(form["name"].value, form["pwd"].value)
    else:
            generate_form()
```

首先通过 print "Content-Type: text/html\n\n"产生 HTTP 头（对比 9.1 节中 response_ok 函数），CGI 程序要求至少生成一个 Content-Type header，用于通知浏览器收到什么类型的文件。而且在生成 HTTP 头后，需要发送一个空行，用于区分头与文档。FieldStorage 实例可从 Web 客户端读取有关的用户信息，包含类似字典的对象，可通过键值方式访问其中数据。从上面的代码可看出，CGI 程序需要程序员编写大量代码进行 HTML 的解释。

Python 自带了一个 Web 服务器 CGIHTTPServer，可用于学习和代码测试，生产环境可选用 Apache、nginx 等优秀的 Http 服务器。在 cgi-bin 的上一级目录运行：

```
python -m CGIHTTPServer 8888
```

在浏览器地址栏输入 http://ocalhost:8888/cgi-bin/cgitest.py，即可看到如图 9-2 所示结果。

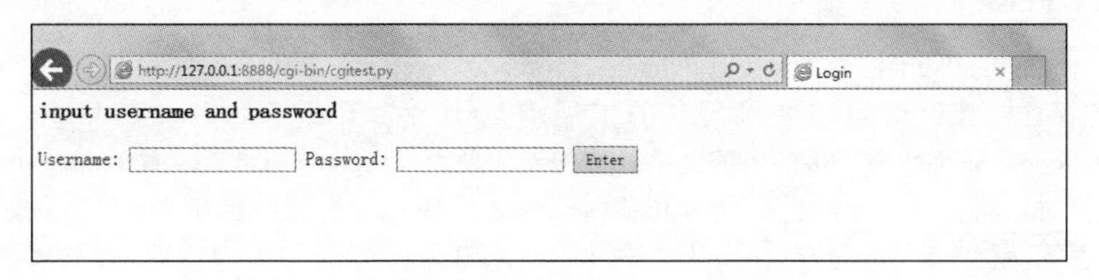

图 9-2　CGI 示例

注意：CGIHTTPServer 默认的端口号是 8000,但可能存在该端口号被占用的情况，故此处选用 8888 端口。

9.2.2　WSGI

目前直接基于 CGI 的应用很少。Python 定义了一个 WSGI（Python Web 服务器网关接口），WSGI 提供了 Web 服务器和 Web 应用程序之间的简单通用接口，从而使程序员不必关心 Web 服务器的编写方式，无论是采用 Python 语言编写（例如 Medusa）、内嵌 Python（例如 mod_pyton）还是通过网关协议激活 Python 的方式（例如 CGI、FastCGI 等），使得 Web 开发框架都与 Web 服务器无关。另外，本节讲解的 CGI 例程离不开所用的 CGI 模块以及对应的 HttpServer，而 WSGI 可避免这种一对一关系（应用程序可运行在多种遵从 WSGI 的服务器上），而且 WSGI 比 CGI 简单，并具有扩展性（有大量的 WSGI 服务器、第三方组件）。 WSGI 接口有服务器（或者说网关）端和应用程序（或者说框架）端。

WSGI 服务器端提供了一个 environ 字典和一个 start_response 函数。environ 字典需要提供一些 WSGI 定义,例如 wsgi.version 表示该请求遵守 WSGI 版本信息，tuple 类型。wsgi.url_scheme 表示 HTTP 请求的协议为 https 或 http。wsgi.input 表示一个输入流，类似于 file 对象，用于读取用户传输的信息。start_response 是一个可调用对象，由 Web server 以参数的形式传给应用程序。应用程序调用 start_response，用以返回 HTTP 响应的状态和头。目前多数 Http 服务器（Apache、nginx）都支持 WSGI 的具体实现。

https://wiki.python.org/moin/WSGIImplementations 给出了遵守 WSGI 协议的 Web 服务器端实现以及客户端实现。

下一节中的 Flask 是众多基于 WSGI 标准客户端应用程序中的一款小型、可扩展 Web 应用框架。

9.3 高级话题：Flask

本节以一个待办提醒程序为例说明 Flask 的用法。本节中的源代码文件在 app 目录下。源代码文件为 todolist.py。

static 目录用来存放静态文件，例如图片、CSS 定义文件、JavaScript 文件。该目录是 Flask 的静态文件默认搜索目录。

templates 目录下是模板文件，Flask 默认在该目录下寻找模板文件。

9.3.1 Flask 简介

Python 的 Web 框架，主要有 Django、Tornado、web.py、Bottle、Flask 等。其中 Flask 属于小型框架，但可扩展。所有的扩展都位于名为 flask_something 的包中，其中“something”是你想要连接的库的名字。例如当计划为 Flask 添加一个叫做 simplexml 的库的支持时，将需要扩展的包命名为 flask_simplexml。Flask 通过扩展方式提供了数据库操作、表单以及登录系统等常用的应用。例如：SQLAlchemy 是优秀的 ORM，支持多种数据库平台；Flask-SQLAlchemy 为对应的 Flask 扩展，包含了 SQLAlchemy 框架。

Flask 依赖 Werkzeug 和 Jinja2 两个库。其中 Werkzeug 提供路由网关接口，遵守 WSGI 协议，目前支持 Python 2.6/2.7 与 Python 3.3 以上版本，支持 Unicode。

Flask 的实例通过如下代码实现：

```
from  flask import Flask
app=Flask(__name__)
```

Flask 类的构造函数只有一个必须指定的参数，即程序主模块或包的名字。Flask 通过该参数决定程序的根目录，以便据此查找资源文件位置（例如模板文件、静态文件）。在 Flask

中，通过 Flask 实例的 config 属性进行配置。config 属性是字典类型的子类，使用方法与字典相同，例如下面的代码使应用程序处于调试模式：

```
app=Flask(__name__)
app.config['DEBUG']=True
```

本节通过一个待办提醒程序讲解 Flask 的使用。其中待办数据库（todo 表）在第 8 章中已经使用过。下面针对该程序进行讲解。

Flask 路由是指 URL（网页地址）与函数之间的关系，Flask 程序使用 app.route 装饰器定义路由，把装饰函数注册为路由。例如下面的函数 index 通过装饰器注册为根地址。其中 methods 参数为 GET 和 POST。如果没有指定 methods 参数，就只是把视图函数注册为 GET 请求的处理程序。render_template 是对模板引擎 Jinja2 的 render 封装。第一个参数是模板文件，后续参数为键值对表示模板变量中的真实值。其中 index.html 位于 templates 目录下，因为 Flask 默认模板文件在 templates 目录下。render_templater 函数中 form 与等号左边的 todo 代表 index.html 中的占位符，todoform 与等号右边的 todo 代表赋值内容。

```
@app.route("/",methods=['GET','POST'])
def  index():
        …
        return render_template('index.html',form=todoform,todo=todo )
```

下面的 delitem 视图函数，用于删除特定被选项，即将 id 作为参数传递给 delitem 视图函数。其中<int:id>表示匹配动态 id 为整数的 URL。Flask 支持 float、int、path 类型。

```
@app.route('/del/<int:id>')
def delitem(id):
    todo = Todo.query.filter_by(id=id).first()
    if todo:
        db.session.delete(todo)
        db.session.commit()
    flash(u"记录删除成功")
    return redirect(url_for("index"))
```

9.3.2　Flask-SQLAlchemy

SQLAlchemy 在第 8 章做了讲解，Flask-SQLAlchemy 是 SQLAlchemy 的 Flask 扩展，使用方法基本与 SQLAlchemy 相同。Flask 下的 SQLAlchemy 配置过程如下：

```
from flask.ext.sqlalchemy import SQLAlchemy
...
app.config['SQLALCHEMY_DATABASE_URI']= 'sqlite:///c:/todo.sqlite'
db = SQLAlchemy(app)
```

在第 8 章已经讲解了 Todo 数据模型，下面是该模型在 Flask-SQLAlchemy 中的用法：

```
class Todo(db.Model):
    '''数据模型'''
```

```
    __tablename__='todo
    id = db.Column(db.Integer, primary_key=True)
    title = db.Column(db.String(255), nullable=False)
    posted_on = db.Column(db.Date, default=datetime.utcnow)
    status = db.Column(db.Boolean(), default=False)
    DateDue=db.Column(db.Date, default=datetime.utcnow)
    def __init__(self, *args, **kwargs):
        super(Todo, self).__init__(*args, **kwargs)
    def __repr__(self):
        return "<Todo '%s' :'%s':'%s':'%s':'%s'>" %( self.title,self.status,self.DateDue,self.posted_on,self.id)
    def validate_title(form, field):
        if field.data = = 0:
            raise ValidationError, u'内容不能为空'
```

Flask-SQLAlchemy 中的数据库操作与 SQLAlchemy 操作类似，下面是删除记录的方法。

```
def delitem(id):
    todo = Todo.query.filter_by(id=id).first()
    if todo:
        db.session.delete(todo)
        db.session.commit()
    flash(u"记录删除成功")
    return redirect(url_for("index"))
```

程序使用了 Flask-Script，因此 Flask 支持命令行的 Flask 扩展，（后续内容对此扩展有更详细讲解）。数据库是通过 db.create_all()创建的。用法如下：

```
python todolist.py shell
>>from todolist import db
>>db.create_all()
```

表单是 Web 应用程序的重要组成部分，用户登录/提交数据均需要表单。同时表单的验证是保证数据安全的重要手段。客户端的验证是通过 JavaScript 和 HTML5 实现的。WTForm 提供了服务器验证的表单工具。本书使用了 Flask-WTF，即 WTForm 的 Flask 扩展。下面讲解通过表单实现添加新待办事项的方法。

9.3.3 Flask-WTF

Flask-WTF 表单能保护所有表单免受跨站请求伪造的攻击。Flask-WTF 需要程序设置一个密钥，通过该密钥生成加密令牌，再用令牌验证请求中的表单数据的真伪，即 app.config['SECRET_KEY']。

使用 Flask-WTF 时，每个 Web 表单都由一个继承自 Form 的类表示。这个类定义表单中的一组字段，每个字段都用对象表示。字段对象可带有一个或多个验证函数。验证函数用来验证用户提交的输入值是否符合要求。下面是添加待办事项的表单。

```
class TodoForm(Form):
```

```
'''表单'''
title = StringField(u"内容",validators=[DataRequired()])
DateDue=DateField()
validate_on_submit = SubmitField('Submit')
```

StringField 表示文本字段；DateField 表示文本字段，但值为 datetime.date 格式；SubmitField 为表单提交按钮。StringField 中 validators 参数指定验证函数组成的列表，在接受用户提交数据之前验证数据。除了上述三个字段，还有密码文本字段、单选框、下拉列表等字段。验证函数除了 DataRequired，还支持正则表达式。

表单的渲染可采用 9.2 节的方式，但 Flask-Bootstrap 提供了更简单的方式，其位于 Index.html 中：

```
{%import "bootstrap/wtf.html" as wtf %}
{{wtf.quick_form(form)}}
```

Bootstrap 是 Twitter 提供的开源框架，用于开发用户界面，可创建整洁优秀的网页，并兼容所有现代 Web 浏览器。Bootstrap 不涉及服务端。为了在 Flask 中使用 Bootstrap，需要使用 Flask-Bootstrap 扩展。用法如下：

```
from flask.ext.bootstrap import Bootstrap

...
bootstrap = Bootstrap(app)
```

9.3.4　Jinja2

Jinja2 模板类似字符串的 format、template。模板中包含变量或者表达式，渲染时加以替换。例如如下字符串格式化代码：

```
template = "hello {name} , your message is {message} ".format(name="apache",message="tomcat")
print(template)
```

Jinja2 的代码与上述代码类似，通过替换占位符生成相应的字符串。例如：

```
import jinja2 as jj
template = jj.Template('Hello {{where}}')
template.render(where = 'World')
```

Jinja2 通过{{name}}结构表示一个变量，渲染时进行替换，例如上例的{{where}}。Jinja2 可识别所有 Python 类型的变量，例如列表、字典和对象，并可使用过滤器修改变量，过滤器添加变量名之后，中间用竖线分隔。例如：

```
template = jj.Template('Hello {{name[2]}}')
template.render(name = [12,23,34])
template = jj.Template('Hello {{name|lower}}')
template.render(name = "WORLD")
```

Jinja2 还提供了多种控制结构、宏、模板继承、块标签。下面是 Jinja2 模板的用法（源代码为 ch9-2.py，为独立于本节其余内容的程序）。

```
htmltext =u"""
<!DOCTYPE html>
<head>
    <title>网页</title>
</head>
<body>
    <ul >
    {% for item in items%}
        <li><a href="{{ item.href }}">{{ item.caption }}</a></li>
    {% endfor %}
    </ul>
    <h1>网页内容 </h1>
    {{ var|capitalize }}
    {#  注释   #}
</body>
</html>"""
import   jinja2   as   jj
template =jj.Template(htmltext)
class i:
    pass
items    =list()
items.append(i() )
items.append(i())
items[0].href='www.sina.com'
items[0].caption='sina'
items[1].href='www.yahoo.com'
items[1].caption='yahoo'
print template.render(var=u" hello",items=items)
```

其中：

- {% ... %} 用于控制表达式。
- {{ ... }}用于表示变量。
- {# ... #}表示注释。

Flask 的模板文件，默认配置在本节例程 templates 目录下，本节的待办事项程序有三个模板文件，分别是 base.html,index.html,page_404.html。其中 base.html 为基模板，index.html 通过{% extends "base.html" %}集成了 base.html 模板。base.html 中定义了块：

```
<body class="page">
{% block content %} {% endblock %}
<br />
```

在 index.html 中对 content 进行修改。下面是 index.html 中对 content 内容进行修改的

方法。

```
{% block content %}
<h2>
<div align="center "> 待办事项 </div></h2>
...
{% endblock %}
```

Flask 的静态文件（例如图片、CSS 文件、Javascript 文件）默认在 static 目录下，可直接显示/调用。下面是 base.html 文件中显示图片的方式。第一行与普通 html 语句的显示图像方式相同。第二行是使用 Jinaja2 模板，即使用 url_for()函数生成 URL。

```
<img    src ="static/logo-full.png">
<img    src="{{ url_for('static', filename='jinja-small.png')}}"     >
```

9.3.5　用 Matplotlib 与 Flask 显示动态图片

在第 1 章中介绍了 Matplotlib。Matplotlib 也可嵌入到 Web 中。

首先介绍一下 Matplotlib 的绘制原理。Matplotlib 为两层结构：

- 渲染器（renderer）：用于绘制图形。
- 画布（canvas）：图形绘制的地方，代表了真正进行绘图的后端（backend）。

标准的渲染器是 AGG 库，可生成反走样以及亚像素精度的出版物级质量的图像。GUI 对应不同的渲染器，例如 Qt 对应的渲染器是 QtAgg，GTK+对应的是 GtkAgg 渲染器，如果缺少图形环境，则需要选用 AGG。画布是伴随 GUI 库的，支持 AGG 渲染器与其他渲染器。所以在 Flask 环境使用了 AGG 渲染器，见下面代码。

```
import matplotlib
matplotlib.use('Agg')
 选用非 GUI 后端，导入 Figure 和 FigureCanvasAgg。并导入 StringIO,用于模拟写入文件
import StringIO
from matplotlib.backends.backend_agg import FigureCanvasAgg as FigureCanvas
from matplotlib.figure import Figure
```

FigureCanvas 是 Figure 实例的容器类，Figure 是一个或多个 Axes 实例的容器，包含与管理某个图形的所有元素；Axes 是包含基本单元如线、文本等的矩形区域。

下面是 fig 函数的完整代码，其中 level 参数为任务等级。

```
@app.route('/fig/<level>')
def fig(level):
    level =int(level)
    if level>4:
        level =4
    fig = Figure((8,8), dpi=50)
```

```
axis = fig.add_subplot(1, 1, 1)
x = np.random.rand(level)#位置随机
y = np.random.rand(level)
colors = ['blue', 'green', 'yellow', 'red']
axis.scatter(x,y,s=10000, color=colors[level-1], marker=(5,1))
canvas = FigureCanvas(fig)
output = StringIO.StringIO()
canvas.print_png(output)
response = make_response(output.getvalue())
response.mimetype = 'image/png'
return response
```

axis = fig.add_subplot(1, 1, 1)函数返回 Axes 实例，可用于绘制。本例仅生成一个 Axis，所以只有一个绘图区域。

axis.scatter(x,y,s=10000, color=colors[level-1], marker=(5,1))直接调用 Axis 的 scatter 函数生成五角星图形。

canvas = FigureCanvas(fig)将图形对象（后端独立）与 FigureCanvas（画布）联系起来。canvas.print_png(output)将画布中的图像写入文件中，本例使用 StringIO 面向内存的类文件作为 print_png 输出文件。

index.html 中的图片显示部分代码如下：

```
<img src="{{ url_for('fig',level = t.level) }}" alt="优先级" height="40">
```

上述方法是采用 Matplotlib 动态输出图像，但速度比较慢，仅用于小型并确实需要动态图像的系统。多数情况下是采用静态图片方式，可采用下面的程序组织结构。

```
my_app/
    - app.py
    - config.py
    - __init__.py
    - static/
      - css/
       - js/
       - images/
          - logo.png
```

对应其中的 logo.png 文件的使用方法是：<img src='/static/images/logo.png'>。

9.3.6 Flask-Script

在 9.3.2 小节使用了 Flask-Script。Flask-Script 用于添加一个命令行解释器，自带了一组常用选项，并可自定义命令。下面是 Flask-Script 的用法：

```
from  flask.ext.script  import  Manager
manager = Manager(app)
```

```
…
@manager.command
def createall():

    db.create_all()

...
if __name__=="__main__":
    manager.run()
```

执行 todolist.py，将出现如下信息，其中 shell 功能已经在 9.3.2 小节中使用过。

```
usage: todolist.py [-?] {shell,createall,runserver} ...

positional arguments:
  {shell,createall,runserver}
    shell                Runs a Python shell inside Flask application context.
    createall
    runserver            Runs the Flask development server i.e. app.run()

optional arguments:
  -?, --help             show this help message and exit
```

其中 createall 是通过如下方式自定义的：

```
@manager.command
def createall():
```

9.3.7　Flask 程序运行

Flask 提供了开发 Web 服务器，利用 runserver 可启动 Flask 的开发 Web 服务器。即在操作系统命令行输入：

```
python todolist.py    runserver
```

然后在本地计算机的浏览器中输入：

```
http://127.0.0.1:5000
```

其中 5000 是 Flask 的开发服务器的默认端口。运行结果如图 9-3 所示，该图中 Flask 的 logo 为静态图片。优先级使用 Matplotlib 动态生成的图像表示（图中的五角星个数）。为了保证程序能够运行，需要安装相关的 Flask 扩展（Flask-SQLAlchemy、Flask-WTF、WTForms、Flask-Scrip、Flask-bootstrap）。可通过 pip install –r requirements.txt 进行安装。其中 requirements.txt 在本节工程文件目录下。

待办事项

优先级	完成否	任务描述	终止日期
	完成	123	2015-05-25 删除 | 完成
	需要加油	234	2015-05-30 删除 | 完成
	需要加油	456	2015-06-30 删除 | 完成
	需要加油	789	2015-07-30 删除 | 完成

添加新的待办事项

图 9-3　待办事项运行图

9.4　小结

Python 的网络应用非常广泛，从访问底层操作系统的 Socket 接口的全部方法，到直接通过 HTTP 或者 IMAP 协议进行编程，从而使得 Python 可用于编写 TCP/IP、UDP 程序，也可用于编写 email、FTP、CGI 程序。互联网+正在改变传统的各行各业，目前大家谈及的互联网几乎都是围绕 Web 技术展开的，Python 中用于 Web 的框架很多。虽然 Flask 属于微型框架，但由于 Flask 的扩展性，使得它适合学习研究、生产环境应用。目前 SAE、阿里云均提供 Flask 的生产环境。

第 10 章　正则表达式

正则表达式是总结一个文本模式的表达式。正则表达应用的常见例子是大多数操作系统中的通配符，如用“ls *.py”（或“dir *.py”）来列出扩展名为“.py”的文件。

各个语言实现的正则表达式语法相互之间稍微有些差异，Python 的正则表达式语法与 Perl 中的正则表达式语法接近，可借助 Python 实现的 kodos（http://kodos.sourceforge.net）软件进行验证。

本章除了 Python 正则表达式的 re 模块，还介绍了 Beautiful Soup 模块，该模块用于从 HTML 或 XML 中提取信息，是一款优秀的解析器，并支持内嵌的正则表达式，极大增强了解析功能。

10.1 Python 的正则表达式语法

正则表达式（regular expression）描述了一种字符串匹配的模式，可以用来检查一个字符串是否含有某种子串，也可对匹配的子串做替换或从某个字符串中取出符合某些条件的子串等。可用于如下情况：

- 区分（标记或者删除）字符串中重复的字符，例如把 the computer book book 转成 the computer book。
- 将所有单词转换为标题格式，例如将 this is a Title 转换为 This Is A Title。
- 确保句子有正确的大小写。
- 确定 URL、Email 地址拼写无误。
- 身份证验证。

正则表达式由普通字符和元字符组成。普通字符是指常用的字符，如字母、数字、汉字等。元字符（metacharacter）是指可以匹配某些字符形式的具有特殊含义的字符，其作用类似于 DOS 命令使用的通配符，元字符主要分为特殊字符和符号。表 10-1 是 Python 正则表达式的常用符号。

表 10-1　Python 正则表达式的常用符号

符　号	含　义	示　例	解　释	匹配输入	不匹配输入
.	匹配任意单个字符	ATT.T	将匹配 ATT 与 T 之间夹杂一个符号的字符串	“ATTCT”，“ATTFT”	“ATTTCT”
^	输入文本的开头	“^AUG”	匹配以 AUG 开头的字符串。即使其中包含 AUG，但不以 AUG 开头也不匹配	“AUGAGC”	“AAUGC”
$	输入文本的结尾	“UAA$”	字符串的末尾是 UAA，其余位置不匹配	“AGCUAA”	“ACUAAG”

（续）

符　号	含　义	示　例	解　释	匹配输入	不匹配输入
*	可以重复 0 次或多次的前导字符	“AT*”	包含 A，后续可以有多个 T	“AT”，“A”	“TT”
+	可以重复 1 次或多次的前导字符	“AT*”	包含 AT，后续可以有多个 T	“AT”，“A”	“TT”
?	可以重复 0 次或 1 次的前导字符	“AT?”	包含 A，后续可跟 1 个 T 或不跟 T。有 T，但前面无 A 不匹配	“A”或“AT”	“T”或者“TT”

在 Python 中，可通过下面的方式验证表 10-1 以及后续的内容：

```
import re
t=re.match("AT*","ATT")
print (t.group())
```

可以用表示逻辑或的|（竖线）连接正则表达式。例如“A|T”匹配“A”、“T”或“AT”。

[]（方括号）：表示一个字符集。“[A-Z]”匹配任何大写字母,“[a-z0-9]”将匹配任何小写字母或数字。元字符在正则表达式集内不起作用。“[*AT]”将匹配“A”，“T”或“*”。^在集内表示所示字符的补集。“[^R]”将匹配除了“R”的任何字符。[ab][cd][ef]将配置第一个字符为 a 或者 b，第二个字符为 c 或者 d，第三个字符为 e 或者 f 的字符集。

{m,n}：表示将匹配至少 m 次、至多 n 次正则表达式，m<n。例如，“(AT){3,5}”将匹配“ATATTATATAT”，但不是“ATATTATAT”。没有 m，它将匹配 0 次或多次的重复，即“(AT){,5}”形式表示最多匹配 5 次，可以是 0 次。没有 n，将匹配 m 次以上的所有重复，“(AT){3,}”需至少包含 3 个 AT，例如“ATATAT”。

(...)：匹配在括号内的正则表达式，表示一组的开始和结束。要匹配的文字“(”或“)”，需要使用\(或\)，或括在字符类中[(][)]。

“\”（反斜线）：用于转义保留字符（匹配字符如“?”，“*”）。由于 Python 还使用反斜线作为转义字符，应该通过一个原始字符串表达模式来使用它。

表 10-2 是以“\”字符开头的特殊符号。

表 10-2　Python 正则表示的特殊符号

符　号	含　义	示　例	解　释	匹配输入	不匹配输入
\b	匹配单词的边界	“\bthe”	以 the 开头的字符	the、they	althe
\d	匹配单个数字字符，相当于[0-9]	\d{3}(\d)?	包含 3 个或 4 个数字的字符串	123、9876	12、01023
\D	匹配单个非数字字符，相当于[^0-9]	\D(\d)*	以单个非数字字符开头，后接任意个数字字符串	a、A342	aa、AA78、1234
\w	匹配单个数字、大小写字母字符，相当于[0-9a-zA-Z]	\d{3}\w{4}	以 3 个数字字符开头的长度为 7 的数字字母字符串	234abcd、12345Pe	58a、Ra46
\W	匹配单个非数字、非字母字符，相当于[^0-9a-zA-Z]	\W+\d{2}	以至少 1 个非数字、字母字符开头，2 个数字字符结尾的字符串	#29、#?@10	23、#?@100
\A(\Z)	匹配字符的开始（结束）	the\Z	以 the 结束的字符串	the	they
\s	匹配任意的空白符，包括空格、制表符（Tab）、换行符、中文全角空格等				

表 10-3 给出正则表达式的一些常用法。

表 10-3　正则表达式常用法

正则表达式	说　明
^[1-9]\d*$	匹配正整数
^-[1-9]\d*$	匹配负整数
^-?[1-9]\d*$	匹配整数
^[1-9]\d*|0$	匹配非负整数（正整数和 0）
^[0-9]*$	限定只能输入数字
^\d{n}$	限定只能输入 n 位数字
^\d{m,n}$	限定只能输入 m-n 位之间的数字
^[A-Za-z]+$	匹配由 26 个英文字母组成的字符串
^[A-Z]+$	匹配由 26 个大写英文字母组成的字符串
^[a-z]+$	匹配由 26 个小写英文字母组成的字符串
^[A-Za-z0-9]+$	匹配由数字和 26 个英文字母组成的字符串
^\w+$	匹配由数字、26 个英文字母或者下画线组成的字符串
^[a-zA-Z]\w{5,17}$	可用于验证密码，限定了以字母开头，长度在 6～18 之间
[1-9]\d{4,}	可用于限定输入 QQ 账户
\d{3}-\d{8}|\d{4}-\d{7}	匹配国内固定电话
\w+([-+.]\w+)*@\w+([-.]\w+)*\.\w+([-.]\w+)*	匹配 Email 地址
[a-zA-z]+://[^\s]*	匹配 URL
[0-9]\d{5}(?!\d)	匹配中国邮政编码，6 位数字
\d+\.\d+\.\d+\.\d+	匹配 IP 地址
1\d{10}	匹配国内手机号码

10.2　re 模块

Python 的 re 模块包含以下方法函数：compile,search,findall,match。re 模块提供了两种使用正则表达式的方法。一种是通过表 10-4 中的方法，直接返回结果。另一种是通过 complile()将经常使用的正则表达式编译成正则表达式对象，这样可以提高效率并可多次调用。

表 10-4　Python 的 re 模块方法

方　法	说　明
match()	从字符串起始处匹配
search()	扫描整个字符串，查找 re 匹配的位置
findall()	查找所有 re 匹配的字符串，返回一个列表
finditer()	查找所有 re 匹配的字符串，返回一个迭代器

10.2.1　Python 正则表达式用法

一个基本的 Python 正则表达式用法如下：

```
>>> import re
```

```
>>> text="Hello world, hello Python,hello you !"#本小节均采用该字符串进行说明
>>> myregex=re.search('hello',text)
```

re 模块中的 search 需要使用第一个参数作为第二个参数的模式，并在第二个参数中搜索第一个参数。在这种情况下，该模式可以被翻译为“h 随后由 ello 组成”。当找到一个匹配，这个函数返回匹配的对象（在这里，被称为 myregex）与第一个匹配的信息。如果没有匹配，返回 None。myregex 的返回结果可通过表 10-5 提供的函数进行处理。

表 10-5　匹配对象管理函数

方法/属性	作　用
group()	返回被 re 匹配的字符串
start()	返回匹配开始的位置
end()	返回匹配结束的位置
span()	返回一个元组包含匹配（开始,结束）的位置

可通过 group 显示匹配对象，以及 span 显示匹配位置：

```
>>> myregex.group()
'hello'
>>> myregex.span()
(13, 18)
```

group()返回的是正则匹配的字符串，而 span()返回一个包含匹配的（起点，终点）位置元组（此处为（13, 18））。这个结果与字符串的 index 方法返回的值类似：例如

```
>>> text.index('hello')
13
```

相比字符串的处理方法，正则表达式的不同之处在于：它不仅可以处理纯字符串，还可以处理组合。例如，要同时匹配“Hello”和“hello”：

```
>>> myregex=re.search('[Hh]ello',text)
```

第一个匹配返回：

```
>>> myregex.group()
’Hello’
```

text 字符串中包含了一个 Hello 和两个 hello，但通过 search 函数仅仅找到一个 Hello。为了找到所有的匹配，需要使用 re 模块的 findall 函数:

```
>>> re.findall("[hH]ello",text)
['Hello', 'hello', 'hello']
```

与 search 不同的是：findall 返回实际匹配的列表，而不是匹配对象。如果希望返回每一个匹配的对象，可用 finditer 方法。它不会返回一个列表，而是返回一个迭代器。

```
>>> re.finditer("[Hh]ello",text)
```

```
<callable_iterator object at 0x02E990F0>
```

遍历这些结果：

```
>>> myregex=re.finditer("[Hh]ello",text)
>>> for i in myregex :
        print (i.group() ,i.span() )

Hello (0, 5)
hello (13, 18)
hello (26, 31)
```

match 方法和 search 一样，但它只是从字符串的开始进行匹配。当没有模式被找到，它返回 None。

```
>>> myregex=re.match("hello",text)
>>> print (myregex)
None
>>> myregex=re.match("Hello",text)
>>> print(myregex)
<_sre.SRE_Match object; span=(0, 5), match='Hello'>
```

10.2.2　编译一个模式

一个模式可以通过编译变成一个内部的表达式，从而提高检索的速度。这样可以在循环中更有效地使用正则表达式。当重复使用相同的表达式时，编译过的正则表达式使执行加速。但如果正则表达式发生更改，则这种编译毫无益处。下面的代码演示了编译模式的应用：

```
>>> a = re.compile('\d')
>>> s = "a1b2c3"
>>> a.findall(s)
['1', '2', '3']
```

10.2.3　模式替换

在 re 模块中，可以用 sub 函数进行模式替换。函数用法：

```
sub(rpl,str[,count=0])
```

把 rpl 替换为字符串（str）来与它定义的 REGEX 一致。第三个参数是可选的，表示计划替代多少次。

通过 sub 可实现更强大的替换功能。例如下面的字符串替功能：

```
>>> str1="hello 111 word 111"
>>> print (str1.replace("111","222" ))
```

```
hello 222 word 222
>>> str2="hello 123 world 456"
```

对于 str2 中的数字，无法通过字符串的 replace 功能一次替换或删掉。但通过正则表达式的 sub 功能可实现。

下面代码的 str3 演示了替换功能，一次性替换了所有数字。

```
>>> str3=re.sub("\d+","222",str2)
```

下面的代码实现了删除功能。

```
>>> str4=re.sub("\d+","",str2)
```

10.3 高级话题：Beautiful Soup

如果直接使用正则表达式对网络上的文档进行解析，工作量是非常巨大的。此时可使用 Beautiful Soup。Beautiful Soup 是一个能够从 HTML 或 XML 文件中提取数据的 Python 库，可用于爬虫及 XML 文件分析。Beautiful Soup 支持 Python 标准库中的 HTML 解析器，还支持一些第三方的解析器（lxml、html5lib），见表 10-6。Beautiful Soup 支持正则表达式，弥补了其部分功能不足之处。

表 10-6 文本解析库优缺点对比

解析器	使用方法	优　点	缺　点
Python 标准库	BeautifulSoup(markup,"html.parser")	Python 的内置标准库 执行速度适中 文档容错能力强	Python 2.7.3（或 3.2.2）前的版本中文档容错能力差
lxml HTML 解析器	BeautifulSoup(markup,"lxml")	速度快 文档容错能力强	需要安装 C 语言库
lxml XML 解析器	BeautifulSoup(markup,["lxml", "xml"]) BeautifulSoup(markup,"xml")	速度快 唯一支持 XML 的解析器	需要安装 C 语言库
html5lib	BeautifulSoup(markup,"html5lib")	最好的容错性 以浏览器的方式解析文档 生成 HTML5 格式的文档	速度慢

目前的 Beautiful Soup 版本为 4，官方已经将 Beautiful Soup 改名为 bs4。

Anaconda 包含 Beautiful Soup 4，不需要再安装。

下面是 Beautiful Soup 的导入方式：

```
from bs4 import BeautifulSoup
```

下面以获取 ETF 基金份额为例说明 Beautiful Soup 的用法，上海证券交易所网站提供了 ETF 份额信息，网址为 http://www.sse.com.cn/assortment/fund/etf/diclosure/volumn。

该网址提供信息见表 10-7（该表是 2015 年 07 月 29 日获取的数据内容，书中只引用了两行数据内容）。通过该表提取其中的份额、基金代码。本实例所有代码均在 sse.py 文件中。

表 10-7　计划读取内容

ETF 规模

日　期	基金代码	基金简称	总份额（亿份）
2015-07-29	510010	治理 ETF	6.46
2015-07-29	510020	超大 ETF	1.30
…	…	…	…

因网站存在改版等情况，在本书代码包中包含了一份对应的磁盘文件，如果运行结果不对，请对照书中的分析过程检查网站是否改动，或者修改代码，改成打开本地文件（即 etf.html）再运行即可。

首先通过 urllib2 库读取数据，并将读取数据传给 Beautiful Soup，获得一个 BeautifulSoup 对象 soup：

```
text = urllib2.urlopen('http://www.sse.com.cn/market/funddata/volumn/etfvolumn/').read()
#text=open(r'./ETF.html').read()
mysoup = BeautifulSoup(text)
print(mysoup.original_encoding)#显示 text 的编码
print (mysoup.prettify)
```

代码中的 mysoup.original_encoding 用于显示编码。Beautiful Soup 处理编码的优先顺序为：

- 创建 Soup 对象时传递的 fromEncoding 参数。
- XML/HTML 文件自己定义的编码。
- 文件开始几个字节所表示的编码特征，此时能判断的编码只可能是以下编码之一：UTF-*、EBCDIC 和 ASCII。
- 如安装了 chardet 库，Beautiful Soup 会用 chardet 检测文件编码。
- UTF-8。
- Windows-1252。

Beautiful Soup 把 HTML 文件当作树结构的对象。有四种对象：Tag, NavigableString, Beautiful Soup，Comment。Tag 对应 HTML/XML 的 Tag 对象，也是 Beautiful Soup 的主要处理对象。例如 print (mysoup.title)将 HTML 文件的 Title 标签输出。每个 Tag 有一个 name 属性，用于输出 Tag 的名字。下面的语句将输出 title：

```
print (mysoup.title.name)
```

而

```
print (mysoup.title.get_text() )
```

将输出 title 的字符串内容。get_text()方法获取 tag 中包含的所有文本内容，包括子孙 tag 中的内容，并将结果作为 Unicode 字符串返回。例如下面代码中的 mytest 的 a 标签包含 i 标签，通过 mytestsoup.get_text()返回了子标签的文本内容，mytestsoup.i.get_text()直接访问了 i 标签的文本内容。

```
>>> mytest = '<a href="http://example.com/">\nI linked to <i>example.com</i>\n</a>'
>>> mytestsoup=BeautifulSoup(mytest)
 >>> mytestsoup.get_text()
'\nI linked to example.com\n'
>>> mytestsoup.i.get_text()
'example.com'
```

一些 Tag 包含多个属性。下面一段是要分析的 ETF 文件的内容：

```
<link rel="stylesheet" type="text/css" href="./ETF 规模_files/layout.css">
<link rel="stylesheet" type="text/css" href="./ETF 规模_files/style.css">

<link href="./ETF 规模_files/main_menu_blue.css" rel="stylesheet" type="text/css">
<link rel="stylesheet" type="text/css" href="./ETF 规模_files/s_suggest.css">
```

link 包含 rel、href、type 属性。通过类似字典的形式，可访问 Tag 属性，例如：

```
print mysoup.link
print mysoup.link['href']
print mysoup.link['rel']
print mysoup.link['type']
```

但结果好像差一点儿，上面代码仅仅给出了第一个“<link rel="stylesheet" type="text/css" href="./ETF 规模_files/layout.css">”的对应内容。为了能够访问多个相同 Tag 的内容，需要使用 find_all() ,通过如下代码，可获取所有的 link 标签的内容。

```
tags= mysoup.find_all('link')
for tag in tags:
    print("href=", tag['href'],"rel=",mysoup.link['rel'],"type=", mysoup.link['type'])
```

通过查看 HTML 文件的源文件，发现 ETF 规模在<table class="tablestyle">表中，table 的 class 的 class 属性与属性值是判断依据。

但关键字 class 在 Python 中是保留字，使用它做参数会导致语法错误。而从 Beautiful Soup 的 4.1.1 版本开始，可以通过 class_参数搜索有指定 class 的 tag，例如：

```
>>> mysouptest = BeautifulSoup('<p class="body strikeout"></p> <p >test</p>')
>>> mysouptest
<html><head></head><body><p class="body strikeout"></p> <p>test</p></body></html>
>>> mydata=mysouptest.find_all('p',class_="body strikeout")
>>> mydata
[<p class="body strikeout"></p>]
```

对表 10-7 的处理方式为：

```
tables=mysoup.find_all("table",class_="tablestyle")
```

一个 Tag 可能包含多个字符串或其他的 Tag，它们都是这个 Tag 的子节点。Beautiful Soup 提供了许多操作和遍历子节点的属性。Table 是一个典型的多节点的 Tag。Table 包含了 tr 的 Tag，而 tr 又包含了 td，即一个表格是由行、列组合而成的。下面的代码读取 ETF 规模的数据，即处理表格例子：

```
tables=mysoup.find_all("table",class_="tablestyle")

for table in tables:
    for row in table .find_all("tr")   :
        for tr in row.find_all("td") :
            print (re.sub("\s","",tr.get_text()))#去掉空
```

至此，完成了读取 ETF 份额的工作。读者可结合 pandas 对采集到的数据做进一步分析。

但如果存在网站改版情况，表格属性有可能变化，读者可分析 HTML 的源文件，了解其 table 属性与其他 table 属性的差异，以此作为提取 table 数据的依据。

上述 HTML 格式比较规整，通过 Beautiful Soup 解析数据也无歧义。但如果存在下面的 HTML 内容：

```
testdata="""
 <div class="icon_col">
        <h1 class="h1user">123</h1>
        <h1 class="h1user1">456</h1>
        <h1 class="h1user2">789</h1>
</div>
"""
```

如果使用上面介绍的 class_方法，即：

```
mysouptest=BeautifulSoup(testdata)
mysoupdata1=mysouptest.find_all('h1',class_='h1user')
print( mysoupdata1 )
```

仅能获取<h1 class="h1user">123</h1>的数据，为此 Beautiful Soup 引入正则表达式用于处理此类歧义问题。

可在 find_all()函数中直接传入正则表达式，例如 find_all(re.compile("^b")会搜索所有以 b 开头的标签，class_ 参数也可直接传入正则表达式，例如：

```
mysoupdata2 = mysouptest.findAll(name="h1", class_=re.compile(r"h1user(\s\w+)?") )
print( mysoupdata2 )
for mydata in mysoupdata2:
    print (mydata.attrs ,mydata.text )
```

通过上面代码可以搜索到所有以 h1user 开头的 class 属性。mydata.attrs 输出了所有属性。运行结果如下：

```
[<h1 class="h1user">123</h1>, <h1 class="h1user1">456</h1>, <h1 class="h1user2">789</h1>]
{'class': ['h1user']} 123
{'class': ['h1user1']} 456
{'class': ['h1user2']} 789
```

10.4 小结

本章介绍了正则表达式以及 Python 的 re 模块用法。

将正则表达式用于 HTML 文档解析属于比较基础的工作，Python 提供了 HTMLParser 实现该功能，并有其他的各种实现版本。Beautiful Soup 是以 HTMLParser 为基础的 Html/XML 解析器，在 10.3 节介绍了如何通过 Beautiful Soup 获取数据。

第 11 章　图形用户界面编程

人机交互方式主要有字符终端和图形界面两种。黑底白字几乎成了字符终端的特征，目前高校存在的 BBS 终端版、Windows 下的命令提示符、Linux 下的终端均属于字符终端形式，Python 的 print 与 input(raw_input)实现了字符输入/输出程序。图形界面除了第 9 章的 Flask 一节给出的借助浏览器 Web 交互方式，还有一种 GUI 方式，用于实现本地或者 C/S 结构程序的界面设计。

Tkinter 包含于 Python 标准发行包中，在 Tcl/Tk GUI 库之上提供了一个面向对象的层，可用于 Windows、Linux、Macintosh 系统上的 GUI 开发环境。

Qt 是一个跨平台的应用程序框架，PyQt 是对 Qt 的 Python 封装，提供了 Python 接口。Qt 不仅是一个图形库，还包含了数据库、OpenGL 库、OpenVG、SVG、多媒体库、XML、WebKit 等库。因此，PyQt 也不仅仅是 GUI，而且包含各种应用程序库，并且可利用 Qt Designer 进行可视化界面设计。

Python 下的 GUI 另有跨平台的 PyGTK 可支持 GNOME 桌面系统的开发，以及对跨平台 GUI 库 wxWidgets 的 Python 封装 wxPython。

11.1　Tkinter

Tkinter 随标准 Python 版本发布，是基于 Tk 的工具集，目前在 Perl、Ruby、Python 语言中均有相应移植版本，IDLE 就是基于 Tkinter 开发的。Tkinter 虽然简单，但已具有所有 GUI 的特征，通过学习 Tkinter 可熟悉其他 GUI 的使用方法。

11.1.1　Tkinter 组件

Tkinter 的 GUI 由一些组件（Widget）构成。主要有：文本框（TextBox）、按钮（Button）、标签（Label）、复选框（Checkbox）、框架（Frame）等。在 Python 提示符下输入以下命令：

```
>>>from Tkinter import *
>>>root=Tk()
```

即可创建一个顶级窗口。顶级窗口可包含所有的小窗口对象，并习惯定义成“root”。这时会出现一个空白窗口。

为了显示“Hello Word”，输入如下命令：

```
>>>mylabel=Label(root,text="Hello World")
```

要创建一个组件实例，方式如下：

```
widget (Parent，…)
```

即在创建新的组件实例时，同时与父组件关联。上面的 mylabel 与 root 关联。

```
>>>mylabel.pack()
```

mylabel.pack()进行组件的布局管理，管理和显示组件。如果不执行 pack，将看不到任何组件。Tkinter 提供了三种布局管理方式:pack、grid、place。

```
>>>root.mainloop()
```

mainloop 是主事件循环，是一个无限循环，一直等待事件（见 11.1.2 小节）。如果事件发生，处理完毕继续循环等待下一个事件。一直等待到主窗口的关闭事件。

程序运行结果如图 11-1 所示。

Hello World

图 11-1　Tkinter 标签组件

可见，GUI 开发过程是：

1）导入 Tkinter 模块。

2）创建一个顶级窗口，用于容纳所有的组件。

3）创建相应的组件实例，使用顶级窗口或者组件容器作为父组件，并设置相应的属性，以及设定组件的布局。

4）关联组件的事件或者命令，便于响应用户操作或者其他触发源的请求。

5）执行主循环。

设置组件属性的方法，除了上面提及在创建实例时的直接参数赋值方式（即 mylabel=Label(root,text="Hello World")语句），还有两种方法：

1）采用字典形式，添加相应的属性值。例如：

```
>>> mylabel1=Label(root)
>>> mylabel1['text']="test1"
```

2）使用 config()函数更新多个属性值。例如：

```
>>> mylabel2=Label(root)
>>> mylabel2.config(   text ="test2")
```

mylabel 调用了 pack()进行布局。pack()的用法如下：

```
widget.pack(可选参数)
```

可选参数有：

- expand：当值为“yes”时，side 选项无效。组件显示在父组件中心位置。
- fill：填充 x(y)方向上的空间，当属性 side=“top”或“bottom”时，填充 x 方向；当属性 side=“left”或“right”时，填充“y”方向；当 expand 选项为“yes”时，填充父组件的剩余空间。
- side：定义停靠在父组件的哪一边上。取值范围是“top”“bottom”“left”“right”，默认为“top”。

下面是一个多个组件调用 pack 的例子。

```
>>> from Tkinter import *
>>> root = Tk()
>>> frame = Frame(root)
>>> frame.pack()
```

```
>>> bottomframe = Frame(root)
>>> bottomframe.pack( side = BOTTOM )
>>> redbutton = Button(frame, text="Red", fg="red")
>>> redbutton.pack( side = LEFT)
>>> bluebutton = Button(frame, text="Blue", fg="blue")
>>> bluebutton.pack( side = LEFT )
>>> greenbutton = Button(bottomframe, text="Green", fg="green")
>>> greenbutton.pack( side = BOTTOM)
>>> root.mainloop()
```

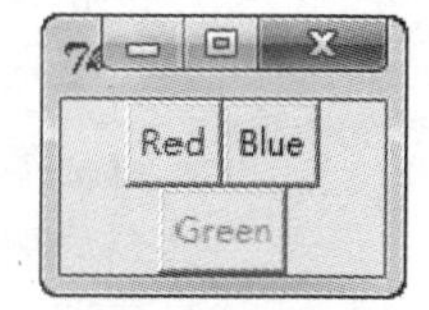

图 11-2　pack 用法

运行结果如图 11-2 所示。

表 11-1 给出了 Tkinter 的组件描述。

表 11-1　Tkinter 组件

组　件	描　述
Button	按钮，用来执行一个命令或其他操作
Canvas	画布，用来绘制图标和图形，创建图形编辑器
Checkbutton	选择按钮，表示一个具有两个不同（或相反）值的变量，点击按钮在这两个值间切换
Entry	文本框
Frame	组件容器，可以有边框和背景色，用来在应用程序或对话框中将组件分组管理
Label	标签，用来显示文字和图片
Listbox	列表框，用户可从中选择
Menu	菜单，可实现下拉式或层叠式菜单
Menubutton	菜单按钮，用来实现下拉菜单
Message	消息框，显示一串文字。和 Label 组件相似，但是可以自动根据宽度和宽高比进行文本换行
Radiobutton	单选框，具有多个选项，但是在一个时刻只能有一个值被选中
Scale	进度条，允许创建一个可以通过拖动滑动条来改变一个数值的组件
Scrollbar	标准滚动条，与 Canvas，Entry，Listbox 和 Text 组件结合使用
Text	格式化文本显示，允许使用多种分隔和属性显示和编辑文字，也支持内嵌图片和窗口
Toplevel	容器组件，用来创建子窗口

表 11-1 中提到 Frame 是一个容器组件。Frame 可进行窗体布局，负责安排其他组件的位置，是一个常用的实现布局功能的组件。用法如下：

```
myFrame=Frame(myParent,option,…)
```

其中，myParent 表示父窗口。option 主要有 background、borderwidth、height、width 等属性。

下面是一个使用 frame 作为容器的例子。

```
>>> from Tkinter import *
>>> root = Tk()
>>> frame = Frame(root)
>>> frame.pack()
```

```
>>> bottomframe = Frame(root)
>>> bottomframe.pack( side = BOTTOM,expand=True )
>>> Label1 = Label(frame)#, text="Red", fg="red")
>>> Label1["text"]="Label1"
>>> Label1.pack( side = LEFT)
>>> Label2 = Label(frame)#
>>> Label2.config( text="Label2", fg="brown")
>>> Label2.pack( side = LEFT )
>>> Label3 = Label(bottomframe, text="Label3", fg="black")
>>> Label3.pack( side = BOTTOM)
>>> root.mainloop()
```

图 11-3 是运行结果。

采用类设计可避免大量使用全局变量，下面是使用类方式设计的 GUI 程序。该程序在创建 MyApp 时创建了相应的组件实例。该程序运行结果显示一个"Hello, World!"的按钮。

```
from Tkinter import *
class MyApp:
    def __init__(self, myParent):
        self.button1 = Button(myParent)
        self.button1["text"]= "Hello, World!"
        self.button1["background"] = "green"
        self.button1.pack()
root = Tk()
myapp = MyApp(root)
root.mainloop()
```

图 11-3　Frame 用法

下面将介绍如何使按钮动起来。

11.1.2　Tkinter 回调、绑定

按钮是常用的组件，用于对鼠标和键盘事件进行响应。按钮的基本用法如下：

```
w=tk.button(parent,option=value,..)
```

按钮的主要属性（option 参数）见表 11-2。

表 11-2　Button 属性

属　性	说　明
activebackground, activeforeground	按钮被激活时所使用的颜色
background (bg), foreground (fg)	按钮的颜色
bitmap	显示在窗口部件中的位图
command	当按钮被按下时所调用的一个函数或方法。所回调的可以是一个函数、方法或别的可调用的 Python 对象
text	显示在按钮中的文本。文本可以是多行
width, height	按钮的尺寸。如果按钮显示文本，尺寸使用文本的单位。如果按钮显示图像，尺寸以像素为单位

按钮被点击时，会做出相应的响应动作。Tkinter 中可通过事件绑定和命令绑定两种方式响应请求。

首先介绍命令方式。该方式与 11.1.1 小节中使用的 Button 差别在 command 参数。在下面的代码中，按钮通过 command 参数传递相应动作（ch11-1.py）。

```
from Tkinter import    *
root =Tk()
def callfunction():
      print " button hello"
Button(root, text="Change", command=callfunction).pack()
root.mainloop()
```

command 的值是函数对象（callfunction)，即回调。该过程是事件驱动编程的典型应用，按下鼠标、敲键盘等用户操作引起应用程序响应都属于事件驱动。

需要注意：command 赋值的是函数对象，如果需要对回调函数传送参数，可使用偏函数形式，当然也可用 lamdba，如下面的一些 lamdba:callback()形式。即：

- 如回调不需要传递参数，则使用 command=callback 或者 command=lambda:callback()形式。
- 如回调需要传递参数，只能使用 command=lambda:callback(argv…)形式。

示例如下：

```
def callfunctionwithParm(a):
      print "hello",a
Button(root,text="With parm",command=lambda:callfunctionwithParm("parm")).pack()
```

Timothy R. Evans 提出，可以把被调用函数、参数封装成可调用类。代码如下：

```
class Command:
      def __init__(self,func,*args,**kw):
            self.func=func
            self.args=args
            self.kw=kw
      def __call__(self,*args,**kw):
            args=self.args+args
            kw.updata(self.kw)
            apply(self.func,args,kw)
```

被传递给 apply 的函数和参数（包括关键字）包含在类的构造器中。相应的调用形式如下：

```
Button(text="Command    Class",command=Command(callfunctionwithParm, "this Command Class"    )).pack()
```

程序运行结果如图 11-4 所示。

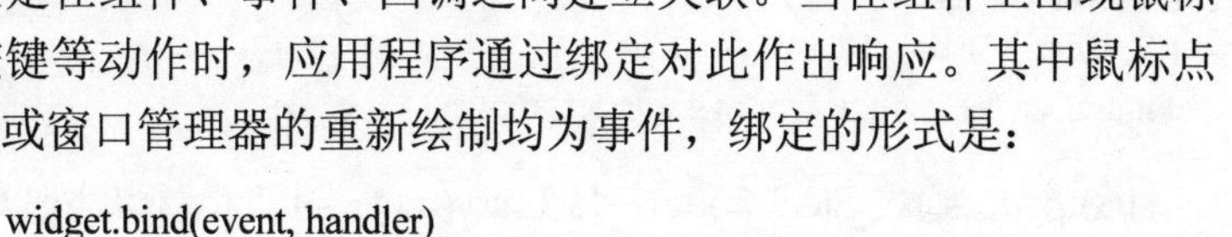

绑定是在组件、事件、回调之间建立关联。当在组件上出现鼠标点击、按键等动作时，应用程序通过绑定对此作出响应。其中鼠标点击、按键或窗口管理器的重新绘制均为事件，绑定的形式是：

```
widget.bind(event, handler)
```

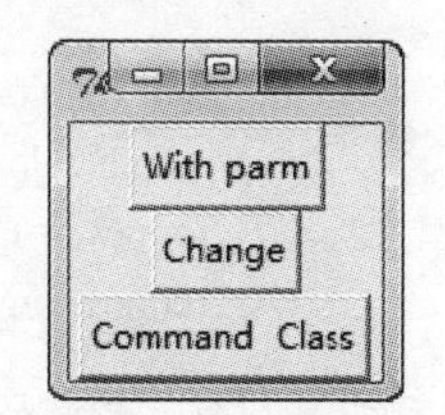

图 11-4　按钮回调实例

其中 handler 类似回调，但包含事件参数。下面的例子（代码为 ch11-2.py）通过 Frame 捕获鼠标位置演示绑定的用法。

```
import  Tkinter as Tk
root = Tk.Tk()
def eventhandler(event):
    print "点击坐标", event.x, event.y,event.
frame = Tk.Frame(root, width=100, height=100)
frame.bind("<Button-1>", eventhandler)
frame.pack()
root.mainloop()
```

frame.bind 将 eventhandler 绑定到<Button-1>上，同时 eventhandler 的函数与回调区别在于 event 参数，即 event 参数可以传递事件的属性。主要有：

- widget：产生事件的组件。这是一个合法的 Tkinter 组件实例，而不是一个名字。所有的事件都归于此类。
- x, y：当前的鼠标位置，单位为像素。
- x_root, y_root：当前鼠标位置相对于屏幕左上角的位置，单位为像素。
- char：字符代码（仅键盘事件）字符串的格式。
- keysym：按键特征（仅键盘事件）。
- keycode：按键代码（仅键盘事件）。
- num：按钮数字（仅鼠标按键事件）。
- width, height：组件的宽度和高度（仅 configure 事件）。
- type：事件类型。

除了<Button-1>还有<B1-Motion>、<ButtonRelease-1>、<Enter>、<Double-Button-1>、<Leave>、<FocusIn>、<FocusOut>、<Return>、<Key>等事件，可配合不同组件功能使用，例如 Entry 组件可使用<Enter>表示输入完数据后回车即执行功能。

11.1.3 Matplotlib 应用于 Tkinter

Matplotlib 可直接嵌入到 GUI 中。本节通过一个查询股票行情的实例演示如何将 Matplotlib 嵌入到 Tkinter 中。

Matplotlib 程序包含一个前端，也就是面向用户的一些代码，如 plot()。并包含一个后端，用于实现绘图和不同应用之间的接口。通过改变后端可将图像绘制到 PNG、PDF、SVG 等格式文件上或者输出到 Web、GUI 环境中。为了与 Tkinter 配合使用，需要将后端设置成 TkAgg，即 matplotlib.use('TkAgg')，然后通过如下代码，将 Matplotlib 的 Figure 与 Tkinter 的画布（Canvas）关联起来，即可将 Matplotlib 的绘图结果直接呈现在 Tkinter 的画布中。

```
from matplotlib.backends.backend_tkagg import FigureCanvasTkAgg
from matplotlib.figure import Figure
_redraw.f =Figure(figsize=(5,4), dpi=100)
_redraw.canvas = FigureCanvasTkAgg(_redraw.f, master=root)
```

下面是完整代码（ch11-3.py）。通过 StockCode = Tk.Entry(root)与 tolN = int(StockCode.get())

获取用户输入值并转换成整型数据，通过 quotes_historical_yahoo 函数获取对应的深证股票的历史记录。通过 Matplotlib 的 plot_date 函数绘制图形，并通过_redraw.canvas.show()与_redraw.canvas.get_tk_widget().pack()把图形显示在 TKinter 的画布中。

```
import matplotlib
matplotlib.use('TkAgg')
from matplotlib.backends.backend_tkagg import FigureCanvasTkAgg
from matplotlib.figure import Figure
from matplotlib.finance import quotes_historical_yahoo
import datetime
import sys
if sys.version_info[0] < 3:
    import Tkinter as Tk
else:
    import tkinter as Tk
root = Tk.Tk()
date1 = datetime.date( 2013, 1, 1 )
date2 = datetime.date( 2013, 12, 12 )
def getInputs():
    try:
        tolN = int(StockCode.get())
    except:
        tolN = 000001
    if tolN<600000:
        tolN=StockCode.get()+'.sz'
    else :
        print u"仅支持深证"
    return tolN
def _redraw():
    _redraw.f.clf()
    quotes = quotes_historical_yahoo( getInputs(), date1, date2)
    if len(quotes) = = 0:
        raise SystemExit
    dates = [q[0] for q in quotes]
    opens = [q[1] for q in quotes]
    fig =Figure(figsize=(5,4), dpi=100)
    ax = _redraw.f.add_subplot(111)
    ax.plot_date(dates, opens, '-')
    _redraw.canvas.show()
    _redraw.canvas.get_tk_widget().pack(side=Tk.TOP, fill=Tk.BOTH, expand=1)
_redraw.f =Figure(figsize=(5,4), dpi=100)
_redraw.canvas = FigureCanvasTkAgg(_redraw.f, master=root)
button = Tk.Button(master=root, text='redraw', command=_redraw)
button.pack(side=Tk.BOTTOM)
Tk.Label(root, text=u"股票代码").pack(side=Tk.TOP)
```

```
StockCode = Tk.Entry(root)
StockCode.pack()
StockCode.insert(0,'000001')
_redraw()
Tk.mainloop()
```

图 11-5 是该例子的运行结果。

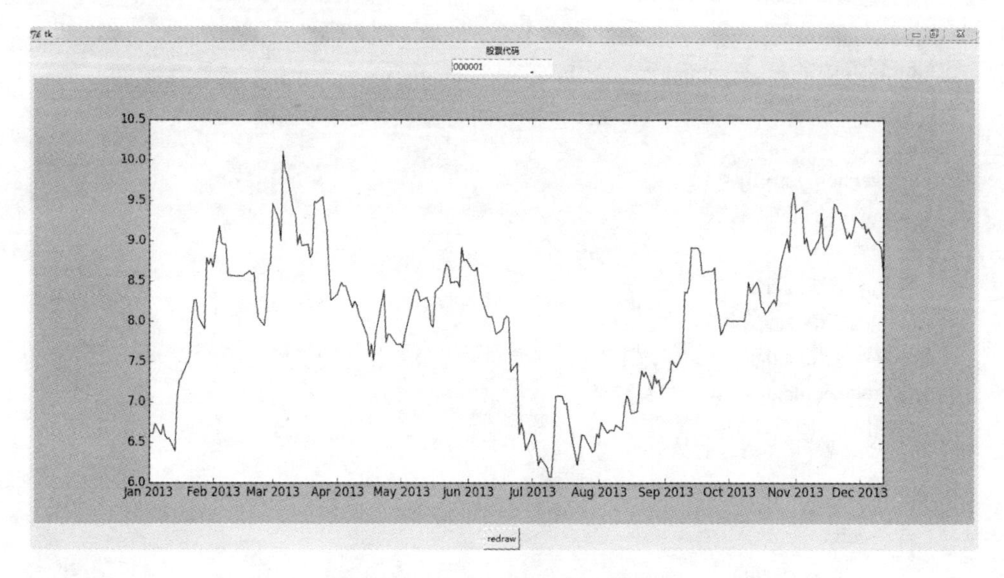

图 11-5　Matplotlib 应用于 Tkinter

11.2　高级话题：PyQt

11.2.1　PyQt 介绍

如果觉得 Tkinter 功能不够丰富，可考虑 PyQt。Eric 是基于 PyQt 的 IDE，IDLE 是基于 Tkinter 的 IDE，不妨从 http://eric-ide.python-projects.org/下载 Eric，与 IDLE 作一下对比，会发现 Eric 有更多的功能以及界面风格。

PyQt 是 Python 编程语言和 Qt 库的成功融合。Qt 是一个跨平台应用程序和 UI 开发框架。使用 Qt，只需一次性开发应用程序，无须重新编写源代码，便可在不同桌面和嵌入式操作系统中部署这些应用程序。目前 Qt 支持 Windows、Linux、Android、iOS、Mac OS X 系统。Qt 可从 http://download.qt.io/official_releases/qt/下载。

Qt Creator 是全新的跨平台 Qt IDE，可单独使用，也可与 Qt 库和开发工具组成一套完整的 SDK。其中包括：高级 C++代码编辑器、项目和生成管理工具、集成的上下文相关的帮助系统、图形化调试器、代码管理和浏览工具。

PyQt 包含了大约 440 个类、6000 多个函数和方法。PyQt 已经不局限于 GUI 功能，它对数据库、XML、SVG 等领域均有较好的库支持。目前存在两个版本的 PyQt，即 PyQt4 与 PyQt5，PyQt4 支持 Qt4，PyQt5 支持 Qt5。

PyQt 可从 https://www.riverbankcomputing.com/software/pyqt/download 下载，本节以 PyQt 4 为基础进行讲解。

下面介绍 PyQt 的主要功能模块。

QtCore 模块主要包含了一些非 GUI 的基础功能，包含事件循环与 Qt 的信号机制。此外，还提供了跨平台的 Unicode、线程、内存映射文件、共享内存、正则表达式功能和用户设置。

QtGui 模块包含了大多数的 GUI 类型。包含按钮、文本框、列表等常见控件，还包含了基于 MVC 设计模式的列表、表格、树型控件。同时还提供了一个能够容纳成千上万个元素的画布控件，其中可以放置各种控件和图形。此外，QtGui 还支持界面动画编程。

QtNetwork 模块可以用于编写非阻塞式的 UDP、TCP 程序。还包含了 DNS、HTTP 与 FTP 的客户端。

QtOpenGL 模块允许 Qt 程序使用 OpenGL 渲染 3D 图形。

QtSql 模块支持多种 SQL 数据库。包括 SQLite、ODBC、MySQL、PostgreSQL、Oracle。还提供了一个基于 MVC 模式的数据模型，与 QtGui 的表格控件配合使用。

QtXml 包含一个 XML 解释器，同时支持 SAX 和 DOM 两种编程方式。

QtWebkit 与 QtScript 两个子模块支持 WebKit 与 EMCAScript 脚本语言。

Uic 子模块能够将 Qt 的窗体文件转换为 Python 代码，能够即时读入窗体文件并且显示出来。它依赖于 QtXml 模块。

QScintilla 子模块包含一个基于 Scintilla 的文本编辑器控件，Eric IDE 使用它作为代码编辑器。

QtMultimedia 提供了底层的多媒体支持，现在多数开发者改用 Phonon 模块。

QtSvg 支持 SVG 1.2 Tiny 的静态标准，用于显示与保存 SVG 格式的图形。

本节采用与 Tkinter 相同的讲解过程讲解 PyQt，即首先创建显示控件，然后处理控件事件响应。下面是控件的显示代码（代码文件为 ch11-4.py）。

```
#导入 Qt 的类
from  PyQt4.QtGui import  QLabel,QApplication
#使用 from import 导入方式，所有的 Qt 对象名称均以 Q 开头
App=QApplication(sys.argv)
#每个 Qt 应用程序都必须有且只有一个 QApplication 对象,其参数为 sys.argv，便于程序处理命令行参数
Label=QLabel("hello world")
#QLabel 是标签函数
Label.show()
#控件被创建时，默认是不显示的，必须调用 show()函数来显示它。
sys.exit( App.exec_())
#调用 QApplication 的 exec_()方法，程序进入消息循环，等待可能输入进行响应。Qt 完成事件处理及显示的工作，并在应用程序退出时返回 exec_()的值。不要与 Python 的 exec 混淆。
```

运行结果如图 11-6 所示。

图 11-6　PyQt Hello World

上述例子采用了过程方式，但常用的是类的方式，下面是改写的类方式。其中 Example 继承了 QtGui.QWidget，QWidget 类是所有用户界面对象的基类。从窗口系统接收鼠标、键盘和其他事件，并且在屏幕上绘制。每一个窗口部件都是矩形。代码文件为 ch11-5.py。

```
import sys
from PyQt4 import QtGui
class Example(QtGui.QWidget):
    def __init__(self,parent=None):
        QtGui.QWidget.__init__(self,parent)
        self.setWindowTitle('testing ')
        label = QtGui.QLabel('hello ',self)
        label.move(15,10)
        self.resize(250, 150)

app = QtGui.QApplication(sys.argv)
ex = Example()
ex.show()
sys.exit(app.exec_())
```

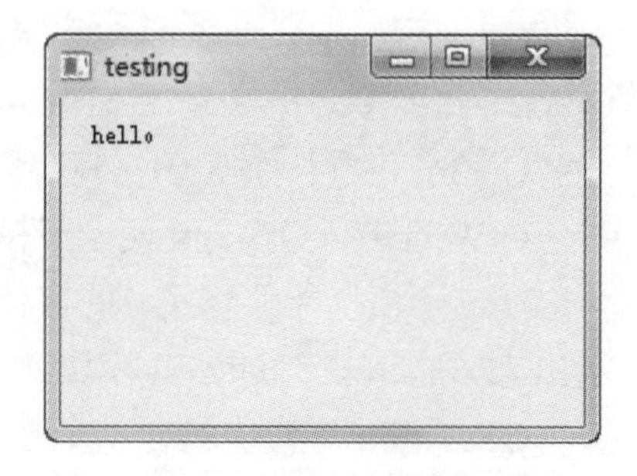

图 11-7　PyQt 的类用法

图 11-7 是执行结果。

同 Tkinter 一样，Qt 中的布局管理器也是编程中的重要部分，用于在窗口中安排部件位置。布局管理有两种工作方式：绝对定位方式（absolute positioning）和布局类方式（layout class）。上例中的 label1 采用了绝对定位方式。但绝对定位方式需要程序员指定每个部件的位置和尺寸像素，在使用时有以下弊端：

- 改变窗口大小时，窗口中部件的大小和位置不会随之改变。
- 在不同的平台上，应用程序可能会看起来不相同。
- 在应用程序中改变字体可能会导致布局混乱。
- 如果改变已有窗口布局，就必须重新编写所有部件的布局。

所以布局类方式是常用的布局方式。布局类是用于控制以及调整主窗口的 Qt 类，在布局类中注册相应的组件，并且不指定注册组件的绝对位置，当用户调整父窗口尺寸时，布局类会根据需要重新调整/移动子部件。

常用的布局类有 QBoxLayout、QHBoxLayout、QVBoxLayout、QGridLayout 四种，均继承自抽象基类 QLayout。QBoxLayout 可水平/垂直排列；QHBoxLayout、QVBoxLayout、QGridLayout 是水平、垂直、表格排列布局。其中 QHBoxLayout、QVBoxLayout 继承于 QBoxLayout。

创建完组件后，需要通过 addWidget()把它们添加到布局实例中。添加后，成为该布局的子对象。每个 QLayout 对象必须拥有父对象，可以是 QWidget，也可以是 QLayout。可在创建布局时通过类定义传递一个父组件或者布局指定父对象，也可通过调用 addLayout()函数将一个布局添加为另外一个布局的子布局。

下面是 QBoxLayout、QHBoxLayout、QVBoxLayout 的使用方法。其中类 Example 的实例为 QBoxLayout 父组件，QBoxLayout 初始化时指定了子布局的排列方式，即 QtGui.QBoxLayout.LeftToRight（从左到右）。代码文件为 ch11-6.py，图 11-8 是运行结果。

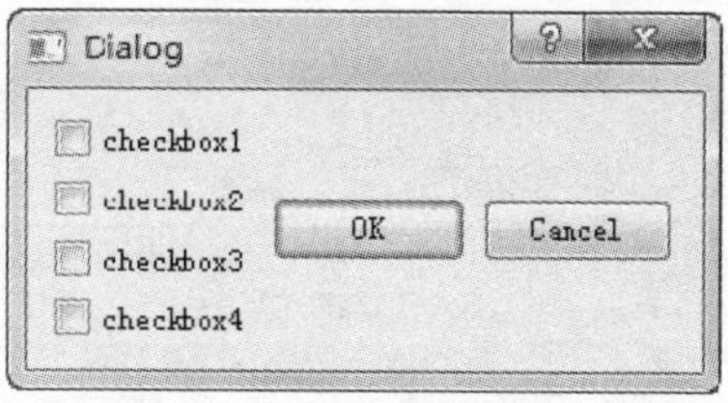

图 11-8　PyQt 的布局管理实例

```
import sys
from PyQt4 import QtGui

class Example(QtGui.QDialog):

    def __init__(self):
        super(Example, self).__init__()

        self.initUI()

    def initUI(self):

        okButton = QtGui.QPushButton("OK")
        cancelButton = QtGui.QPushButton("Cancel")
        #
        '''
        QBoxLayout.LeftToRightHorizontal from left to right.
        QBoxLayout.RightToLeftHorizontal from right to left.
        QBoxLayout.TopToBottom          Vertical from top to bottom.
        QBoxLayout.BottomToTop          Vertical from bottom to top.
         '''
        mainbox=QtGui.QBoxLayout(QtGui.QBoxLayout.LeftToRight,self)

        hbox = QtGui.QHBoxLayout()
        hbox.addStretch(1)
        hbox.addWidget(okButton)
        hbox.addWidget(cancelButton)

        checkbox1=QtGui.QCheckBox("checkbox1")
        checkbox2=QtGui.QCheckBox("checkbox2")
        checkbox3=QtGui.QCheckBox("checkbox3")
        checkbox4=QtGui.QCheckBox("checkbox4")
        vbox = QtGui.QVBoxLayout()

        vbox.addWidget(checkbox1)
        vbox.addWidget(checkbox2)
        vbox.addWidget(checkbox3)
        vbox.addWidget(checkbox4)


        mainbox.addLayout(vbox )
```

```
            mainbox.addLayout(hbox )

            self.setLayout(mainbox)

            self.setGeometry(100, 100, 100,    50)
            self.setWindowTitle('Dialog')
            self.show()

    def main():

        app = QtGui.QApplication(sys.argv)
        ex = Example()
        sys.exit(app.exec_())
    if __name__ == '__main__':
        main()
```

图 11-8 中的所有 checkbox 是按垂直方向摆放的（即 QVBoxLayout 的摆放方式），“OK”和“Cancel”按钮是以水平方向摆放的（QHBoxLayout 的摆放方式），而 QtGridLayout 是一种按照二维方式组织 PyQt 组件的布局方式。

将上面例子中的 QVBoxLayout 的实例 vbox 改成 QGridLayout()。并修改 addWidget()函数，指定组件位置，代码如下。运行结果如图 11-9 所示。

```
vbox = QtGui.QGridLayout()
vbox.addWidget(checkbox1,0,0)
vbox.addWidget(checkbox2,0,1)
vbox.addWidget(checkbox3,1,0)
vbox.addWidget(checkbox4,1,1)
```

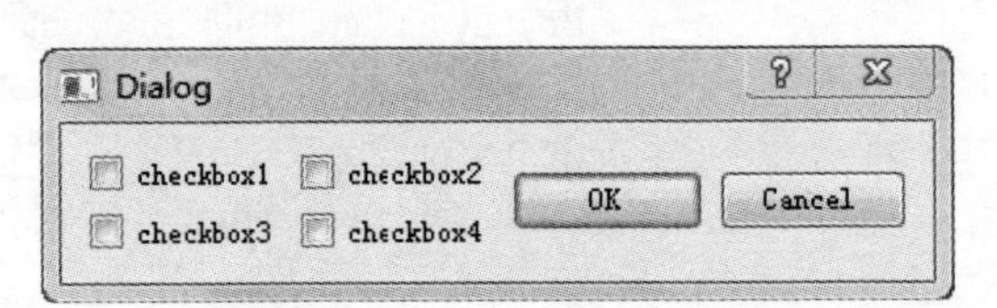

图 11-9　QGridLayout 实例

11.2.2　PyQt 的事件

PyQt 的组件使用方法与 Tkinter 具有一定的相似性。Tkinter 中对于用户的输入响应采用绑定、command（回调）的方式，PyQt 提供了几种事件处理机制：高级信号（signals）和槽（slots）机制以及低级事件句柄。

低级事件句柄主要用于自定义组件。信号与槽方式较为常用，这种方式提供了两个 Qt 对象之间的通信机制。其中信号会在某个特定情况或动作下被触发，槽是用于接收并处理信号的函数。

例如，要将一个窗口中的变化情况通知给另一个窗口，则一个窗口发送信号，另一个窗口的槽接收此信号并进行相应的操作，即可实现两个窗口之间的通信。每个 Qt 对象都包含设定的信号和槽，当某一特定事件发生时，一个信号被发射，与信号关联的槽则会接收并响应信号，完成相应的处理。

对应代码如下（ch11-7.py）。

```
# encoding:utf-8
# !/usr/bin/python
from PyQt4.QtGui import    *
```

```
from  PyQt4.QtCore import *
import sys
App=QApplication(sys.argv)
b=QPushButton(u"按钮,点击退出")
b.show()
App.connect(b,SIGNAL('clicked()'),App,SLOT("quit()"))
App.exec_()
```

当按钮被按下时触发 clicked 信号，与之连接的 QApplication 对象的 quit()响应按钮单击信号，执行退出动作。运行界面如图 11-10 所示。

图 11-10　PyQt 的信号与槽实例

11.2.3　PyQt 的 ToDo 实例

下面采用 PyQt 设计一个小型的 ToDo List 程序（ch11-8.py）。前面的两个例子均是直接将控件作为顶层窗体，但多数情况下使用继承 QDialog、QMainWindows、QWidget 的方式。QDialog、QMainWindow 甚至所有的 PyQt 的控件均继承于 QWidget。本例采用了继承 QWidget，并通过__init__调用 super(Application, self)进行父类初始化。

```
class Application(QtGui.QWidget):
    def __init__(self):
        super(Application, self).__init__()
        ...
```

在__init__中调用 initDb()与 initUI()。其中 initDb 进行数据库初始化，该例使用了 SQLite 数据，在 initDb 中创建了 ToDo 表。

initUI 是对 UI 的初始化，其中下列代码是进行窗体设置。setGeometry()定位窗体在屏幕上的位置并指定窗体尺寸。前两个参数是窗体的 X/Y 位置，后两个分别是宽度和高度信息。

```
self.setGeometry(300,300, 300, 300)
self.setWindowTitle('PyQt ToDo List');
self.show()
```

在 initUI 中实现对 QComboBox、QLineEdit、 QPushButton、 QListWidget 控件的初始化以及信号与槽配置。下面是添加按钮的使用。setToolTip 中包含完整的 Html，可增强显示效果。在该 Html 中直接设置了字体、字体颜色、上标、下画线属性，也可通过 QToolTip.setFont 设置字体属性。效果如图 11-11 所示。addRow 是 bt 按钮的 clicked 信号的槽，在 addRow 函数中添加新的记录。

图 11-11　QToolTip 例子

```
self.bt = QtGui.QPushButton(self)
self.bt.setText(u"添加新记录")
self.bt.setToolTip(u"""
<html><head/><body><p>
<span style=" font-weight:600; font-style:italic; text-decoration: underline;">添</span>加
<span style=" vertical-align:super;">+</span><span style=" color:#aa0000;">Add</span>
</p></body>
```

```
</html>""")
self.bt.clicked.connect(self.addRow)
```

控件布局的对应代码如下：

```
self.gbox = QtGui.QGridLayout(self)
    self.gbox.addWidget(self.cb)
    self.gbox.addWidget(self.bt)
    self.gbox.addWidget(self.btDel)
    self.gbox.addWidget(self.ib)
    self.gbox.addWidget(self.results)
    self.setLayout(self.gbox)
```

设置完，启动代码如下：

```
def main():
    app = QtGui.QApplication(sys.argv)
    ex = Application()
    sys.exit(app.exec_())
if __name__ == '__main__':
    main()
```

完整代码如下：

```
#!/usr/bin/env python
#-*- coding: utf-8 -*-
import sys
from PyQt4 import QtGui
from string import join
import sqlite3 as db
DAYS = {
    0:  u"星期一",
    1: u"星期二",
    2: u"星期三",
    3: u"星期四",
    4: u"星期五",
    5: u"星期六",
    6: u"星期天",
}
class Application(QtGui.QWidget):
    def __init__(self):
        super(Application, self).__init__()
        self.dbName = 'todolist.db'
        self.initDb()
        self.initUI()
    def initDb(self):
        cx = db.connect(self.dbName)
        cu=cx.cursor()
```

```
        cu.execute("""CREATE TABLE   if not exists todo (day INTEGER, h INTEGER,\
         m INTEGER, note VARCHAR(100), UNIQUE(day, h, m))""")
        cx.close()
    def findDay(self, day):
        con = db.connect(self.dbName)
        cur = con.cursor()
        cur.execute("SELECT h,m,note FROM todo WHERE day=%d" % day)
        data = cur.fetchall()
        while self.results.count() > 0:
            it = self.results.takeItem(0)
            self.results.removeItemWidget(it)
        for i in data:
            h = str(i[0])
            m = str(i[1])
            note = unicode(i[2])
            if int(i[0]) < 10:
                h = '0' + str(i[0])
            if int(i[1]) < 10:
                m = '0' + str(i[1])
            self.results.addItem(h + ':' + m + ' ' + note)
        self.results.show()
    def getDay(self):
        self.findDay(self.cb.currentIndex())
    def delRow(self):
        if len(self.results.selectedItems()):
            it = self.results.selectedItems()[0]
            i = self.results.row(it)
            it = self.results.takeItem(i)
            text = unicode(it.text())
            hm = text.split(' ')[0]
            d = int(self.cb.currentIndex())
            n = join(unicode(text).split(' ')[1:])
            h = int(hm.split(':')[0])
            m = int(hm.split(':')[1])
            print d, h, m, n
            self.deleteRow(d, h, m, n)
            self.results.removeItemWidget(it)
    def addRow(self):
        if not self.ib.isHidden():
            self.getInp()
            self.ib.setHidden(True)
            return
        self.ib.setHidden(False)
        self.ib.setText('Enter task here in "h:m some task" format')
    def getInp(self):
        text = unicode(self.ib.text())
```

```
            hm = text.split(' ')[0]
            d = int(self.cb.currentIndex())
            n = join(unicode(text).split(' ')[1:])
            h = int(hm.split(':')[0])
            m = int(hm.split(':')[1])
            print d, h, m, n
            self.insertRow(d, h, m, n)
            self.findDay(self.cb.currentIndex())
            self.ib.setHidden(True)
        def deleteRow(self, day, h, m, note):
            con = db.connect(self.dbName)
            cur = con.cursor()
            cur.execute("DELETE FROM todo WHERE          \
                    day=%d AND h=%d                      \
                    AND m=%d AND note='%s';"             \
                    % (day,h,m,note))
            con.commit()
        def insertRow(self, d, h, m, n):
            con = db.connect(self.dbName)
            cur = con.cursor()
            cur.execute("INSERT into todo(day,h,m,note) VALUES \
                    (%d, %d, %d, '%s');" % (d, h, m, n))
            con.commit()
        def initUI(self):
          self.cb = QtGui.QComboBox(self)
          for k,v in DAYS.items():
              self.cb.insertItem(k,    (v))
          self.cb.currentIndexChanged.connect(self.getDay)
          self.bt = QtGui.QPushButton(self)
          self.bt.setText(u"添加")
          self.bt.setToolTip("Add")
          self.bt.clicked.connect(self.addRow)
          self.btDel = QtGui.QPushButton(self)
          self.btDel.setText(u"删除")
          self.btDel.setToolTip("Delete")
          self.btDel.clicked.connect(self.delRow)
          self.ib = QtGui.QLineEdit(self)
          self.ib.setHidden(True)
          self.ib.returnPressed.connect(self.getInp)
          self.results = QtGui.QListWidget(self)
          self.gbox = QtGui.QGridLayout(self)
          self.gbox.addWidget(self.cb)
          self.gbox.addWidget(self.bt)
          self.gbox.addWidget(self.btDel)
          self.gbox.addWidget(self.ib)
          self.gbox.addWidget(self.results)
```

```
        self.setLayout(self.gbox)
        self.setGeometry(300,300, 300, 300)
        self.setWindowTitle('PyQt ToDo List');
        self.show()
def main():
    app = QtGui.QApplication(sys.argv)
    ex = Application()
    sys.exit(app.exec_())
if __name__ == '__main__':
    main()
```

上例展示了 PyQt 的 GUI 应用，运行效果见图 11-12。本例没有使用 PyQt 自带的数据库模块，读者可根据需要选用此模块。

图 11-12　PyQt 的 ToDo List 程序

11.3　小结

本章以对比的方式介绍了 Tkinter 与 PyQt 的使用，主要有组件定义、组件布局管理、组件事件响应。对于二者甚至其他的 GUI 框架的选用，可根据程序复杂度、平台特点、其他扩展功能支持（例如 PyQt 已经不仅是 GUI 框架，还包含其他丰富库支持）、版权要求等进行。

Tkinter、PyQt 均有相应可视化设计工具。Tkinter 的工具有 pygubu（https://github.com/alejandroautalan/pygubu）和 Tkinter-designer（https://github.com/cdhigh/tkinter-designer）。PyQt 可视化设计工具是 Qt Designer。用 Qt Designer 设计出的界面，可通过 Pyuic4 将 UI 转换成 Python 代码或用 uic 模块的 loadUi 函数进行动态加载。Eric 已经将 Qt Designer 嵌入其中，方便用户用 PyQt 进行开发。

第 12 章　大数据的利器

巧妇难为无米之炊，大数据处理首先要解决数据的获取问题。数据既可来源于互联网，也可来源于物联网的传感器，或者来自专业的调研公司。目前 Python 的 pyserial 与 pyvisa（其他的软件可从 pypi 上查找）支持 RS-232、GPIB、USB 接口，可用于硬件设备（物联网）的数据采集。

各数据源提供的数据格式是多种多样的，常见的有文本格式、CSV 格式、Excel 文件以及 JSON、XML、HTML 还有多种数据库文件甚至 PDF 文件和 HDF 文件。

http://www.xmind.net/m/WvfC/给出了 Python 处理大数据的“十八般武器”。在该思维导图（附录中引用了该图）中给出了数据平台集成、数据可视化、数据格式、MapReduce、胶水应用、GPU、并行、效率工具等方面的 Python 工具，其中 NumPy、SciPy、pandas 是大数据的基础。前面章节已经介绍了 NumPy、SciPy。本章将首先介绍 JSON、XML 等互联网中常用的数据格式，然后介绍 HDF5 的数据存储，最后介绍 pandas。

12.1　JSON

12.1.1　JSON 格式定义

JSON（JavaScript Object Notation）是一种轻量级的数据交换格式，相对于 XML 而言更小巧，同时适合机器解析和生成。JSON 基于 JavaScript 语言，是 ECMAScript 的一个子集。JSON 采用完全独立于语言的文本格式，但许多地方与 C 语言相似。这些特性使 JSON 成为理想的数据交换语言。

JSON 的规范标签形式使得 JSON 具有极强的可读性。目前在 Ajax 领域，JSON 得到了大量应用。国内很多网站的数据传输均采用 JSON 形式。Python 从 2.6 开始支持 JSON，如果使用低版本的 Python，对应的 JSON 软件包是 simplejson。Python 的 JSON 模块序列化与反序列化的过程分别是 encoding（把一个 Python 对象编码转换成 JSON 字符串）和 decoding（把 JSON 格式字符串解码转换成 Python 对象）。

JSON 数据就是一串字符串，只不过元素会使用特定的符号标注。具体形式如下：

- 对象（object）：一个对象以“{”开始，以“}”结束。一个对象包含一系列非排序的名称/值对，每个名称/值对之间使用“,”分区。例如{"name":"Michael","age":18 }。
- 名称/值（collection）：名称和值之间使用“：”隔开，一般的形式是：{name:value}。一个名称是一个字符串；一个值可以是一个字符串，一个数值，一个对象，一个布尔值，一个有序列表，或者一个 null 值。例如; {"name":" Michael "}。
- 值的有序列表（Array）：一个或者多个值用“,”分隔后，使用“[”，“]”括起来就形成了这样的列表。例如：{"color":　["red", "green", "blue"]}，其中的["red", "green",

"blue"]即表示列表。

- 字符串：以双引号括起来的一串字符。
- 数值：一系列 0～9 的数字组合，可以为负数或者小数。还可以用“e”或者“E”表示为指数形式。
- 布尔值：表示为 true 或者 false。

12.1.2　simplejson 库

包含 JSON 的 Python 包主要有 Python 标准库、PYSON、Yajl-Py、ultrajson、metamagic.json。Python 数据与 JSON 主要操作有编码（encoding，对应的函数主要是 dump 或者 dumps）和解码（decoding，对应的函数为 load 或者 loads）。Python 数据类型与 JSON 数据对应关系见表 12-1。

表 12-1　Python 数据与 Json 数据对应关系

Python->JSON编码（dump）		JSON->Python解码（load）	
dict	object	object	dict
list,tuple	array	array	list
str,unicode	string	string	unicode（Python3为str）
int,long,float	number	number(int)	int，long（Python3为int）
		number(real)	float
True	true	true	True
False	false	false	False
None	null	null	None

simplejson 是简单、快速、可扩展的 JSON 编/解码器，以纯 Python 代码编写，但包含了可选的 C 扩展用于解决速度瓶颈。

simplejson 需要使用 pip 或 easy_install 进行安装。

dumps 函数可将 Python 对象编码成 JSON，实际返回的是字符串。loads 函数可将 JSON 解码（输入的是字符串数据）成 Python 对象。下面的代码将元组转换成 JSON，然后通过 loads 转换成列表（见表 12-1 说明）。

```
>>> from pprint import pprint
>>> import simplejson as json
>>> tup1='red','green','blue'#元组
>>> print (json.dumps(tup1))
["red", "green", "blue"]
>>> print (type(json.loads(json.dumps(tup1))))#从 JSON 恢复数据类型为列表
<type 'list'>
```

列表数据与 JSON 相互转换：

```
>>> list1=[11,22,33]#列表
>>> print (type(json.dumps(list1)))
<type 'str'>
>>> print (type(json.loads(json.dumps(list1))))
```

```
<type 'list'>
```

Python 的字符串数据与 JSON 数据转换：

```
>>> string1 = 'Python and JSON'    #字符串
>>> print(json.dumps(string1))
"Python and JSON"
>>>
```

布尔型数据与 JSON 转换：

```
>>> x = True;   #布尔型数据
>>> print(json.dumps(x))
true
```

整型数据、浮点型数据与 JSON 转换：

```
>>> x = -456;
>>> y = -1.406;
>>> z = 2.12e-10
>>> print(json.dumps(x))
-456
>>> print(json.dumps(y))
-1.406
>>> print(json.dumps(z))
2.12e-10
```

上述浮点型数据与 JSON 转换过程无任何异常。因为该过程相当于 float(num_str)。如果处理如下数据，返回结果与输入数据就不同了：

```
>>> a=1617161771.7650001#浮点型数据的有效精度
>>> print( json.dumps(a))
1617161771.765
>>> print (json.loads(json.dumps(a)))
1617161771.77
```

为了处理 float 型数据，可使用 Decimal：

```
>>> from decimal import Decimal
>>> b=Decimal('1617161771.7650001')
>>> print( json.dumps(b))
1617161771.7650001
```

如果采用下面的解析方式，结果也不是我们想要的结果：

```
>>> print (json.loads(json.dumps(b)))
1617161771.77
```

需要采用如下形式：

```
>>> print (json.loads(json.dumps(b),use_decimal=True))
1617161771.7650001
```

如果增加了 use_decimal=True 参数，loads 返回的数据类型为 Decimal,如果不用该参数，将返回 float。使用 Decimal 方式对浮点类型的数据进行处理是严谨的。

```
>>> k= (json.loads("1617161771.7650001",use_decimal=True))
#等同 k=   json.loads("1617161771.7650001" ,parse_float=decimal.Decimal)
>>> print(k)
1617161771.7650001
>>> g= (json.loads("1617161771.7650001"))
>>> print(g)
1617161771.77
>>> print(type(k),type(g))
(<class 'decimal.Decimal'>, <type 'float'>)
```

下面是字典形式的数据解释，dumps 函数支持对字典排序，例如：

```
>>> student = {"101":{"class":'V', "Name":'Rohit',   "Roll_no":7},
...                "102":{"class":'V', "Name":'David',   "Roll_no":8},
...                "103":{"class":'V', "Name":'Samiya', "Roll_no":12}}
>>> print(json.dumps(student, sort_keys=True))
{"101": {"Name": "Rohit", "Roll_no": 7, "class": "V"}, "102": {"Name": "David", "Roll_no": 8, "class": "V"}, "103": {"Name": "Samiya", "Roll_no": 12, "class": "V"}}
>>> pprint(json.dumps(student ))
'{"102": {"class": "V", "Roll_no": 8, "Name": "David"}, "103": {"class": "V", "Roll_no": 12, "Name": "Samiya"}, "101": {"class": "V", "Roll_no": 7, "Name": "Rohit"}}'
>>> pprint(student)
{'101': {'Name': 'Rohit', 'Roll_no': 7, 'class': 'V'},
 '102': {'Name': 'David', 'Roll_no': 8, 'class': 'V'},
 '103': {'Name': 'Samiya', 'Roll_no': 12, 'class': 'V'}}
>>>
>>> json_data = '{"103": {"class": "V", "Name": "Samiya", "Roll_n": 12}, "102": {"class": "V", "Name": "David", "Roll_no": 8}, "101": {"class": "V", "Name": "Rohit", "Roll_no": 7}}';
>>> print(json.loads(json_data))
{'102': {'class': 'V', 'Roll_no': 8, 'Name': 'David'}, '103': {'Roll_n': 12, 'class': 'V', 'Name': 'Samiya'}, '101': {'class': 'V', 'Roll_no': 7, 'Name': 'Rohit'}}
>>>
>>> obj = ([1,2,3],123,123.123,'abc',{'key1':(1,2,3),'key2':(4,5,6)})
>>> encodedjson = json.dumps(obj,indent=True)
>>> print repr(obj)
([1, 2, 3], 123, 123.123, 'abc', {'key2': (4, 5, 6), 'key1': (1, 2, 3)})
>>> print encodedjson
[
 [
  1,
  2,
```

```
        3
    ],
    123,
    123.123,
    "abc",
    {
      "key2": [
        4,
        5,
        6
      ],
      "key1": [
        1,
        2,
        3
      ]
    }
]
>>> decodejson = json.loads(encodedjson)
>>> print type(decodejson)
<type 'list'>
>>> print encodedjson
[
  [
    1,
    2,
    3
  ],
  123,
  123.123,
  "abc",
  {
    "key2": [
      4,
      5,
      6
    ],
    "key1": [
      1,
      2,
      3
    ]
  }
]
```

与 dumps/loads 对应的是 dump/load，输入/输出数据为类文件数据。例如：

```
... from StringIO import StringIO
```

```
>>>
>>> sio=StringIO ()
>>> json.dump(list1,sio)
>>> print sio.getvalue()
[11, 22, 33]
>>> print(json.dumps({'4': 5, '6': 7}, sort_keys=True, indent=4 * ' '))
{
    "4": 5,
    "6": 7
}
```

下面的代码（本节的代码在 jsontest.py 中）可将 obj 的元组数据转换成 JSON 数据，并通过 loads 将 JSON 解码回 Python 数据。可结合表 14-1 观察 Python 的元组数据、单引号的字符串数据、以及 Python 字符串数据与 Unicode 数据变化情况。

```
import simplejson   as json
obj = ([1,2,3],123,123.123,'abc',{'key1':(1,2,3),'key2':(4,5,6)})
encodedjson = json.dumps(obj,indent=True)
print repr(obj)
print encodedjson
decodejson = json.loads(encodedjson)
print type(decodejson)
print encodedjson
```

运行结果如下：

```
([1, 2, 3], 123, 123.123, 'abc', {'key2': (4, 5, 6), 'key1': (1, 2, 3)})
[
 [
  1,
  2,
  3
 ],
 123,
 123.123,
 "abc",
 {
  "key2": [
   4,
   5,
   6
  ],
  "key1": [
   1,
   2,
   3
  ]
```

```
  }
]
<type 'list'>
[
  [
    1,
    2,
    3
  ],
  123,
  123.123,
  "abc",
  {
    "key2": [
      4,
      5,
      6
    ],
    "key1": [
      1,
      2,
      3
    ]
  }
]
```

12.1.3 通过 JSON 读取汇率

通过网络收集数据属于比较便捷的方式。可通过 Chrome 或 Firefox 的开发者模式查找各种 JSON 数据源。下面讲解一个从互联网获取 JSON 数据的实例。

http://data.bank.hexun.com/other/sogou/ratejson.ashx 是一个汇率数据源（因为该网址可能随时发生变化，在书中代码附加了 jsondata.txt 文件，里面包含该数据源的数据内容，可将实例中的 urlopen 改为相应文件操作方式）。该数据源返回的是 JSON 格式数据，通过解释该数据源可获取汇率信息。

该数据源的输出数据形如 RateJson({"huilv":[{"name":"人民币(CNY) ","value":"1"},{"name":"智利比索(CLP)","value":"0.0101"}],"time":"2015-04-18 20:28"}) （该数据有所删减，详细数据见本书代码，或者直接从网址下载）。

通过分析该数据源的数据，发现它不是标准的 JSON 数据，前面多了“RateJson({”的内容，后续内容可作为标准的 JSON 数据。所以要先通过 jsondata[jsondata.index("{"):len(jsondata)-1]将数据转换为标准的 JSON 数据，然后通过 loads 将 JSON 数据转为 Python 数据。

下面的代码是 jsontest.py 的核心代码。完整的代码可以同时运行在 Python 2 和 Python 3 中。如果原网址失效，可参考第 5 章修改代码读取 jsondata.txt 文件。

```
urlstr='http://data.bank.hexun.com/other/sogou/ratejson.ashx'
headers = {'User-Agent':'Mozilla/5.0 (Windows NT 6.1; WOW64; rv:23.0) Gecko/20100101 Firefox/23.0'}
...
req =  urllib2.Request(urlstr, headers = headers )
fp = urllib2.urlopen(req)
jsondata=fp.read()
...
dd=json.loads(jsondata[jsondata.index("{"):len(jsondata)-1]  )
#print dd['huilv']
print ("%s 的汇率情况表\n#####################\n"%(dd['time']))
for i in dd['huilv']:
    print("%s 汇率是:%s" %( i['name'],i['value'] ))
```

运行结果（部分）如下：

```
2015-10-26 22:22 的汇率情况表

#####################

人民币(CNY)汇率是:1
阿尔及利亚第纳尔(NGN)汇率是:0.0597
阿根廷比索(ARS)汇率是:0.6689
阿联酋迪拉姆(AED)汇率是:1.7295
阿曼里亚尔(OMR)汇率是:16.5060
埃及镑(EGP)汇率是:0.7910
爱尔兰镑(IEP)汇率是:4.5326
奥地利先令(ATS)汇率是:0.5095
澳大利亚元(AUD)汇率是:4.6085
澳门元(MOP)汇率是:0.7962
巴基斯坦卢比(PKR)汇率是:0.0608
巴拉圭瓜拉尼(PYG)汇率是:0.0011
… …
```

12.2 XML

12.2.1 XML 基本定义

XML 即可扩展标记语言，它可以用来标记数据、定义数据类型，是一种允许用户对自己的标记语言进行定义的源语言。XML 与 HTML 目的不同，XML 用于传输数据而 HTML 用于显示数据。XML 的标签均是自定义的。RSS 是常见的 XML 实现。

XML 文档包含由起始和结束标签（tag）分隔的一个或多个元素（element）。文档必须包含根元素，该元素是所有其他元素的父元素，一个 XML 文档中只有一个根元素。XML 文档中的元素形成了一棵文档树。这棵树从根部开始，并扩展到树的最底端。所有元素均可拥有子元素，并可嵌套到任意层次。元素可有属性，属性可以是多个，是一些名字-值（name-value）

对，属性由空格分隔，列举在元素的起始标签中，属性名不能重复，属性值必须用引号包围起来，单引号、双引号均可。元素也有文本内容。下面是一个 XML 文件内容。

```
<?xml version='1.0' encoding='UTF-8'?>
<root rootattr1="123" rootattr2="456">
    root 文本内容
    <child1>
        hello child1 文本内容
    </child1>
    <child2/>
</root>
```

Python 一直注重对 XML 数据的处理，从 2.0 版本开始，它就附带了 xml.dom.minidom 和相关的 pulldom 以及 Simple API for XML(SAX) 模块。从 2.4 开始，它附带了流行的 ElementTree API。此外，很多第三方库可以提供更高级别的或更具有 Python 风格的接口。

12.2.2 LXML 库使用

LXML 库是对两个优秀 C 语言 XML 库（libxml2 与 libxslt）的 Python 封装，速度很快，是 XML 的完整实现。LXML 集成了多款 XML 与 HTML 软件，如 XPath、XSLT、lxml.objectify、lxml.html、lxml.cssselect、Beautiful Soup、html5lib，从而可用于 XML 与 HTML 场合。

LXML 已经包含在 Anaconda 中，无需安装。

下面的代码利用 LXML 库创建 xml 文件（代码在 lxmltest.py 中）。

```
def building_xml():
    root=etree.Element("root" )
    root.text=u"root 文本内容"
    root.set("rootattr1","123")
    root.set("rootattr2","456")
    print root.tag#输出元素标签
    print root.keys()#输出属性名
    print root.items()#输出属性
    print root.text#输出文本内容
    child1=etree.SubElement(root,"child1")
    child2=etree.SubElement(root,"child2")
    child1.text=u" hello child1 文本内容 "
    print etree.tostring(root,pretty_print=True)
    tree = etree.ElementTree(root)
    tree.write("XMLFile.xml", encoding='utf-8',method="xml",xml_declaration=True)
    return
```

生成的 XMLFile.xml 内容如下：

```
<?xml version='1.0' encoding='UTF-8'?>
<root rootattr1="123" rootattr2="456">root 文本内容<child1> hello child1 文本内容
</child1><child2/></root>
```

12.2.3　通过 XML 读取新浪和人民网的 RSS

LXML 的 parse()用于解析文件以及类文件对象，参数可以是已经以二进制形式打开的文件对象、带有返回字节字符串的.read(byte_count)方法的类文件对象、文件名字符串以及 HTTP 或 FTP 地址字符串。例如：

```
t=etree.parse('http://rss.sina.com.cn/news/marquee/ddt.xml')
some_file_like_object = BytesIO("<root>data</root>")
 tree = etree.parse(some_file_like_object)
```

parse 输入一个文件或者 URL 的速度通常较传递一个打开的文件或者文件对象快。但如果需要 HTTP 认证，则需要使用 URL 认证库，例如 urllib2 或者 request。parse 方法读取整个文档并在内存中构建一个树，所以在处理数据较大的情况下，推荐使用 iterparse，即迭代解析。下面的代码通过 iterparse 分析新浪和人民网的 RSS（RSS 是站点之间共享内容的一种简易方式，以 XML 形式提供数据）：

```
def parseXML(xmlFile):
    f = urlopen(xmlFile)
    xml = f.read()
    tree = etree.parse(StringIO(xml))
    context = etree.iterparse(StringIO(xml))
    for action, elem in context:
        if elem.tag=='link':
            if not elem.text:
                text = "None"
            else:
                text = elem.text
            print elem.tag + " => " + text
if __name__ == "__main__":
    parseXML("http://rss.sina.com.cn/news/marquee/ddt.xml")
    parseXML("http://www.people.com.cn/rss/politics.xml")
```

对于 feed 数据，也可采用 feedparser 库进行解析。feedparser 是一个专业的 feed 解析器，兼容性好，使用简单，可用来解析各种 feeds 数据，包括 Atom、 RDF、 RSS 和 CDF feed 格式。

12.3　HDF5

12.3.1　HDF5 格式定义

目前常用的图像文件格式（如 GIF、JPG、PCX、TIFF 等）共同的缺点是结构太简单，不能存放除影像信息外的其他有用数据，如遥感影像的坐标值、参数等都无法在其中保存，而且用不同格式存储影像数据使得数据读取、传输、共享变得复杂。因此，有必要建立一种标准格式以解决上述问题。HDF 文件格式应运而生，它可以表示科学数据存储和发布的许多必要条件。目前应用最广泛的版本是 HDF5。

HDF5 文件包含两种基本数据对象：

群组（group）：类似于文件夹，可以包含多个数据集或下级群组。

数据集（dataset）：数据内容，可以是多维数组，也可以是更复杂的数据类型（元数据，metadata）。

群组和数据集都支持元数据与属性。HDF5 属性是一个用户自定义的 HDF5 接口，提供附加信息。数据集是数据元素的多维数组，同时支持元数据。要创建一个数据集，应用程序必须指明数据集的位置、数据集的名字、数据类型和数组的数据大小以及数据集的创建特性列表。数据类型定义了数据集所包含的类型，能存放在磁盘里，作为一个整体，为数据转换的目标或来源提供完整的数据类型。HDF5 有两种数据类型：元数据类型（atomic）与复合数据类型（compound）。元数据类型包括整型、浮点型、日期和时间、字符串、比特域和非透明数据类型，在 API 的层面上不能分解成更小的数据类型单位。复合数据类型是一个或者多个元数据类型的集合。HDF5 不是数据库，它最适合用作“一次写多次读”的数据集。虽然数据可以在任何时候被添加到文件中，但如果同时发生多个写操作，文件就可能会被破坏。

每个 HDF5 文件都含有一个文件系统式的节点结构，能够存储多个数据集。与其他简单格式相比，HDF5 支持多种压缩器的即时压缩，还能更高效地存储重复模式数据。对于那些非常大的无法直接放入内存的数据集，HDF5 就是不错的选择，因为它可以高效地分块读写，所以可以将几百 GB 甚至上 TB 的数据存储为 HDF5 格式。

Python 可以利用扩展包 PyTables 或 h5py 来访问 HDF5 库，它们各自采取了不同的问题解决方式。h5py 提供了一种直接而高级的 HDF5 API 访问接口，而 PyTables 则抽象了 HDF5 的许多细节以提供多种灵活的数据容器、表索引、查询功能以及对核外计算技术（out-of-core computation）的某些支持，即提供了一些用于结构化数组的高级查询功能，而且还能添加列索引以提升查询速度，这与关系型数据库所提供的表索引功能非常类似。下面将详细介绍 PyTables 包。

12.3.2 PyTables 使用

Pytables 是基于 HDF5 库与 Numpy 的 Python 扩展包，并使用 C 语言对一些功能做了优化以提高速度。PyTables 以磁盘存储结构形式处理超过内存大小的数据。PyTables 没有完全封装 HDF5，但提供更方便的工具。PyTables 是以表和数组对象为分层结构存储数据。其中的表是指记录的集合，记录值存储成固定长度。所有记录有相同的结构和数据类型。固定长度和严格的数据类型要求对 Python 而言比较怪异，但对于大型数据，可降低对 CPU 时间和 I/O 的需求。为了将 Python 记录映射到 HDF5 的 C 结构，PyTables 使用专门类定义域和属性。

PyTables 已经包含在 Anaconda 中，无需单独安装。

本节代码在 pytablestest.py 文件中。

（1）声明列描述符，继承 IsDescription，下面的代码定义了列以及类型。

```
class row_des(IsDescription):
```

```
    Date=tb.StringCol(26)
    No1=tb.IntCol()
    No2=tb.IntCol()
    No3=tb.Float64Col()
    No4=tb.Float64Col()
```

（2）新建文件，定义了写属性以及描述字符串。

```
h5=tb.open_file('tab.h5','w',title='test pytable')
```

创建表，表格名为 ints_flosts。PyTables 表类似于 numpy 的 ndarray 对象。

```
tab=h5.create_table('/','ints_floats',row_des,      title='ingeters and floats ', expectedrows=rows )
ran_int = np.random.randint(0, 10000, size=(rows, 2))
ran_flo = np.random.standard_normal((rows, 2)).round(5)
```

（3）获取表实例的行实例指针。

```
pointer =tab.row
```

（4）使用类似字典的键值访问形式给表的行实例赋值，并通过 flush 函数将表的 I/O 缓冲区写入磁盘。flush 函数不仅保证了文件完整性，也释放了内存资源。

```
for i in range(rows):
    pointer['Date'] = dt.datetime.now()
    pointer['No1'] = ran_int[i, 0]
    pointer['No2'] = ran_int[i, 1]
    pointer['No3'] = ran_flo[i, 0]
    pointer['No4'] = ran_flo[i, 1]
    pointer.append()
tab.flush()
```

（5）上面是直接在 HDF5 文件的 root 中建立的表格。为了管理方便，可建立组，然后在组上建立表。

```
group = h5.create_group("/", 'hdf5_group', 'group    infromation')
tab1=h5.create_table(group,'grouptable',row_des,title='group table')
row=tab1.row
for i in xrange(100):
    row['Date'] = dt.datetime.now()
    row['No1'] = ran_int[i, 0]
    row['No2'] = ran_int[i, 1]
    row['No3'] = ran_flo[i, 0]
    row['No4'] = ran_flo[i, 1]
    row.append()
tab1.flush()
```

（6）除了组、表，PyTables 还有数组。下面的代码直接在 PyTables 的 root 中创建数组。

```
arr_int = h5.create_array('/', 'integers', ran_int)
```

```
arr_flo = h5.create_array('/', 'floats', ran_flo)
```

（7）PyTables 内的表、数组访问形式与 Python 的列表（元组）访问形式相同，即通过下标形式访问。

```
print tab[:3]
print h5.root.ints_floats[:3]
print h5.root.hdf5_group.grouptable[2]['Date']#行号 列号
print   h5.root.integers[1:10]
for i   in   h5.root.integers:
    print i
```

PyTables 的数据访问还支持类似 SQL 语句的形式，即 where 语句形式。同时 PyTables 支持 max()、min()、mean()等函数，犹如使用 NumPy 的操作函数。

pandas 中包含了 PyTables 软件。下面介绍 pandas。

12.4 pandas

12.4.1 pandas 介绍

pandas（Python Data Analysis Library）是连接 SciPy 和 NumPy 的一种工具，该工具是为了完成数据分析任务而创建的。pandas 纳入了大量库和一些标准的数据模型，能够高效地操作大型数据集。pandas 提供了一种优化库功能来读写多种文件格式，包括 CSV 和高效的 HDF5 格式。pandas 目前已经成为 Python 的数据处理标准工具。

pandas 的数据结构采用自动或明确的数据对齐的、带有标签轴的形式。这可以防止由数据不对齐引起的常见错误，并可以处理不同来源的不同索引数据。

pandas 处理数据的基础是其数据结构，其中 Series 和 DataFrame 是两个重要的数据结构。Series 是一种类似一维数组的对象，它由一组数据（NumPy 数据类型）和相应的索引组成。DataFrame 是表格型的数据结构，含有一组有序的列，每列可以是不同的值类型（数组、字符串、布尔值等），类似 R 语言的数据框。pandas 的数据结构更类似 Excel 表格形式，数据类型对应 NumPy 类型数据，但在索引方面比 NumPy 更形象、灵活。

pandas 包含在 Anaconda 中，无需安装。

12.4.2 pandas 的 Series

Series 可通过 NumPy 的 ndarray、Python 的字典以及常量数据创建。Seies 的基本用法如下：

```
import pandas as pd
ser=pd.Series(data,index=index)
```

下面是用三种常见方式创建 Series 对象的示例：

```
>>> s0=pd.Series(np.random.randn(10))
>>> s0
```

```
0    -1.079665
1     1.122284
2     0.212255
3    -0.537349
4    -0.369928
5     0.840128
6    -0.109323
7     0.577860
8    -0.809031
9    -0.768000
dtype: float64
>>> s1 =pd.Series(np.random.randn(4),name ="Series data " , index=list('ABCD'))#指定索引
>>> s1
A     0.223138
B    -0.128970
C     1.142297
D     0.285057
Name: Series data , dtype: float64
>>>
>>> s2=pd.Series({"A":1,"B":2,"C":3,"D":4})
>>> s2
A    1
B    2
C    3
D    4
dtype: int64
>>> s3=pd.Series(4,index=list('ABCD'))
>>> s3
A    4
B    4
C    4
D    4
dtype: int64
```

s0 与 s1 是通过 NumPy 的 ndarray 创建的，但 s1 显示了 pandas 的 Series 与 ndarray 的差异，即 Series 支持索引。s2 是通过字典形式创建的，Series 的访问方式既可采用类似 Python 的列表（NumPy 的 ndarray）的整数下标方式也可以采用类似字典键的方式。下面是一些访问方式：

```
>>> s0[0]#
-1.0796651966959137
>>> s1['A']
0.22313834785377926
>>> s2['A']
1
>>> s3['A']
4
```

Series 的访问方式除了索引方式还有切片方式，对于数字型的索引，用法类似 Python 的列表的索引用法，并且访问范围与 Python 列表相同，不包含末值，例如下面的方式不包含下标 5 的数值。

```
>>> s0[0:5]
0   -1.079665
1    1.122284
2    0.212255
3   -0.537349
4   -0.369928
dtype: float64
```

但对于指定的索引，即 s1,s2,s3 的方式，包含末尾的索引值，例如：

```
>>> s1['A':'C']
A    0.223138
B   -0.128970
C    1.142297
```

12.4.3 DataFrame 的创建

DataFrame 是一个二维数据，行具有索引，列可能由不同数据类型构成。可将 DataFrame 看作 Excel 表格或者 SQL 表格或者 Series 对象的字典。DataFrame 可由下列形式构成：

- 由一维 ndarray、列表、字典或者 Series 构成的字典。
- 二维 numpy.ndarray。
- 结构或记录的 ndarray。
- 另外一个 DataFrame。

下面是通过列表、Series 字典、列表字典生成 DataFrame 数据的示例。

```
>>> import pandas as pd
>>> import numpy as np
>>>
>>> df0 =pd.DataFrame( [[10,20,30,40],[23,34,45,56] ,[7,8,9],[9,7,5],[1,2,3]],
...                    columns=['column1',"column2","column3","column4"]
...                    ,index=['a','b' ,'c','d','e'])
>>> df0
   column1  column2  column3  column4
a       10       20       30       40
b       23       34       45       56
c        7        8        9      NaN
d        9        7        5      NaN
e        1        2        3      NaN
>>> d={'one':pd.Series([1,2,3],index=['a','b','c']),
...    'two':pd.Series([4,5,6,7],index=[
...    'a','b','c','d'])
```

```
...     }
>>> df1 =pd.DataFrame(d)
>>> df1
   one  two
a    1    4
b    2    5
c    3    6
d  NaN    7
>>> df2=pd.DataFrame( [{'a': 1, 'b': 2, 'c': '3'},
...                     {'a':2, 'b':1}, {'c':1}])#字典列表
>>> df2
     a    b    c
0    1    2    3
1    2    1  NaN
2 NaN NaN    1
>>> df3 =   pd.DataFrame({'a':[1,3,5,7,], 'b':[2,4,6,8,]})
>>> df3
   a  b
0  1  2
1  3  4
2  5  6
3  7  8
>>> df4=pd.DataFrame(np.arange(30).reshape(5,6),
...                 index=["index1","index2","index3","index4","index5" ],
...                 columns=list("abcdef")
...                )
>>> df4
         a   b   c   d   e   f
index1   0   1   2   3   4   5
index2   6   7   8   9  10  11
index3  12  13  14  15  16  17
index4  18  19  20  21  22  23
index5  24  25  26  27  28  29
```

上面的代码中，df0、df1、df2 包含了 NaN 数据，NaN 在 pandas 中表示数据缺失。缺失数据在数据处理中比较常见。NumPy 中也提供 np.nan/np.NaN 来代替缺失值，并使用 np.isnan()来判定数组中是否存在 NaN。pandas 针对数据缺失，提供了 isnull（判断是否缺失）、dropna（过滤缺失数据）、fillna（指定值或者插值方式填充缺失数据）函数。

12.4.4　DataFrame 的索引访问

对 DataFrame 执行[]操作符可返回相应的列，传递给[]的参数可以是一个对象或者一个列表数据，返回的数据类型可能是 Series 或者原 DataFrame 的子集。下面对 DataFrame 进行的索引均以 df4 为例进行说明，df4 有 5 行（即 index1、index2、index3、index4、index5），6 列数据（即"a"、"b"、"c"、"d"、"e"、"f"）。

DataFrame 的索引采用列名或者列名构成的列表，将分别返回 Series 或者 DataFrame 的子集，例如：

```
>>> df4["a"]
index1      0
index2      6
index3     12
index4     18
index5     24
Name: a, dtype: int32
>>> df4[["a","b","c"]]
         a   b   c
index1   0   1   2
index2   6   7   8
index3  12  13  14
index4  18  19  20
index5  24  25  26
```

实际上列名同时是 DataFrame 的属性，可通过如下方式访问：

```
>>> df4.a
index1      0
index2      6
index3     12
index4     18
index5     24
Name: a, dtype: int32
```

如果索引是列的位置信息构成的列表，将返回 DataFrame 的子集，例如

```
>>> df4[[1,5]]
         b   f
index1   1   5
index2   7  11
index3  13  17
index4  19  23
index5  25  29
```

上述方法获取的数据均是以列为单位的。下面是以列为单位获取数据的方法：

```
>>> df4[:3]
         a   b   c   d   e   f
index1   0   1   2   3   4   5
index2   6   7   8   9  10  11
index3  12  13  14  15  16  17
>>> df4[3:6]
         a   b   c   d   e   f
index4  18  19  20  21  22  23
index5  24  25  26  27  28  29
```

除了常用[]索引方式，另有几种 DataFrame 的访问方式：loc/iloc、ix 和 at/iat。

loc 的参数为行索引名或者行索引名构成的列表，iloc 为行索引号。loc/iloc 的返回值可能是 Series，也可能是 DataFrame。例如：

```
>>> df4.loc["index1"]
a    0
b    1
c    2
d    3
e    4
f    5
Name: index1, dtype: int32
>>> df4.loc["index1":"index3"]
         a   b   c   d   e   f
index1   0   1   2   3   4   5
index2   6   7   8   9  10  11
index3  12  13  14  15  16  17
>>> df4.loc[["index1","index3"]]
         a   b   c   d   e   f
index1   0   1   2   3   4   5
index3  12  13  14  15  16  17
>>> df4.loc["index2":]
         a   b   c   d   e   f
index2   6   7   8   9  10  11
index3  12  13  14  15  16  17
index4  18  19  20  21  22  23
index5  24  25  26  27  28  29
>>>
>>> df4.iloc[0]
a    0
b    1
c    2
d    3
e    4
f    5
Name: index1, dtype: int32
>>> df4.iloc[0:3]
         a   b   c   d   e   f
index1   0   1   2   3   4   5
index2   6   7   8   9  10  11
index3  12  13  14  15  16  17
>>> df4.iloc[:3]
         a   b   c   d   e   f
index1   0   1   2   3   4   5
index2   6   7   8   9  10  11
```

```
index3  12  13  14  15  16  17
```

ix 可返回 DataFrame、Series 以及具体的元素值。例如：

```
>>> df4.ix['index1']
a     0
b     1
c     2
d     3
e     4
f     5
Name: index1, dtype: int32
>>> df4.ix["index1":"index3"]
         a   b   c   d   e   f
index1   0   1   2   3   4   5
index2   6   7   8   9  10  11
index3  12  13  14  15  16  17
>>> df4.ix[["index1","index3"]]
         a   b   c   d   e   f
index1   0   1   2   3   4   5
index3  12  13  14  15  16  17
>>> df4.ix[1]
a      6
b      7
c      8
d      9
e     10
f     11
Name: index2, dtype: int32
>>> df4.ix[1,0]
6
```

除了 df4.ix[1,0]的方式返回相应的具体元素值，at 也可返回具体的元素值。通过访问 Series 的方式也可返回具体的元素值。例如：

```
>>> df4.iat [0,1]
1
>>> df4.at["index1","a"]
0
>>> df4["a"]["index1"]
0
>>> df4.a["index1"]
0
```

表 12-2 是 DataFrame 的索引方式总结。

表 12-2　DataFrame 索引和选择操作方法

操作	语法	结果
选择列	df[col]	Series
标签形式选择行	df.loc [lable]	Series
整数位置选择行	df.iloc[loc]	Series
切片选择行	df[5:10]	DataFrame
布尔向量选择行	df[bool_vec]	DataFrame
行索引	df.ix[val]	行数据对应的Series
列索引	df.ix[:,val]	列数据对应的Series
元素	df.ix[val1,val2]	具体元素值或者选中区域的Series

12.4.5 DataFrame 的数据赋值

可以在创建 DataFrame 时直接赋值，也可事后弥补。赋值列表数据时，需与原 DataFrame 的维数相同；赋值 Series 数据时无此要求。下面分别是赋值列表数据、NumPy 数据和 Series 的例子。

```
>>> df4["AA"]=list((1,2,3,4,5))
>>> df4["BB"]=np.ones((5,2)).tolist()
>>> df4["CC"]=pd.Series((1,5,0,8,6) ,index=("index1","index2","index3","index4","index5") )
>>> df4
         a   b   c   d   e   f  AA          BB  CC
index1   0   1   2   3   4   5   1  [1.0, 1.0]   1
index2   6   7   8   9  10  11   2  [1.0, 1.0]   5
index3  12  13  14  15  16  17   3  [1.0, 1.0]   0
index4  18  19  20  21  22  23   4  [1.0, 1.0]   8
index5  24  25  26  27  28  29   5  [1.0, 1.0]   6
```

12.4.6 DataFrame 的基本运算

既然 pandas 的基础是 NumPy，那么它自然不会缺少 NumPy 的矩阵运算能力。下面是一些运算：

```
>>> df0.sum()
column1     50
column2     71
column3     92
column4     96
dtype: float64
```

可见，df0.sum()的计算是以列为基础进行计算的。DataFrame 提供了 axis 属性，axis 的取值为 0（对应列）或者 1（对应行）。下面的代码将返回各行内数据的和。

```
>>> df0.sum(axis=1)
a     100
```

```
b      158
c       24
d       21
e        6
dtype: float64
```

df0 的数据中存在部分 NaN 值，默认情况跳过 NaN 值，但可通过 skipna 参数处理存在 NaN 值的情况，例如:

```
>>> df0.sum(skipna=False)
column1      50
column2      71
column3      92
column4     NaN
dtype: float64
```

describe()函数可以一次性产生多个汇总统计，例如：

```
>>> df0.describe()#汇总统计
          column1     column2     column3     column4
count   5.000000    5.000000    5.000000    2.000000
mean   10.000000   14.200000   18.400000   48.000000
std     8.062258   12.891858   18.352112   11.313708
min     1.000000    2.000000    3.000000   40.000000
25%     7.000000    7.000000    5.000000   44.000000
50%     9.000000    8.000000    9.000000   48.000000
75%    10.000000   20.000000   30.000000   52.000000
max    23.000000   34.000000   45.000000   56.000000
```

12.4.7 pandas 的 IO 操作

pandas 的 IO API 为 pandas 提供数据源。目前 pandas 支持下列文件的读写操作：CSV、Excel 2003/2007、JSON、HTML、剪贴板、PyTables/HDF5、Stata、pickle。提供了 read_csv、read_excel、read_hdf、read_sql、read_json、read_html、read_stata、read_clipboard、read_pickle 等加载函数以及 to_csv、 to_excel、to_hdf、to_sql、to_json、to_html、to_stata、to_clipboard、to_pickle 等转换函数。下面以 JSON 和 Excel 文件操作为例说明其用法。

```
>>> import StringIO
>>> df0.to_json()
'{"column1":{"a":10,"b":23,"c":7,"d":9,"e":1},"column2":{"a":20,"b":34,"c":8,"d":7,"e":2},"column3":{"a":30,"b":45,"c":9,"d":5,"e":3},"column4":{"a":40.0,"b":56.0,"c":null,"d":null,"e":null}}'
>>> myIO=StringIO.StringIO()
>>> myIO=df0.to_json()
>>> jsondata=pd.read_json(myIO)
>>> jsondata
   column1   column2   column3   column4
```

```
a        10      20      30      40
b        23      34      45      56
c         7       8       9     NaN
d         9       7       5     NaN
e         1       2       3     NaN

>>> df0.to_excel("c:\\exceldata.xls")
exceldata=pd.read_excel("c:\\exceldata.xls")
>>> >>> exceldata
    column1  column2  column3  column4
a        10       20       30       40
b        23       34       45       56
c         7        8        9      NaN
d         9        7        5      NaN
e         1        2        3      NaN
```

查看 C:盘下的 exceldata.xls 内容，如图 12-1 所示。

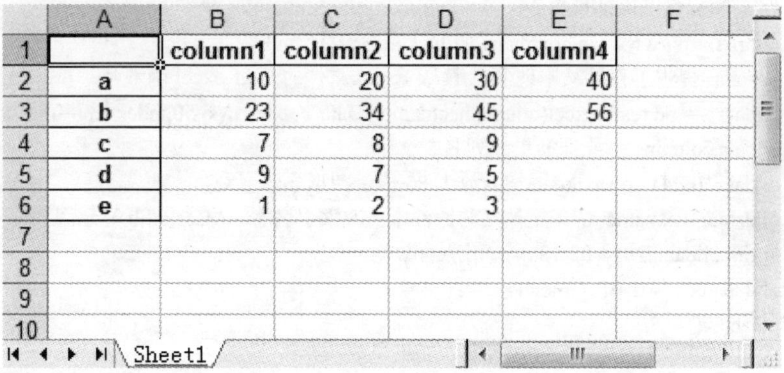

	A	B	C	D	E	F
1		column1	column2	column3	column4	
2	a	10	20	30	40	
3	b	23	34	45	56	
4	c	7	8	9		
5	d	9	7	5		
6	e	1	2	3		
7						
8						
9						
10						

Sheet1

图 12-1　通过 pandas 写 Excel 文件

12.4.8　pandas 读取 EIA 的原油价格

pandas 还提供了直接读取网络数据的方式，可以读取 Yahoo 财经、Google 财经、美国圣路易斯联储（St. Louis Fed）、世界银行等数据源。也有一些 Python 财经数据接口包，如 tushare 软件（http://tushare.org/index.html），是针对中国金融数据的。

下面的代码演示华宝油气基金与原油价格关系图。华宝油气（162411）是跟踪标普石油天然气上游股票指数的 QDII，可通过 tushare 获取其历史数据。

美国能源信息署（EIA）提供了 Excel 格式的原油历史价格。pandas 的 read_excel 函数，可直接读取本地/网络的 Excel 文件，pandas 通过指定 Excel 文件中的 sheetname 读取相应表并直接生成 DataFrame，将股票数据 stockdata（Series 类型）直接赋值给 oildata。

pandas 的 DataFrame 提供 plot，可直接调用 Matplotlib 的绘图函数。pandas 与 tushare 联合使用，可以同时显示华宝油气与原油价格（美元）。执行结果如图 12-2 所示（华宝油气价格放大 80 倍。本图只是显示相关性，不代表真实价格）。

```
# encoding:utf-8
# !/usr/bin/python
import pandas as pd
import numpy as np
import pandas.io.data    as web
import datetime
import tushare as ts
import matplotlib
matplotlib.use('TkAgg')

from matplotlib import pyplot as plt
from matplotlib import pylab
def Oil():
    pylab.mpl.rcParams['font.sans-serif'] = ['SimHei']     #字体
    pylab.mpl.rcParams['axes.unicode_minus'] = False        #  '-' 开关
    stockdata =ts.get_hist_data('162411')[ 'close']      #一次性获取全部日 k 线数
    stockdata.index=pd.to_datetime(stockdata.index)
    #eia 网提供了原油价格表
    oilurl='http://www.eia.gov/dnav/pet/hist_xls/RWTCd.xls'
    #pandas 提供了直接从本地/网上读取 Excel 文件的 read_excel 函数 。
    oildata    = pd.read_excel(oilurl ,sheetname='Data 1',skiprows=50,index_col=0)
    oildata.columns =['原油']#更改列名
    oildata['162411']=stockdata*80#放大 80 倍，图形显示直观
    oildata.index.name=u"华宝油气与原油"#更改索引名字，Matplotlib 显示用
    #print oildata['2014-02-13':]#输出所有数据
    oildata['2013-01-01':] .plot()
    plt.show()
if __name__=="__main__":
    Oil()
```

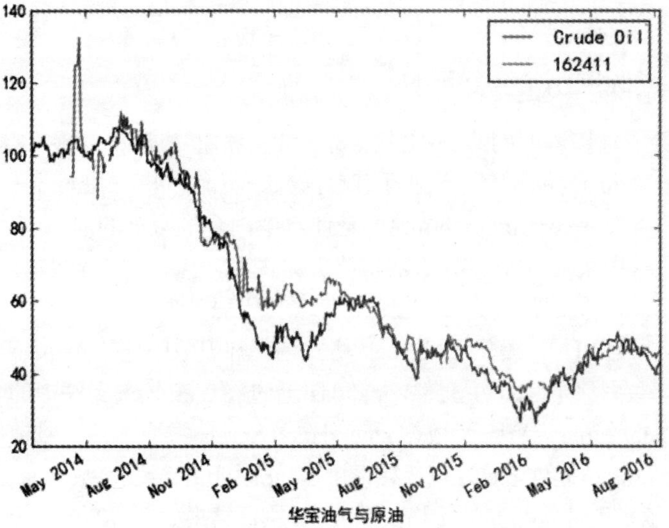

图 12-2　通过 pandas 获取原油数据与 tushare 获取的华宝油气数据

上例演示了 pandas 从数据采集到数据处理的过程，读者可根据需求自行设计一些案例，例如黄金价格等其他经济数据或者计算机系统日志数据均可作为 pandas 的分析对象。

12.5　小结

数据收集、数据准备、数据转换、数据建模和计算、图形化展示是数据处理的几个步骤。本章演示了 JSON、XML、Excel、PyTables 的数据处理方法。收集数据没有固定模式，网络上的数据源寻找可借助 Chrome 或者 Firefox 的开发者工具，14.1 节演示了将类 JSON 数据转换为 JSON 数据处理的过程。pandas 是目前 Python 数据处理标准，集成了数据收集、规整、聚合、统计和图形化演示功能，在 12.4 节中演示了通过 pandas 进行数据收集、数据处理、数据图形化的过程。

附　　录

附录 A　Python 编译安装

第 1 章给出了 Windows 下的 Python 2 安装，而多数 Linux 发行包默认安装 Python 2 版本，对版本没有特殊要求的用户可以直接使用。但有时用户可能需要执行新版本的 Python。由于可能受到管理员权限、资源有限、缺乏特殊的 Linux 软件包等因素的限制，在大学集群、公司服务器或者共享虚拟主机上安装最新的 Python 版本有时是不可能的，但在 Linux 系统中，用户可将新版本的 Python 安装在自己的目录中。下面以在 Debian 系统中安装 Python 3.4.3 为例说明如何在用户自己的目录内安装新版本的 Python。

（1）通过 apt-get install build-essential 命令获得各种开发工具。apt-get 是一条 Linux 命令，适用于基于 deb 包的 Linux 发行版，主要用于自动从互联网的软件仓库中搜索、安装、升级、卸载软件。下面是以上命令的执行过程。

```
正在读取软件包列表... 完成
正在分析软件包的依赖关系树
正在读取状态信息... 完成
将会安装下列额外的软件包：
  dpkg-dev g++ g++-4.7 libalgorithm-diff-perl libalgorithm-diff-xs-perl
  libalgorithm-merge-perl libdpkg-perl libfile-fcntllock-perl
  libstdc++6-4.7-dev
建议安装的软件包：
  debian-keyring g++-multilib g++-4.7-multilib gcc-4.7-doc libstdc++6-4.7-dbg
  libstdc++6-4.7-doc
下列【新】软件包将被安装：
  build-essential dpkg-dev g++ g++-4.7 libalgorithm-diff-perl
  libalgorithm-diff-xs-perl libalgorithm-merge-perl libdpkg-perl
  libfile-fcntllock-perl libstdc++6-4.7-dev
升级了 0 个软件包，新安装了 10 个软件包，要卸载 0 个软件包，有 0 个软件包未被升级。
需要下载 2,325 kB/11.9 MB 的软件包。
解压缩后会消耗掉 30.3 MB 的额外空间。
您希望继续执行吗？[Y/n]y
更换介质：请把标有
"Debian GNU/Linux 7.7.0 _Wheezy_ - Official i386 DVD Binary-1 20141018-11:53"
的盘片插入驱动器"/media/cdrom/"再按回车键
获取：1 http://security.debian.org/ wheezy/updates/main libdpkg-perl all 1.16.16 [963 kB]
获取：2 http://security.debian.org/ wheezy/updates/main dpkg-dev all 1.16.16 [1,362 kB]
下载 2,325 kB，耗时 40 秒 (56.7 kB/s)
Selecting previously unselected package libstdc++6-4.7-dev.
```

```
(正在读取数据库 ... 系统当前共安装有 146281 个文件和目录。)
正在解压缩 libstdc++6-4.7-dev (从 .../libstdc++6-4.7-dev_4.7.2-5_i386.deb) ...
Selecting previously unselected package g++-4.7.
正在解压缩 g++-4.7 (从 .../g++-4.7_4.7.2-5_i386.deb) ...
Selecting previously unselected package g++.
正在解压缩 g++ (从 .../g++_4.7.2-1_i386.deb) ...
Selecting previously unselected package libdpkg-perl.
正在解压缩 libdpkg-perl (从 .../libdpkg-perl_1.16.16_all.deb) ...
Selecting previously unselected package dpkg-dev.
正在解压缩 dpkg-dev (从 .../dpkg-dev_1.16.16_all.deb) ...
Selecting previously unselected package build-essential.
正在解压缩 build-essential (从 .../build-essential_11.5_i386.deb) ...
Selecting previously unselected package libalgorithm-diff-perl.
正在解压缩 libalgorithm-diff-perl (从 .../libalgorithm-diff-perl_1.19.02-2_all.deb) ...
Selecting previously unselected package libalgorithm-diff-xs-perl.
正在解压缩 libalgorithm-diff-xs-perl (从 .../libalgorithm-diff-xs-perl_0.04-2+b1_i386.deb) ...
Selecting previously unselected package libalgorithm-merge-perl.
正在解压缩 libalgorithm-merge-perl (从 .../libalgorithm-merge-perl_0.08-2_all.deb) ...
Selecting previously unselected package libfile-fcntllock-perl.
正在解压缩 libfile-fcntllock-perl (从 .../libfile-fcntllock-perl_0.14-2_i386.deb) ...
正在处理用于 man-db 的触发器...
正在设置 libdpkg-perl (1.16.16) ...
正在设置 dpkg-dev (1.16.16) ...
正在设置 libalgorithm-diff-perl (1.19.02-2) ...
正在设置 libalgorithm-diff-xs-perl (0.04-2+b1) ...
正在设置 libalgorithm-merge-perl (0.08-2) ...
正在设置 libfile-fcntllock-perl (0.14-2) ...
正在设置 g++-4.7 (4.7.2-5) ...
正在设置 g++ (4:4.7.2-1) ...
update-alternatives: using /usr/bin/g++ to provide /usr/bin/c++ (c++) in 自动模式
正在设置 build-essential (11.5) ...
正在设置 libstdc++6-4.7-dev (4.7.2-5) ...
```

（2）在安装完开发环境后，进行 Python 的下载、编译和安装。首先从 www.python.org 获取 Python 源代码。

```
$ wget http://www.python.org/ftp/python/3.4.3/Python-3.4.3.tgz
```

wget 命令是一个从网络上自动下载文件的工具，支持 HTTP、HTTPS、FTP，并可以使用 HTTP 代理。

（3）建立目录/home/test/python3.4，作为 Python 3.4 的安装目录。解压文件并改变目录。

```
$ tar xfz Python-3.4.3.tgz
$ cd Python-3.4.3
```

（4）使用计划安装 Python 的目录路径配置它：

```
$ ./configure --prefix=/home/test/python3.4
```

（5）编译

```
$ make
$ make install
```

检查程序是否成功安装：

```
~/python3.4/bin
```

安装完 Python 标准版后，可通过 easy_install、pip 安装相应的 Python 包。

附录 B virtualenv Python 虚拟环境

Python 的背后有着庞大的开源社区支持，但是有一个缺点就是每个包的质量参差不齐，如果在工作服务器上测试安装每个包，会使整个服务器形成庞大、复杂的第三方包依赖。

virtualenv 就是为了解决这个问题而产生的，它可以在用户的目录中生成若干个虚拟的、独立的、专属于某一项目的 Python 环境，不但解决了包版本冲突问题，也可以避免因某人无意修改了全局 site-packages 目录而造成整个开发环境改变之类的问题。

virtualenv 具有以下特点：

- 能够在没有权限的情况下安装新套件。
- 不同应用可以使用不同的套件版本。
- 套件升级不影响其他应用。

下面分别说明在 Debian GNU/Linux 7.7.0 Wheezy 与 Windows 环境下 virtualenv 的安装过程。

（1）Debian GNU/Linux 7.7.0 Wheezy 环境下 virtualenv 的安装过程：

首先通过 apt-get install 安装 easy_install。然后通过 easy_install 安装 virtualenv。

```
root@debian:/home/test# apt-get install    python-setuptools
root@debian:/home/test# easy_install virtualenv
```

下面的命令创建 Python 虚拟环境，该命令只有一个必需的参数，即虚拟环境的目录。执行该命令后，会在当前目录下出现一个子文件夹，名字为 virtualenv 对应的参数，本例为 env。

```
test@debian:~$ virtualenv    env
New python executable in env/bin/python
Installing setuptools, pip, wheel…done.
```

在新建的 env 虚拟环境（子文件夹）中，保存了一个全新的虚拟环境，即一个私有的 Python 解释器。在使用该解释器之前，需要将其激活，命令如下：

```
test@debian:~$ cd env
test@debian:~/env$ source    bin/activate
```

执行激活命令后，此时已经进入虚拟环境，可注意一下 test@debian 前缀中增加了一个虚拟环境的名字。在该虚拟环境下，可执行 pip 命令安装各种软件包。但所有的虚拟环境下的操作不会影响到 env 虚拟环境以外的 Python 解释器。

```
(env)test@debian:~/env$ pip install   flask
```

可通过如下命令返回默认的 Python 解释器环境。

```
(env)test@debian:deactivate
```

（2）Windows 下的 virtualenv 与 Linux 的最主要区别是：virtualenv 的激活命令是存放在 Scripts 目录下的。下面是 Windows 下的 virtualenv 建立过程：

```
C:\Anaconda\Scripts>virtualenv myenv
New python executable in myenv\Scripts\python.exe
Installing setuptools, pip, wheel...done.

C:\Anaconda\Scripts>cd myenv
C:\Anaconda\Scripts\myenv>cd scripts
C:\Anaconda\Scripts\myenv\Scripts>activate.bat
(myenv) C:\Anaconda\Scripts\myenv\Scripts>
```

安装完 Python 虚拟环境后，可看一下 Scripts 目录下的内容，除了 activate 激活命令、Python 解释器，另外就是安装包管理器：easy_install、pip、wheel。eays_install 与 pip 在本书中做过介绍，wheel 是另外一款包安装器，用于安装.whl 文件。

```
(myenv) C:\Anaconda\Scripts\myenv\Scripts>dir
 驱动器 C 中的卷是 Windows7_OS
 卷的序列号是 20CC-E20F
 C:\Anaconda\Scripts\myenv\Scripts 的目录
2015-08-11   22:07    <DIR>          .
2015-08-11   22:07    <DIR>          ..
2015-08-11   22:07             2,307 activate
2015-08-11   22:07               557 activate.bat
2015-08-11   22:07             8,325 activate.ps1
2015-08-11   22:07             1,137 activate_this.py
2015-08-11   22:07               348 deactivate.bat
2015-08-11   22:07            95,614 easy_install-2.7.exe
2015-08-11   22:07            95,614 easy_install.exe
2015-08-11   22:07            95,586 pip.exe
2015-08-11   22:07            95,586 pip2.7.exe
2015-08-11   22:07            95,586 pip2.exe
2015-08-11   22:07            27,136 python.exe
2015-08-11   22:07         3,018,240 python27.dll
2015-08-11   22:07            27,648 pythonw.exe
2015-08-11   22:07            95,593 wheel.exe
              14 个文件      3,659,277 字节
               2 个目录 232,808,726,528 可用字节
```

PyCharm 支持创建虚拟环境，在本书中已经做过介绍。

附录 C　Python 2 还是 Python 3

目前是 Python 2 与 Python 3 共存阶段。为什么说是共存呢？因为 Python 3 不是完全兼容 Python 2，Python 2 也在不断加入 Python 3 的新特性。如果初学 Python，建议用 Python 2，因为学习资料较多；如果是程序员开发新的程序，建议直接使用 Python 3，目前一些著名的 Python 软件包已经支持 Python 3，例如 NumPy、SciPy、pandas、Matplotlib。可在 Anaconda 的包列表中查看目前 Python 3 所支持的软件包（http://docs. continuum.io/anaconda/pkg-docs）。

下面是一些 Python 2 与 Python 3 的主要差异：

1）Python 3 中去掉了 raw_input 函数，只有 input 函数。

2）Python 3 中的字符串只有 str 一种类型，但它与 2.x 版本的 unicode 几乎一样。所以 Python 3 中不再包含 encode 和 decode 函数。下面是相关代码在 Python 3.4 中的运行结果。

```
>>> u"\e9".decode("utf-8")
Traceback (most recent call last):
  File "<pyshell#11>", line 1, in <module>
    u"\e9".decode("utf-8")
AttributeError: 'str' object has no attribute 'decode'
>>> b"\xe9".encode("utf-8")
Traceback (most recent call last):
  File "<pyshell#12>", line 1, in <module>
    b"\xe9".encode("utf-8")
AttributeError: 'bytes' object has no attribute 'encode'
```

3）Python 3 的字符串开始使用 format，并反向延伸到 Python 2.6 中。Python 3 中，%格式化仍旧存在，不管使用 Python 3 还是 Python 2 进行开发，最好直接使用 format 字符串格式化。Python 关于字符串格式化的变迁很像 C 语言的字符串格式化过渡成 C#语言的字符串格式化。format 字符串格式的用法如下：

```
"{0} {1}".format(a,b)
```

{}表示占位符，其中的数字对应 format 内的参数位置。例如下面的例子中，s 字符串的 format 提供了两个参数，但通过{0}与{1}可找到相应参数。

```
>>>"I love {0}, {1}, and {2}".format("eggs", "bacon", "sausage")
'I love eggs, bacon, and sausage'
>>> s="hello {0},from {1},your name is {0}".format("john","china")
>>> s
'hello john,from china,your name is john'
```

format 形式相比%格式有个很大的优点，就是参数个数通过{}内的占位符数字可以清晰地表示出来，避免输入个数有误。

除了上面的数字形式，还可采用如下形式：

```
>>> s=" I {verb} the {object} off the {place}".format(verb="took",object="cheese
",place="table")
```

```
>>> s
' I took the cheese off the table'
```

通过 format 可进行进制的转换，例如下面进行十进制、十六进制、八进制、二进制的转换：

```
>>> print ("{0:d}, {0:x},{0:o},{0:b}".format(15) )
15, f,17,1111
```

4）Python 2 的 print 是一个语句，Python 3 的 print 是一个函数，print 后面的括号不能少。Python 2 中可通过 from __future__ import print_function 向后兼容 print 函数。表 C-1 是一些二者调用的区别。

表 C-1　print 对比

Python 2.7	Python 3.4

>>> print ("hello world")
hello world
>>> print "hello world"
hello world
>>> print 1,2,
1 2
>>> print (1,2)
(1, 2)
>>> print ((1,2))
(1, 2)
	>>> print("hello world")
	hello world
	>>> print "hello world"
	SyntaxError: Missing parentheses in call to 'print'
	>>> print 1,2
	SyntaxError: Missing parentheses in call to 'print'
	>>> print (1,2)
	1 2
	>>> print ((1,2))
	(1, 2)

5）Python 3 的整数除法更贴近生活，而不是采用 C 语言的整数除法，Python 2 也可通过 from __future__ import division 使除法更符合人们的生活习惯。表 C-2 是二者的区别。

表 C-2　除法对比

python 2.7	Python3.4

>>> 1/2
0
>>> 1.0/2
0.5
>>> 1/2.0
0.5
	>>> 1/2
	0.5
	>>> 1.0/2
	0.5
	>>> 1/2.0
	0.5

6）Python 3 中将 int 型与 long 型统一。表 C-3 是 Python 2.7 与 Python 3.4 的对比。

表 C-3　int/long 型对比

Python 2.7	Python3.4

>>> type(10)
<type 'int'>
>>> type(0xFFFFFFFF)
<type 'long'>
>>>
	>>> type(10)
	<class 'int'>
	>>> type(0xFFFFFFFF)
	<class 'int'>

7）Python 2 中的八进制数字（octal）以 0 开头，而 Python 3 中的八进制数字以 0o 开头，目前 Python 2 也支持该形式。但 oct 函数的返回值是不同的。Python 2 中返回以 0 开头的数字，而 Python 3 的返回值以 0o 开头。表 C-4 是两个版本中有关八进制数字的对比。

表 C-4　八进制数字区别

Python 2.7	Python3.4

>>> 0o666
438
>>> 0666
438
>>> oct(438)
'0666'
	>>> 0o666
	438
	>>> 0666
	  File "<stdin>", line 1
	    0666
	       ^
	SyntaxError: invalid token
	>>> oct(438)
	'0o666'

8）Python 3 删除了 xrange，仅有 range，并且与 Python 2 也稍微有些差别，表 C-5 是二者区别。

表 C-5　range 差别

Python 2.7	Python 3.4

>>> x=range(1,5)
>>> print x
[1, 2, 3, 4]
>>> type(x)
<type 'list'>
	>>> x=range(1,5)
	>>> print (x)
	range(1, 5)
	>>> x
	range(1, 5)
	>>> type(x)
	<class 'range'>

9）Python 2 支持<>作为!=的同义词。Python 3 只支持!=，不再支持<>。

10）Python 3 与 Python 2 的异常语法有所变化。Python 2 支持以下两种异常语法。

```
except ValueError as e:
except ValueError ,e:
```

但 Python 3 仅支持：

```
except ValueError as e:
```

对于多个异常形式，Python 3 采用如下方式。

```
except (ValueError, TypeError) as e:
```

对于 raise 语句，Python 2 支持如下方式：

```
raise ValueError('Invalid value')
```

但 Python 3 仅支持函数参数形式，即

```
raise ValueError('Invalid value')
```

在 Python 2 中使用异常时，推荐直接使用与 Python 3 中相同的语法结构。

11）在 Python 3 中，StringIO 与 cStringIO 模块消失，用 io 模块取代，使用 io.StringIO 或者 io.BytesIO 用于字符串的流操作。移除了 cPickle 模块，可以使用 pickle 模块代替。移除了 imageop、audiodev、Bastion、bsddb185、exceptions、linuxaudiodev、md5、MimeWriter、mimify、popen2、rexec、sets、timing、xmllib 等模块。

12）urllib 与 urllib2 是 Python 2 中常用的读取 URL 内容的模块，但这两个模块不能相互替代。urllib2 可以接受一个 Request 类的实例来设置 URL 请求的 headers，urllib 仅可以接受 URL。这意味着，你不可以伪装你的 User Agent 字符串等。Python 3 将这两个模块进行了整

合，统一到 urllib 模块中。表 C-6 是两个版本中的 urllib 使用上的一些区别。

表 C-6　urllib 库差异

Python 2.7	Python 3.4
import urllib	import urllib.request, urllib.parse,urllib.error
import urllib2	import urlib.request,urlib.error
import urlparse	import urllib.parse
import robotparser	import urllib.robotparser
from urllib import FancyURLopener	from urllib.request import FancyURLopener
from urllib import urlencode	from urllib.parse import urlencode
from urllib2 import Request	from urllib.request import Request
from　urllib2 import HTTPError	from urllib.error import HTTPError

13）由于系统/功能的变迁、重复功能模块合并、遵从 PEP8 的有关小写命名的规定等原因，Python 3 的一些标准库与 Python 2 有所不同。表 C-7 是二者之间的差异。除了表 C-7 提及引用的变化，功能包的内部也发生了一些变化，例如 Pyhton 2 中的 Tkinter 中的 Dialog 改变为 tkinter.dialog。具体情况可查阅 PEP-3108（https://www.python.org/dev/ peps/pep-3108/）。

表 C-7　Python 2 与 Python 3 标准库差异

Python 2	Python 3
import anydbm import whichdb	import dbm
import BaseHTTPServer import SimpleHttpServer import CGIHTTPServer	import http.server
import __builtin__	import builtins
import commands	import subprocess
import ConfigParser	import configparser
import Cookie	import http.cookies
import cookielib	import http.cookiejar
import copy_reg	import copyreg
import dbm	import dbm.ndbm
import DocXMLPRCServer import SimpleXMLRPCServer	import xmlrpc.server
importt dumbdbm	import dbm.dumb
import gdbm	import dbm.gnu
import httplib	import http.client
import Queue	import queue
import repr	import reprlib
import robotparser	import urllib.robotparser
import SocketServer	import socketserver
import test.test_support	import test.support
import Tkinter	import tkinter
import urlib	import urllib.request,urllib.parse,urllib.error
import urllib2	import urllib.request,urllib.error
import urlibparse	import urlib.parse

附录 D　科学家的 Python

本节内容选自 Julius B. Lucks（http://openwetware.org/wiki/Julius_B._Lucks/Projects/）的文章，主要分析了为何 Python 适合科学领域。经原作者同意，将译文放于本书中，便于读者多角度了解 Python 的应用情况。

典型的科研项目需要执行多种计算任务。每个调查的核心是为了验证假设而进行的数据生成。实验物理学家制造了设备收集光散射数据，检晶仪收集 X 射线的衍射数据；生物学家收集报告基因的荧光强度值或这些基因的 DNA 序列；计算研究员编写程序生成模拟数据。所有这些科学家使用计算机程序控制仪器或者模拟数据，用于收集和管理电子形式的数据。一旦数据采集完毕，下一步是在假设驱动模型的环境中进行分析，以便理解他们正在研究的现象。对于光或者 X 射线散射数据的情况，有成熟的物理理论可用于处理数据和计算研究对象的观测结构函数。这个结构函数可与先前假设的预测函数进行比较验证。对于生物学的报告基因数据，光密度要与表型特征或基因序列进行匹配，并进行统计分析来解释观察到的现象。上面的例子表明，在科学领域中，计算程序处理每项研究中的大量原始数据以便理解背后的真相。用于产生不同种类绘图的可视化工具既是对正在进行的实验进行故障诊断的首选工具，也是生成用于发表的科研图形和图表的首选工具。这些图形和图表往往是汇聚了大量数据的科学研究成果的最终表现形式，用来证实假说的真实性。不幸的是，科学家经常要求助于一大堆工具来实现不同形式的计算任务。物理学家和理论化学家经常用 C 或者 Fortran 生成模拟数据，C 语言用于控制实验设备。生物学家使用 Perl 处理 DNA 序列数据。数据分析使用其他软件包，例如用 MATLAB 或者 Mathematica 来求解方程式，用 Stata、SPSS 或者 R 实现统计分析，而数据可视化又采用了其他软件，这样使得科研编程工具变化很大。

这样一个工具的大杂烩不管从哪个方面来看都不是一个好方案。从计算角度，工具之间无法实现相互传递数据，造成过多的手工操作或者额外的胶水代码，然而科学家并未就此接受过培训。而且重要的是，将这些工具粘合在一起对科学家的数据管理工作是一个极大的负担。在如此复杂的系统中，经常会在不同的场合产生过多的不同格式的数据文件。多数工具没有生成这些文件的元数据，科学家通常忙于文件的命名方案解读，借此找出文件中包含什么类型的数据以及它们是如何生成的。如此的复杂性很容易导致错误。这可能将最好的数据转变成差的来源，事实上，科学研究中的数据完整性是每个结论的基础。

而且，当手工将数据文件从一个工具移植到另外一个数据工具时如果出错，而且难以确定错误是因为程序导致还是人为用错文件所致。在后续的工作中只能通过手工记录在纸上或者电子实验记事本上的方式进行重复分析。这种实践很容易被忘记，或者很难传给后续科学家，同行也无法再现科研结果。

Python 编程语言及其相关社区工具提供了一个综合的科学编程平台，可以帮助科学家们解决上述问题。这个综合平台使科学家能够在同一计算框架内生成、分析、可视化和管理他们的数据。Python 可以用于生成模拟数据或控制仪表来捕获数据。Python 也可用于完成数据分析，并且 Python 拥有图形库可以产生科学图表和图形。此外，Python 代码可用于将所有的 Python 解决方案胶合在一起，所以可视化代码可以与产生数据的代码相邻。这将简化数据的生成和分析，使得数据管理切实可行。最重要的是，这个统一的工具集允许科学家在 Python 代码中记录数据处理工作的步骤，允许自动跟踪起源。

附录 E　无处不在的 Python

除了以集成包形式发布的 Python 软件，还有大量第三方软件。这些 Python 软件涵盖了各个领域。Python 在图形绘制（Matplotlib、gnuplot）、科学计算（例如 NumPy、SciPy、SymPy）、数据库、XML、网络（TCP/IP、Web）、GUI、图像处理（OpenCV、IPL、VTK、ITK）方面均有相应的支持。同时 Python 在许多科学研究领域也有相应的软件。下面给出在多个科学领域中的一些著名 Python 应用与 Python 包。

在大数据处理方面除了第 12 章提及的 PyTables、pandas、JSON 等，Python 还有其他方向的工具，如图 E-1 所示。

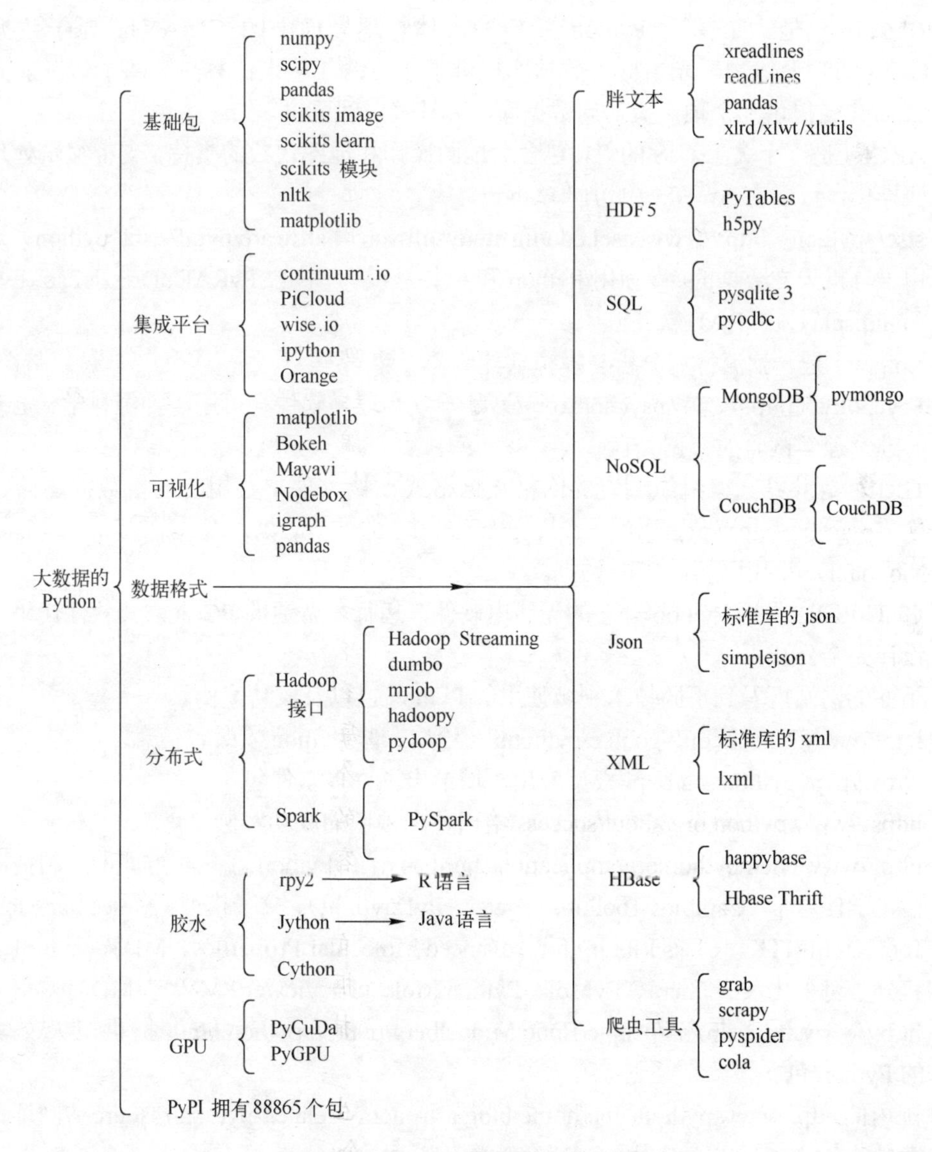

图 E-1　Python 大数据处理的软件包

下面是在一些科学领域成功应用的软件包：

- Biopython（http://biopython.org/wiki/Biopython）是一款优秀的、被广泛使用的生物信息软件，可用于分析 Blast、 Clustalw、FASTA、GenBank、UniGene、SwissProt 等文件结构。可处理在线生物信息，例如 NCBI（支持 Blast，Entrez 和 PubMed）和 ExPASy。
- NetworkX（http://networkx.github.io/）是一个用 Python 开发的图论与复杂网络建模工具，内置了常用的图与复杂网络分析算法，可以方便地进行复杂网络数据分析、仿真建模等工作。NetworkX 被数学家、物理学家、生物学家、计算机学者和社会学家所使用。
- OpenStack 是用 Python 开发的云平台，是一个旨在为公共及私有云的建设与管理提供软件的开源项目。
- ChiantiPy 是一个基于 Python 接口的天体物理光谱学的 CHIANTI 原子数据库。CHIANTI 天体物理光谱原子数据库提供了必要的信息来计算热等离子体发射光谱。ChiantiPy 提供几个顶级类访问数据库，并计算射线强度。
- ARCPy 是一个关于 GIS 的包，包含对地图操作和地图代数的支持，支持编辑处理和几何操作，可以在 ArcGIS 中访问 Python。
- stsci_python（http://www.stsci.edu/institute/software_hardware/pyraf/stsci_python）是一个用于分析天文数据的库，使用 Python 和 C 扩展编写，包含 PyRAF、DrizzlePac、PyFITS、Numdisplay、PyRAF 软件。
- Epigrass 是一款流行病分析与模拟软件。
- PsychoPy（http://www.psychopy.org/）是一款心理学软件，可用于神经科学、心理学、心理物理学试验的数据处理。
- GRIB 是世界气象组织制定的网格数据格式，被气象中心用于网格数据的储存与交换。pygrib（https://pypi.python.org/pypi/pygrib/1.9.6）与 pyNIO（https://www.pyng l.ucar.edu/Nio.shtml）可用于解释 GRIB 数据。
- GNU Radio 是用 Python 开发的无线电软件，运行于普通的 PC 上，其软件代码和硬件设计完全公开。

在下面的网站可看到不同技术领域使用的 Python 包以及成功案例。

- http://www.lfd.uci.edu/~gohlke/pythonlibs/给出一些 Python 安装包信息。
- https://pypi.python.org/pypi 根据应用领域给出了许多软件包。
- https://www.python.org/about/success/给出各个领域的成功案例。
- http://www.chempython.org/applications.html 给出了 Python 在化学方面的应用情况，包括化学信息学（Cambios Toolkit、Frowns、PyDaylight）、分子模型（Molecular Modelling Tool Kit MMTK、Class Library for Advanced Molecular Properties、MDTools for Python）和分子可视化（Chimera、PyMol、Python Molecular Viewer PMV、VMD）。
- http://www.atnf.csiro.au/people/Enno.Middelberg/python/python.html 提供了天文学方面的 Python 包。
- 国内的 http://www.pythoner.cn/home/blog/astronomy-related-python-resources/网址提供了大量的 Python 天文学应用。
- http://svaksha.github.io/pythonidae/给出了一些 Python 在算法、生物信息学、 基因组

学、农业、食品科学、医学、基因工程、神经科学、分析化学、化学信息学、晶体学、纳米化学、核化学、数据库、图形可视化、气候学、地球化学、地理学、地理信息技术、地质、地球物理、数学、气象学、海洋学，数据挖掘、数据结构、机器学习、认知科学、语言学、分布式和并行计算、云计算，集群计算、网格计算、编程范式等领域的应用。

- https://en.wikipedia.org/wiki/List_of_Python_software 列出了 Python 软件应用情况。包括成功应用案例，Web 领域应用，现有的基于 Python 的 Web 框架、图形框架、UI 框架，科学应用（Astropy、Biopython、graph-tool、Pathomx、NetworkX、SciPy、scikit-learn、scikit-image、SymPy、TomoPy、Veusz、VisTrails）以及成功的 Python 商业应用。